目錄

引言：　　時間真的在〝**流**〞嗎　？

如果時間真的在〝流〞，那麼時間流是由**過去**流向**將來**呢？或是由將來流向**過去**？　・・・・

大多數的我們總認為時間是一直不停地往未來方向〝流〞，而**能**感覺時間的〝流逝〞者(觀察者)，是具有**靈覺知**的**我人**。若依相對性原理，時間必然是相對於我人在做流動。則因為我們總覺得我人是處在時間的『**現在最新**』位置，那麼我人應該是朝向〝未來〞方向前進，而時間是相對往〝過去〞方向流才對！ 反過來說，若假設時間總是〝**流到**〞『現在最新』位置，那麼我人就該相對往〝過去〞方向消逝！則時間是真的朝向〝未來〞方向前進。可是我人總覺自己就是處在時間的〝現在最新〞位置啊！

既然時間能被我人的意識**辨識**其流，則時間應是**可識別**的一系列事件串相對於我人在做相對流動。那問:時間的〝現在〞到底是指什麼意義？〝現在〞是否就是指我人與事件串相對流動的〝交會點狀態〞？但筆者要問:『我人』是馬上變成『過去的我人』呢？或是馬上變成『將來的我人』呢？或又是永遠處在〝現在〞而〝不會變化〞的『現在的我人』呢？

『過去的我人』、『現在的我人』、『將來的我人』都是排列在時間領域上的事件狀態而已。祂們不就是構成事件串的成員嗎？怎麼事件串會與我人做〝相對流動〞呢？本身對本身〝相對流動〞？這顯然是矛盾。

設若時間是『空無』而**不可識別**的，則不可識別的東西怎能讓我人覺其相對於我人在做相對流動呢？

上面時間流的假設，縱然允許它成立，但問其相對於我人的流速將如何計算呢？是每秒流幾秒(**雙重時間**)？或每秒流幾公尺？或是每秒流幾個事件？

其實上面的提問都是語言認知上的戲論，但卻足以把我們弄得滿頭霧水，主要的因素是，『觀察者』的我人以物件觀點的語言來定位自己本身身份之迷失，且暗中引用『雙重時間』的輪迴想。所以歸根究底還是要返求具有靈覺知的我人本身，因此私以為時間〝流〞的感覺與物理學無關。

時間是否真的在〝流〞呢？我人又以什麼樣的身份來『感覺』時間的〝流〞呢？本書就是要放任自由的心思，以另類的觀點來審查『時間之流』。因為這思想不是依『**正統**』科學的時間理論來做描述，所以把書名定為『**時間的野史**』。

自序

藉用時間的『幾何模型』對『作夢』的特性做另類的詮釋，是本書的獨特處。而本書真正的特徵是，**觀察者**的**身份**乃用**事件身份**來取代一般人所用的**物件身份**。這就是許多物理學人明知時間不是〝流或不流〞的問題，但就說不出其所以然的關鍵所在。

縱貫本書之主軸，乃在闡述超越時間〝流〞的觀念(即在表顯『**本具**』的觀念)。其內容都是提供一些與時間相關的議題來探討，然而本書的主角卻是做為觀察者的『意識單位』。

筆者出書最大目的是，要讀者去領會超越時間的『〝靜止〞與〝流〞』的心受，亦即模糊時間的〝流〞來重新觀賞這大千。

筆者從意識於時間方向上憶知的偏向性(靈魂向性)，思維被引導到我人未曾認真去想過的意識情況，即自己的多重過去的時流串，由此竟發現與吾人的『作夢』特性有很類似的現象。但是不管作夢是否真的依這樣的模型而存在，看官不必太計較，筆者只是想介紹一種另類的思考模式而已。藉這模型給筆者隱約地領會到『**一切靈覺知者，同我為一**』的連想。而本書最讓筆者刻骨銘心的感受者，乃是從時間整體領域上看，時間的幾何模型卻引導筆者去領悟到意識這『靈覺知』，竟是『不生不滅(不是生出來的，也不是會滅去的)』的『**本具**』，因而有『**人生更得無次限，只是不記得！**』的感觸。請讀者能『靜心思慮』以驗之，這也是筆者一直躍躍欲試地想將它分享出來的主因。

本書的思想源自於筆者在高中二年級時，因數學解析幾何課程中一個『**虛圓**』方程式的激發(企圖將**複數**有序對繪出**對應**圖來)，而喚起一連串的聯想，引發對時空關係的興趣(這過程將描述於第 3 章中)，持續至高中三年級的物理課程，不料竟在課本中不經意的一句話：『吾人從 8 點到 9 點間，無法逃過 8 點半。』省會到時間與意識的密切相關。

意識是一門『親嚐親證』的實證學問，想從這方面能獲得到像物理科學那樣的具體模型以示人，本就是極困難的事，而筆者是個實證的門外漢(無實證功夫)，不敢談論其**實修實證**的部份，僅能以凡人的心思從其『皮相』做連想的描述，議題都僅限於與**時空**有關連的部分作討論(筆者沒能力妄論**實證**上的境界)。但也由於如此，才可能以較**具體**的方向與**簡潔**概念表達於人(但絕非示『真理』)，筆者稱此研討方式叫做『素觀觀點』。這觀念引發本書常以『事件觀點』的語言來描述筆者的想法，但請不要用『物件觀點』來責難本書是『無因果』的思想，這是兩碼事。會認為此思想為『無因果』的原因是，一般讀者慣用『物件觀點』的『觀念語言』套混在『事件觀點』上所造成的誤解。倘若本書為『無因果』思想，那麼筆者為何寫這書呢？不同立基(任務)的觀點，其使用『同樣的文字語言』所表達的層次意境是不同的。為了識別此兩觀點的立基處，在第 0 章裡即談『**事件觀點**』與『**物件觀點**』的差別與並存。

吾人一向總把時間譬喻成以單向不停的〝流動〞物件。但若執持此觀念，在研析上總覺得有撲朔迷離的障礙感，若藉著幾何模型使時間〝靜態化〞，就可與空間的觀念一樣的用幾何方式來理解。因此，本書很重視以簡單幾何圖形的視覺來幫助觀念的表達，所以可稱是一本『**圖解小說**』。圖形主要在啟發我們的思維，可更容易來溝通『事件觀點』與『物件觀點』間語言意義的不同，但請對數學有恐懼的讀者切莫被幾何圖形給嚇唬，那只是觀念的啟發，不用計算。事實上筆者對數學的反應是極其遲鈍的。

這思想基本上立足於兩個基點：(一)肯定『靈覺知的活』， (二)平等觀。這些在各章節裡處處皆可嗅聞得到。不過，凡是有個立足點都屬局部、片面的**模型**觀點，皆屬固死性，以固死的模型來詮釋活的『靈覺知』總是乖，請讀者心能有數。

從高中時期，因解析幾何中的問題，竟陷入好思的習性，尤其對時間的探索，在斷續中至今竟已歷四十幾個年頭，卻總覺在無底洞裡鑽，不過分享這心得的願望卻早在四十幾年前即對父親做了承諾，卻遲遲未予實現，至於今有感於齒牙動搖，皮皺肉萎，老年已至矣！倘若再不去實踐，恐成一生之大憾，故無論如何也得要肯對自己的期許，負起實踐的責任，才不愧此生的意義。

本書內容僅是提供筆者曾經思考過的『半成品』，祈讀者大德們能更深入探討之。它不是科學理論，更不是心理學或宗教道德上的論題，可說是提出『意識』在『**時間**』顯象上的議題。出書的用意，主要在**討論**分享，非在**立論**。因此不管您是否反對此思想邏輯的合理與否，也不管您的哲學立足於何處，都歡迎提出來討論、批評、指點。

編修本書多在業餘的零碎時間下進行，在付梓前雖一再檢視修改，但**疏漏**仍恐在所難免，祈諸大德能不吝指教，當感恩不盡。

♥♥♥ 謹獻給 先父、先母、先祖，及扶持我成長的家人 ♥♥♥

2013 年冬　　曾如是 於永和住所

前言：

小時候，在家鄉寒冬晚上的三合院裡，凝望清冷的夜空，但見銀河深深的流過遙遙無際的太虛之間，一陣寒風襲來，冷徹入骨，忽聞空中傳來〝嗡嗡・・・〞之響，隱約中好似聽到光陰流逝的聲音，呼嘯地奔馳於萬劫無涯的長河中。

光陰的流逝，是最令人感傷的事，再怎麼甜美的事物，都禁不起它無情地摧蝕，終竟成往，歸於煙滅。它像似給人帶來驅迫與不安感的總根源，但我人對它本質之謎，卻總不得其解。

時流『快、慢』問題，心理學、宗教上對此問題都有所論述，科學如:**相對論**亦做了詳細解釋，但**相對論**卻著重在不同人(立場)之間的時間比較。至於同一人於時間的『流逝**感覺**』，卻鮮有人去細究，即使有論及，也只推給心理因素，不另詳說。但若窮究之，似乎可體認到這正是我人所謂『信息的有無、先後影響』觀念之根源所在。這根源一旦被動搖，過去一切科學的基本觀念就可能會被顛覆。因此時間的流逝〝感〞對科學言，是極根本的議題，若避而不談，必然總落在唯物觀裡做輪迴。

說時間〝流逝感〞是我們對事物內在感覺的一種形容，還算合於情理，但若以物件觀點去探究它的〝流〞，可說無有是處。

大科學家牛頓在蘋果樹下，被掉下來的一顆蘋果打中了頭。於是牛頓問：為什麼蘋果不往上衝？卻往下掉呢？

『我們能知道過去自己的遭遇，卻不知將來自己的遭遇』。於是牛頓又問:『過去自己的遭遇』與『將來自己的遭遇』是對等存在於〝現在〞的兩邊,為什麼『現在的腦海記憶庫』中僅存在著『過去自己遭遇的信息』,卻不存在著『將來自己遭遇的信息』呢？

上面所敘述的兩個現象，都是極其平常的經驗，但是要從極平常的經驗中去警覺到疑問點，卻不是憑空就會出現。例如：牛頓在發現萬有引力之前，早就經驗過無數次的蘋果由樹上掉下來的經驗，但他並不發覺有什麼不對，可是就在他陷入研究運動學之圓周運動的混雜思索中，這次的蘋果下掉，竟發覺是個怪誕的大疑點，卻也成為一個巧契機。諸如此類極平常，卻很基本的事理，我們將在這園地裡放鬆束縛，自由漫遊去！

『能知過去；難測將來』的經驗，是人人皆認同的極基本常識，科學家卻只將之歸於心理、宗教等問題，不願多談。因為他們對每一問題都要有嚴謹可測度的經驗數據才敢下結論，如此方能稱得上是**正統科學**，故儘可能避開屬於意識、心理、宗教等等難以釐定清楚的問題。由平凡的人來狂想這些問題，因不必受正統科學的理論嚴謹的拘束，也就無此顧忌，敢於自由充分的發揮想像力，豈不痛快哉！筆者自是道地的平凡人，自有平凡人的想法，私不將這常識歸屬心理、宗教的問題，卻將它看成是意識的哲學議題。筆者以為它就是時間〝流逝感〞的主要素，也是啟發筆者萌起深層義的信息與整體性意識結構的概念。

一般人常把心理與意識視為同樣的層次範疇。但筆者個人覺得：心理學屬較表相的物件觀點；而意識屬較深層次的哲學課題，這其中的差別，有賴個人自己體會。

『無常』是佛家中的教理，其理甚為深奧，筆者尚無能徹解，僅能以凡人的想法來談。無常以時間言，就是對未來種種不同遭遇無法預料。也可譬喻如：彼時感覺〝甜〞，此時感覺〝苦〞，前時感覺面對的是蒼海，稍後的時刻覺得面對的是桑田，此時與彼時之間所感覺的不同、、、、，諸此等等就稱為『無常』。『常』若以數學的術語來說就是『常數(constant)』，『無常』就是『不是常數』。若以時、空對等的眼光看，在時間上的『無常』，改為在空間上的意義而言，也是『無常』。譬如：放眼看去，空間上近處是海，遠處卻是山，此地的這景象，彼地卻是另外的一景象，就是不相同，這就稱為空間意義上的『不是常數』，也是『無常』。就如：您、我、他，各佔據空間上的不同位置，長相不同，習性不同、、、，等等，這也是空間上的『無常』義。另外這『無常』更可擴大至時空連續區上的每個事件的『唯一獨立的區隔性』，亦是『無常』的意義。以時空對等的眼光看這世界，也許這整個大千世界會不一樣！以時間上的感覺方式，代換成空間方式的感覺，您試過沒？兩者對換一下，深刻的去揣摩、去體會看看！

夢中的情境是一個世界，醒來時的情境又是一個世界，只是醒來的這世界的自己，能憶知夢中世界的自己事而已。常聞此一說，『昨日迷，今日悟』，其實沒有什麼〝悟〞，沒有什麼〝醒〞來，只不過今日的自己能憶知昨日自己的遭遇而已。試想看看，『昨日之我』不能憶知『今日之我』，這猶如「今日之不知明日也！」故依此類推，今日仍是在迷中啊！因為不知明日事呀！在這世界自以為清醒的當下自己，您不曾懷疑也可能會被在別個世界的『自己』覺得是一場夢嗎？按照如此一層層的懷疑下去，有個最高層次的一個時刻之『自己』意識，是最清醒的自己嗎？或是互相平等相對呢？夢中跟醒來，感覺上是有時間的前、後次序關係，即夢在先，醒在後；但是，如果時間的背景也像空間般的三維度(不說三維，只要二維就夠混亂了)，則夢中跟醒來的時間次序關係或許是呈幾何式的『相對應』之對等關係，於是“同時”、“先後” 的次序性，在這三維度觀點下，勢必成混亂而沒意義了！

您喜歡以對等的心看事物嗎？時間與空間的對等，過去、現在、將來的對等，您、我、他的對等、事件與事件間的對等、夢境世界與清醒世界的對等、善與惡的對等、心與境的對等、有與無的對等，、、、。嚐試看看如何？

對時間〝流〞之謎解有渴望的讀者，筆者敢藉此書的表述，期能稍解您的饑渴。此書以表象直觀，且模糊的態度來看待時間，並把這怪誕的想法分享讀者，若說得與您心相應，也許能起共鳴。若然不是，在您嚐嚼人生之餘，別加此味共品之如何？

《特註聲明》：

※一※:本書的一切內容，純為筆者個人以思考的方式所得的感觸分享，只是個模型。故懇請讀者**絕不可**將其視為**『實證的境界』**，否則誤導大眾之罪，非筆者能承擔的。

※二※:若對簡單的物理或幾何座標圖示不感興趣的讀者，建議可直接跳過第 0 章的敘述，但此章是很基礎的觀念。
本書最想帶給讀者的觀念是在第 1、3、5 章的內容。其他章節是偏於理哲的觀念。第 5 章(偶拾片段)是要有第 1、2、3 章的觀念基礎，方能領會所談的旨趣。本書僅在【附錄一】中的內容是稍涉及簡單的數學幾何(初中程度的畢氏定理幾何)計算外，其他皆不算是數學(筆者本身也是數學計算的弱者)。為的只是能有較具體的表達(物件觀點與事件觀點的差別)而已！忽略之，無關於我們的中心觀念。

※三※:出版本書只為分享『時間』的另類觀點，為節省篇幅及彩色的印刷費用，對於書中本來是彩色插圖，卻用灰白印出，但從中擇取必須以彩色來識別者，另集中以彩色版插圖附加於【附錄二】，供讀者方便對照。不便處，祈請見諒！

第 0 章　　事件觀點　與　物件觀點

0-1　　時間與空間感覺上的比較

時間與空間在感覺上都是同樣有距離感。空間有形狀的觀念 (事實上空間是沒有形狀的)，時間卻沒有，但時間跟數學的**實數**同樣具有『有序性』，這就是讓我人認定時間是一維度的因素之一；但是空間是三維度。不過從感覺上講，時間與空間的最大不同是：時間總是呈單向地不停〝流〞之感覺；空間就沒有這『遷流』感，好似『恆古不動』。

初中時聽過三哥說，物理學在界定物件的動與靜是這樣的:「物件在不同的時間，有不同對應的空間位置稱之為動；物件在不同的時間，有相同對應的空間位置謂之為靜」。例如:時間 8 點時您在美國，時間 9 點時您在台灣，那麼您就是在動。反之，時間 8 點時與時間 9 點時您都是相同在台灣，那麼您就是靜止。我們說一事物有改變，也一樣以不同的時間有不同的狀態稱為變化。可見物件或事物的變化(例如:小孩的成長、石油價格的變動)，都是以時間來作基參數而界定的。為什麼總以時間來作參數去界定動靜或變化呢？為什麼不用空間作基參數呢？原因是我們都認定時間總是以固定單方向不停地在動；但卻認定空間總是靜止的。

物件在動時，時間固然在流逝，當物件靜止時，時間也一樣不停地消逝。物件可以有靜止，時間卻片刻不停地流，也從不反向流。物件的動與靜，可以用時間來作基參數；那要界定時間的〝動、靜〞，是否也要另找一個基參數呢？這參數又是什麼呢？是否同樣的用時間來作參數？如果以此為理由說:「不同的時間當然就是對應不同時間位置，故時間總是在動。」這種自己對自己比較怎能說是變化呢？這聽來很奇怪。若依此邏輯，怎麼不這麼說:「不同的空間有不同空間位置，所以空間也總是在動」呢？

就因為時間無法找到基參數來定義時間之〝動、靜〞，所以筆者稱：時間沒有〝流〞或〝靜止〞的對立議題，此即『時間〝非流〞說』。而物件的〝動靜、變化〞，都用時間做為基參數來定義，其原因是我們都認定時間其本身就是不停地在做奇妙的**絕對流動**！

0-2　　特殊相對論之動與靜

特殊相對論的基本中心觀念是談物件『動、靜』的哲學，一切『動、靜』都是要兩個相異的實體物『相對比較』來認定的。若無相異實體可比較，就無動、靜之義。動靜既是比較來的，就不可能有哪一實體物是在絕對的動，或是在絕對的靜止狀態。

筆者在相對論相關的書裡，看到略似這樣的譬喻：『若將宇宙空間中所有物質都拿掉，僅剩一個質點的您，任您在太空中以每秒億萬公里的均勻速率飛行，您有動或靜的感覺嗎？』。沒有其他實體物與您相對照比較，您有動或靜的意義嗎？

記得孩童時父親帶我到沙鹿去看醫，第一次坐火車，覺得火車很平穩竟不覺其在啟動，忽見車窗外的整個月台及電線桿竟往後面離去，好似整個大地竟動起來，一時覺得奇妙異常。父親告訴我說是火車開始動了！回家後提起此事給二哥、三哥聽，哥們都告訴我，那是車子在動，才讓我們以為是月台與地面一起在動。而二哥更說明平常我們覺太陽繞著地球在轉，其實應該是地球繞著太陽在轉才對，卻反而覺太陽在動。這是哥白尼地動說觀念的由來。由此就可看出動與靜是相對的。但依哥白尼的說法，筆者當時覺得好似因為地球比火車大，太陽又比地球大，故推論**較大的物體**才是較接近〝真正〞的絕對靜止。若依此，那麼我們也可懷疑整個太陽系可能又是繞著別個更大的星系在動呢！如果被太陽系繞著的星球也是再繞著別個更大星球在轉，那麼這一層層的懷疑下去，不就會陷入沒完沒了的輪迴，不就反而永遠無法找到真正的絕對靜止了嗎？

『無真正的絕對靜止』就是相對論的基本精神。相對論的中心假設是：一切『動、靜』都是要『相對比較』來的，每個物體的動、靜是對等(平等)的，而不是**比較大**就較接近**真正的靜止**。故，被暫時稱為靜止的參考平台是隨意選取的，不是絕對的。

既然動、靜是相對的，不是絕對，其更深層意義就是：一切感覺的動、靜都是虛幻的。因此一個人他高興選自己為靜止不動的來做為宇宙的參考座標中心，有什麼不可以？說地球是在動，太陽是不動的恆星也可以；反過來說，地球是不動的，而太陽是相對於地球而動的行星也一樣行，我們常說：『太陽升起』、『夕陽西下』就是一例了，反正動靜都是虛幻的。此義即以等速度相對運動對參考平台的任意選擇，其自然律都是**等效**。

依相對論動、靜的新觀點，卻引出了有關相對運動的兩座標系統上的觀察者，觀察同樣的一對事件 A、B 間之時間距及同時性的不同。除此之外，在廣義相對論中更又強調不等速度(有加速度或有重力場)運動的系統，其時間走的較**勻速系統**為**慢**。為了不混淆我們以後要介紹的觀念，在此我們就先下個約定： 同一個座標系統上之同一人，不管此系統是否處在勻速運動、加速或變加速運動、有重力場或無重力場，在此系統上的觀察者，總是有權利相信自己的時間流速永遠是均勻的。

作上面的約定是因為擔心曾看過廣義相對論的讀者，會對後面用直線的方式表徵時間，而產生懷疑：「時間不是非絕對的嗎？豈可以**均勻刻度的直線**表示**非絕對均勻**的時流呢？」是的，在討論到**兩個人**之間的相對運動時，時間不是絕對，但對**同一個人**，他大可不必去參考外在世界是怎麼樣，他依然仍能擁有自己均勻時間流，任由別人告訴他已處在非常大的重力場中，或以極高變加速度在運動，會有時流"變慢"的問題，但是此人並不跟外界比較，他哪來的感覺時流快？哪來的慢？

在後面討論到時間問題，我們大都是指同一個人的事，儘管在四維的空時連續區中，此人的相對於某一固定的觀察者甲，所繪出的世界線可能是直線或曲線(分別表示等速或變加速度運動)，但此人仍然有權力相信自己在原地不動，而是外界的光影在眼簾前變化而已！由此，筆者提出個小論點：同一個人，不必參考外界的鐘，也不必看太陽、沙漏，他大可閉起眼睛，憑直覺能夠去感覺等時距，而數出等時距的數目來。這絕不是武斷，不相信的話，現在您馬上停止看書，閉上眼，均勻的默數著"1，2，3、、、"　。這不必去問別人是否數得準，是要自己親自驗證。

0-3　　時空連續區(宇宙)

在小時候的認知中，總是以為時間與空間各自獨立互不相干，但我們卻很少去留意我們就是活在時間與空間的**連續區**中。即不管我們處在任何狀態，但總可用某時的某地來描述所在處；而不是只說我在某時，或只說我在某地，這是只針對絕對的時間軸的觀念而論，或是只針對絕對的空間軸而說，沒有連續關係的感覺。若不以圖示，其意仍是落在**時間軸**與**空間軸**獨立分開的思維觀念而已，而不是時空統合的時空連續區之觀念。

一般我們在描述事物的狀態時，會因事制宜地，不是著重於空間的敘述，就是偏重於時間的敘述，而較中庸的就是時間與空間一起考慮。比方說：我們要描述一列火車的行程，除了要知道它要停靠的車站位置之外，尚需知道它到達各個站的時刻。於是火車公司一般會提供火車其停靠各站的時刻表。這其實已經提供了火車行駛的時間與空間之明細了，但是它呈現的只是一張表格，是時間與空間獨立分開的觀念，您並不覺得這是時間與空間的**幾何連續**的意義。如果利用解析幾何以**連續圖形**來表示火車的時刻表，就可讓我們能看清什麼叫時間與空間的**幾何連續區**。

在平面的紙上繪出有長度的火車之空間位置來連接時間的圖，稍嫌煩瑣，為方便計，我們不用火車做例子，改成一個小質點，就比較容易在二維的平面上繪圖表達時空連續區的意義。

【圖-0-1.1】是描述一質點的運動行為，為了在二維度的平面上既可表示空間，又要表示時間，把三維度的空間簡化成一維的直線座標軸，時間也是一維直線座標軸來表示，不過真正的**時空連續區**是由三維空間與一維時間所組成的四維空時連續區。

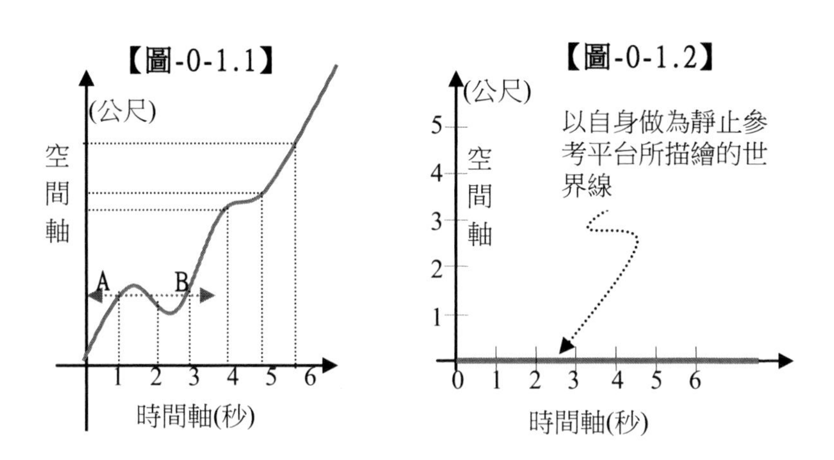

在【圖-0-1.1】中，是一維時間軸與一維空間軸所構成的二維時空連續區，而這整個平面(二維時空連續區)上的每一點，被稱為一個事件點。這圖只描繪一質點在時空連續區中的分佈狀態，即描繪這質點在某個時間點，就在某個空間位置而已。光描繪這圖(只提供現狀)而不做運動學分析，我們稱為『素觀描述』。若我們要再解析這圖所顯示的意義時，我們可以說，這質點是在一直線上運動，且這質點有時會來回(例如:在時間 1 與時間 3 之間做來回運動)行走，有時會停頓(如:在時間 4 與 5 區間)，有時以等速度前進(如:在時間 5 之後)。此粗(紅)曲線，我們叫它為此質點在時空連續區中的『**世界線**』。這裡的**時空連續區**，就是古人所定義的『宇宙』。這種圖也可稱為物質點行為的時空圖。

在【圖-0-1.1】中，從數學微積分上看，此粗曲線上各點的切線之斜率是表示質點在該時刻所對應的『瞬間速率』。若學過數學的函數觀念者，就可看出這質點的『世界線』必然為時間的函數圖形；但未必為空間的函數圖形。意即此質點在指定的同一時間點恰有(存在且唯一)1 個空間點與之對應；反之，質點在指定的一空間點，卻可能有 2 個以上不同的時間點與之對應，如圖中 A↔B 線(垂直空間軸)竟與粗紅世界線有 3 個交點。

這以一般的語言來說，即是在同一時間點，此質點不能同時佔有兩個或兩個以上的不同空間點，即質點在同一時間不能有兩個以上的〝本尊〞。這是從沒有時間〝流〞動的觀念而言；若以時間有〝流〞的觀念來說，就是："時光一去不復返"，因為時間僅有單向的流動，那即對一個質點而言，同一空間點，卻至少有 1 個以上的不同時間點與之對應。意即任憑同一物件雖可有相同空間點，但總是變成不同時間了！那就是"物件對時間不能復返"或"時間不停地流"，這同時也意謂著物件對空間就有可能"復返"或"可停也可動"，但物件對時間就不可能"復返"。由此可看出我們意識中的物件觀念，對應於時間，與對應於空間，有一顯著的不同地方。

雖然在這時空連續區的圖中，時間也參了一角，但是一般觀念上，總是把這個圖當成只是個統計圖形而已，沒有以幾何的眼光來看待，總把時間看成會不停〝流變〞的參數。例如：您仔細去審查圖中這粗曲線的長度，在一般統計圖上是不理會的，把它看成沒有意義；但是在**相對論**中它是有其幾何的意義。其實**相對論**把這粗曲線長度看成是此質點的時間長度。因為世界線的每一點就是質點每一瞬間的點，故整條世界線就是此質點的每一瞬間點的集合，也就是質點的時間。這就是時空統合連續區與一般的時間軸與空間軸獨立的觀念所不同的所在。在一般的時間與空間獨立的觀念是，此質點的時間長度是以其世界線『投影』到時間軸上的長度，而不是指此粗曲線的本身長度。此即『運動中的鐘，時間會膨脹』的陳述。

也許您會問：那是時空統合連續區，其長度既不能以純空間單位計，也不能以純時間單位計，怎麼會是質點的純時間長度，而不是純空間長度呢？這就是『絕對時空軸方向』的迷思，這屬相對論的範疇，我們就在此暫時打住。

另外此曲線是含有**時間**(無形狀)因子，不是純**空間**(有形狀)的圖形，其形狀是隨所選的參考座標平台的狀態不同而有不同，故此曲線形狀並不是很重要，但卻可連繫時與空之間的關係。

在【圖-0-1.1】中所表示的粗曲線，是一個質點以異於本身的其他物件做為靜止參考平台所繪出的世界線。顯然從圖中看出這個質點相對於參考平台是在變動著，有來回運動的現象。但是如果當我們改換以這個質點它自己本身做為參考平台時，則它的世界線就變成如【圖-0-1.2】中的粗直線了！因為它自認為自己總在"**原地**"(注意：空間本身無法被識別為原地)不動，且自己的時間是"流"得很均勻。由於在任何不同的時刻，此質點總自認為在空間原點上，故它自認為自己是〝靜止〞在〝原地〞，於是我們可將此質點的世界線(呈直線)本身就看成是一個**時間軸**。

由上面【圖-0-1.1】及【圖-0-1.2】兩圖的比較，我們可以發現：物件的動、靜根本就沒有絕對的意義，它的時空軸也沒有絕對的方向，而是隨我人所選擇的**參考平台**而定。因此比較上面兩**直角**座標圖後，我們整理後得到下面的心得，以提供後續對**時空圖**所表達意義做參考：

一、 同一時空連續區(**時空圖**)的空間軸或時間軸的方向可以非唯一的。隨所選的〝靜止〞參考平台而定。

二、 當我們一旦選定了參考平台後，以時空圖來描述一質點的運動狀況時，只要是質點它的世界線**平行**於所選定的時間軸，此質點就被參考座標平台上的觀察者判為"靜止"；若其世界線**不平行**於所選定的時間軸，就被判為"動"。

三、 在時空圖上的各事件點，若能連接成一直線，而**平行**於所選定的空間軸，則這些事件點就被參考座標平台上的觀察者判為是"**同時**"發生的事件；若這些事件點所連接成的直線，平行於所選定的時間軸，就被判為是"**同地**"發生的事件。由於時空軸方向非絕對，故"**同時**" 或"**同地**" 就不是絕對。

四、 如果質點的世界線是呈**彎曲**的，則此質點就被參考平台上的觀察者判為是相對於參考平台為"**非等速度**"(**有加速度**)的運動；若其世界線是呈**直線**狀，則此質點就被參考平台上的觀察者判為是相對於參考平台做"**均勻速度**"(含靜止)的運動。

五、 不管時空圖上的世界線可呈**直線**，或呈**彎曲線**，但對質點本身而言，它永遠**有權利**相信自己的世界線是直線。

0-4 物件觀點

一般的認為，物件是**實體**存在的，雖其狀態或性質總會隨時間的逝去而變化，但總有其最基本的**底本質恆不失**，就因有這底本質恆存的觀念，好讓我人的**意識**能來依持之(有可**依據**的**底本質**存在，才能被**識別**依持；**空無**則本身無法被**識別**，故不能被依持)，故有物理學的物質不滅定律。

當在**沒有時空連續區**的觀念下，一個光子、一個電子、一個質子、一個原子、一粒砂、一張紙、一把尺、一隻椅子、**一個人**(有意識的)、一部汽車、一座山、一個地球、甚至於一個宇宙的空間(有底本質觀念的絕對空間)、、、，諸此等等，我們皆可把它想像成一個**獨立**物件(真能獨立？)，這些是我們平常通俗中的狹義物理上之物件觀念。

物件它會隨時間不停的〝**流**〞而改變它的狀態，因此它在不同時間中會有許多不同的狀態，但我們觀念中總『信認』其有個恆存的實在底本質，所以我們還能以『主觀』的認定它的底本質的〝現在〞中心所在空間的概括位置，來表示它的『存在』。

一個物件，總可被看成是由許多子物件所集合而成，這些子物件也能以我們主觀的認定它的〝現在〞中心所在的概括空間位置。因此一個物件的子物件也總是有其個別不失的底本質。

從廣義的說，所謂物件，是指有個『不消失的身份』意象與其對應，但其狀態是〝會改變〞的。物件會隱含『潛在』的多種功能，當現其功能時，它的空間位置、外相、大小、性質，都會〝變化〞，但是只要我們主觀的認定它有個『不失的身份』，它就是一個物件。例如一所學校，隨著時間經過，它的建築物的重修，教師及學生的更換，甚至到最後廢校，但是只要我們主觀的認定它的『身份不失』，就是個物件。我們民俗所傳說的〝靈魂〞，即人死亡後表示其〝靈魂〞離開身體，再轉投胎到另一個新生身體去的這『靈魂』，我們也可把祂看成是有個『不失的身份』存在，但其寄宿的身體或空間位置範圍可以改變，也是一種抽象的物件。再如我們欲建立一個殿堂，就要先有這殿堂之藍圖或是構想，這些構想或藍圖都是我們主觀的認定其為一種『不失的身份』，但〝可以改變〞其形式，也是一種抽象的物件。或是欲成就未來的事業，必有計劃，這計劃也是一種抽象的物件。另外，如有形象，而讓我人認定它有個『不失身份』的意象者，也可以把它視為另類物件。例如:水波形、跑馬燈的圖樣，若我人認定其有個『身份』，我人會將其視為好像有個『底本質』的物件在移動。

由上面的概述，可隱約的顯露出我們的物件觀念，係一可隨時間變動而〝**改變**〞它的某些狀態，但不管其狀態怎麼改變，只要是主觀的認定有它不失的身份(底本質)中心之『**恆存在**』，就是一物件。既然以主觀的認定它的中心所在，那麼在『同一時間』點，它的中心點不能存有兩個以上不同空間位置。物件的〝本尊〞只能有一個，即在同一時間點，除其〝本尊〞地點外，其他地點皆是〝分身〞或〝複製品〞。不過這『一個物件(例如:一個質點)不能同一時間點佔有兩個(含)以上不同空間點』之觀念是古典物理的觀念。近代量子學，卻給這觀念一個重擊，尤其在電子大小尺度以下，質點的世界線就不一定是時間的函數了，其主旨是，在同一時間點，質點的空間位置是不確定的，是以**或然率**的存在方式來表示，而不是以**確定式**的存在於空間的唯一位置。換言之，同一時間點，同一質點的存在於空間位置可能有許多不同的空間點上，但其存在於各空間點的機率是不等值的，機率最高的空間點(不一定是唯一)就是我們所謂的質點物件的中心點。請注意為什麼物件的中心點我們要用吾人主觀來認定，而不用一客觀的標準呢？原因是這些都是吾人的概念模型，不是實質親嚐親證的覺受。

我們說一個物件的狀態會隨時間之流逝而〝改變〞，甚至於會〝消失〞或〝生起〞，因此稱為『無常』，而唯一能〝現存有〞的狀態只有〝現在〞的物件狀態，〝過去〞或〝將來〞的物件狀態不能被視為〝現存有〞。不過這裡我們要特別指出：實際上稱狀態的〝改變〞、〝影響〞、〝消失〞、〝生起〞、〝永恆〞、〝短暫〞這些觀念的名詞皆架構在『〝時間恆流〞與〝絕對現在〞(在後面會談)』的觀念下之產物。故，物件總是給我人有〝會改變〞其狀態及時間〝恆流〞的觀念。此觀念我們稱之為『物件觀點』。

當在有了時空連續區的觀念後，讓我們把有形狀概念的空間與沒有形狀的時間組成類似幾何的**時空連續區**，這時空連續區的觀念，能讓我們方便來比較在後面要介紹的『事件觀點』與『物件觀點』的異同，它並不是與『物件觀點』對立，而是一種不同的開合方式，可說是並存的觀念，但它卻是不理會『時間是〝流〞或〝不流〞』的一種觀點，甚至於忘掉(模糊)了什麼叫物件。而實際上，物件也只是在時空連續區上合隱一堆屬性相似的事件而已。故，事件觀點其使用的語言要透過翻譯，才能與物件觀點的語言相通，但是藉時空連續區圖示更能溝通兩者間的差異。

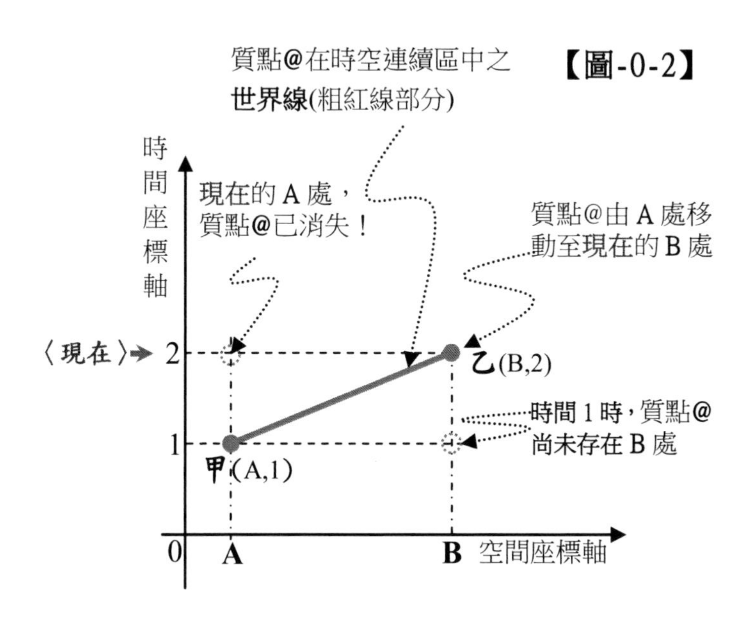

在【圖-0-2】是以一維時間與一維空間所成的時空連續區(共 2 維)，

用來表物件與事件的關係。其橫座標〝A〞、〝B〞為空間上的兩個位置座標，縱座標〝1〞、〝2〞 表不同的時間點之座標。這圖是表達一個質點物件@，由空間A處以等速度直線方式移動至空間B處。我們很自然的會認為時間1的空間A處，與時間2的空間B處的質點是『同一個』質點@，整個時空連續區中之@ 的世界線上的每一點也都屬於同一物件@；但對事件而言，時間1的空間A處為甲事件，時間2的空間B處卻為不同的乙事件了。

假設我們〝當下〞所認為的〝現在〞是指圖中時間 2(現在)的話，則質點@(物件)對時間而言只有〝現在〞(時間 2)所對應的空間 B 處是現存有，不是〝現在〞所對應的空間上就不存在此物件，例如認為:時間 1 的空間A處(甲事件)，物件@是不存在其上的，只是個〝過去信息〞，是〝過去〞的事了。即使在〝現在〞，即時間2的空間A處，因質點@真的不存在，也一樣稱@質點在時間 2 的 A 處〝**消失**〞了。而稱過去(時間 1)的空間 B 處是〝當時**尚未存在**〞物件@。也就是在(圖-0-2)中，只有座標為(B,2)的〝乙〞事件是〝**現存在**〞物件@，其它粗紅色世界線上的事件都只是〝曾經〞有@質點存在的印象信息而已，不是現存在。物件觀的『存在』，只針對『**此時此地**』而論。這觀念在整個時空連續區中時間軸上的〝現在〞是唯一的，我們稱此種觀念的〝現在〞為『**絕對現在**』。既然〝現在〞是唯一的，而時間又不停的流，那麼這唯一的〝現在(指標)〞也就不停的沿著時間座標軸往**座標值**高的方向**移動**，以**改變**它的時間位置。那麼所謂〝同時〞的各事件，就是指位在同一條平行於空間軸的直線上之所有事件點了。

0-5　　事件觀點

在提過**物件觀念**後，我們在此再提出一種物件觀念的輔助觀念叫『事件觀點』。前面的物件觀點僅在乎空間的**差異**，在乎底本質的空間**位置**，在乎底本質『功能』(蘊含有多種事件)。這底本質讓我們覺得實在。但是事或事件，我們一般的認知是虛幻不實，因為只是短暫的存在狀態，它的存在，只在**特定**的時間與空間位置上。故，事件非但重視所在的空間**位置**，更重視時間位置。以物理上說，在時空上有某種作用發生，即為一個**事件**。

在【圖-0-2】中，時間 1 的空間 A 處，算是一個事件〝甲〞；時間 2 的空間B處，又是另一個不同事件〝乙〞了。但以物件觀點看是整條紅色粗線都是屬同一物件@。但論存在，物件觀點只認為圖中的〝乙〞事件是〝現存在〞物件@，世界線上其他事件點的物件@都不是〝現存在〞；但以事件觀點會認為世界線上每個事件點皆存在。事件觀點沒有一個〝絕對現在〞的『此時此地』觀念，因此就不存在〝現存有(在)〞的語言。

『事件』是以整個宇宙時空連續區做背景，可用時空座標標示其〝存在〞的位置。一般說來，在整個宇宙**時空連續區**上的**每個**點都是個〝事件〞。一個事件是有它〝概略〞的地點與概略的時間位置點。這裡我們為什麼要用〝概略〞而不是確定的點?因用確定的點就會變成『絕對**固死**』的觀念。例如〝一瞬間〞的觀念是我們想像的，但那是極理想化的模型而已，實際上根本把握不到。這是呼應近代物理學之**不確定原理**的準則。也是不讓界定〝固死〞的模型來障礙意識靈覺知的〝活性〞。〝概略〞的事件，比如說：1969年的地球也是一個事件，從 1950 年出生直至 1969 死亡的甲人，也是一個事件，凡是標出時間與地點的區域範圍，皆可稱為事件。1947 年在臺灣發生的二二八事件，就是一個時空連續區域範圍的**事件**例子。我們常說的〝當下〞，在一般觀念中是指〝現在〞的〝此地〞，但嚴格說〝此地〞是一點，〝現在〞也是一瞬間，我人根本把握不到。所以用〝概略〞，作隨機的縮小或放大範圍。我們在談話中常把〝現在〞事件用〝今天〞的範圍來取代，例如說：〝今天〞的〝台灣〞也是一個表達〝現在〞的事件。〝今年〞的〝台灣〞也是一個表達〝現在〞的事件。雖然〝今天〞範圍不是個瞬間，〝台灣〞不是一個點，但有標出**時間**與**地點**的區域範圍，皆算是個事件。其實事件就是一個識別用的標示而已。

談論到**事件**就必牽涉到空間座標與時間座標，是要有時空連續區的觀念，一個事件可用解析幾何上的座標來表示它的所在，是一種用來『識別區隔』作用的觀念。所以採事件觀點，時間與空間都有幾何上的對等意義。**事件觀點**把時空連續區上所有事件皆看成並存在，沒有消失、變化、動或靜、、、之類詞彙。大略地說，事件是指在時空連續區上的某一位置之事物的狀態，來標出與其他事件的『不同』。事件是一種狀態，或稱符號信息、或稱標示、可識別或區隔義。事件觀點是以整體時空連續區為基礎。

【圖-0-2】中，若由物件觀點來說，我們會說甲事件〝影響〞乙事件，或說甲事件的**信息**由空間的 A 處〝傳遞〞到空間的 B 處形成(影響)乙事件。這裡的用語〝影響〞、〝傳遞〞對事件觀點來說，是不存在的詞語。甲、乙事件間的『用語』只有以『互相對應』表之。這差別在於：有與無『先後』的時間〝恆流〞觀念。

0-5.1　特殊相對論的時空座標軸

有了時空連續區之觀念，再由相對論的對等性(相對性原理)去研究『現在』、『同時』的意義，會讓我們感到有別於一般觀念。

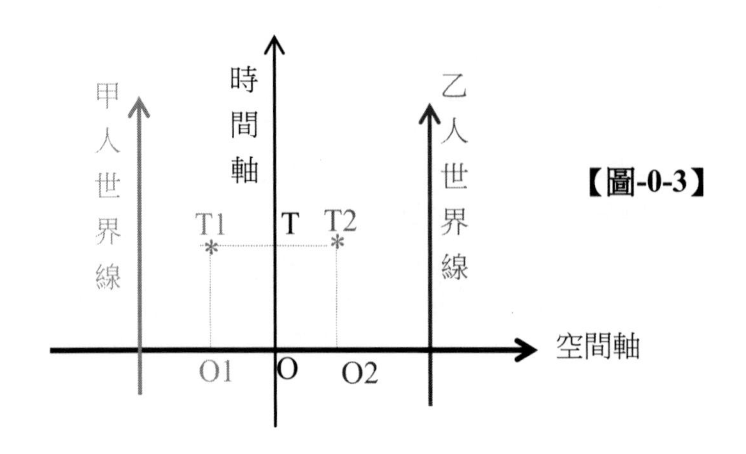

【圖-0-3】

如圖【圖-0-3】所示的時空連續區，從圖看，則甲人與乙人是相對靜止的，因為甲、乙兩人其世界線都是與時間軸平行。而所謂兩事件『同時』的意義，是指在時空連續區上的兩事件 T1、T2，皆在同一條與空間軸平行的線上。所謂兩事件『同地』，是指兩事件(例如:T1、O1)的連線是與時間軸平行的。至於『現在』點，就無法找到唯一的『絕對』點，若隨您興之所至，任何一點都可當成『現在』的時間點。

相對於『現在』的『過去』真實的事件，或相對於『現在』的『未來』真實的事件，我們統稱之為『事件』。『事件』的存在不因為能被『現在』我人的知或不知其內容，而否定其存在。例如：〝此時〞的遠地發生的事件，雖〝此時〞此地的我人不能知，但不能否定其存在。事件只是時空連續區上的一個位置而已。

當甲、乙兩人不是相對靜止，而是以等速率的相對運動，那麼不管取哪位當參考平台，其個別世界線都是呈直線。若要選擇時間軸，可在甲、乙兩人的世界線中選一個，被選上的這人就是靜止的參考平台，另一人就被稱為相對於靜止平台在運動。

在平面圖上，為了方便觀察的理由，一般空間軸的選擇是採與時間軸成垂直的笛卡兒直角座標系。假如我們選定甲人為參考的靜止平台，那麼其世界線總是與其時間軸方向平行，為方便計就讓甲人的世界線與其時間軸重疊，而甲人空間軸就要與時間軸(甲人的世界線)成垂直的。反過來說，如果選乙人為參考靜止平台的情況下，那麼其時間軸就要與乙人的世界線平行，為方便計，讓乙人的世界線與乙人時間軸重疊，乙人空間軸也要與時間軸(乙人的世界線)成**垂直**。如此甲乙兩人才有地位對等的相對性，否則就有**絕對**的時間軸與空間軸的存在，那意即有**絕對**的參考**靜止**平台了！

依上面對參考靜止平台的不同選擇，會使**時空軸**在時空連續區中的方向會不同，但其上的各事件不會因所選擇的參考靜止平台的不同，而改變**事件的位置**，卻會改變事件的**時空座標值**，於是『同時』及『同地』的意義，對甲、乙兩人就各自有一套的定義標準。如:【圖-0-4】中，事件 T_2、T_1 對甲人是**同時**，對乙人卻是 T_1(因與 T_2' 同時)**先**，T_2 **後**；T_2、T_2' 對乙人是**同地**，對甲卻是**異地**。當甲、乙各自選自己為靜止參考平台時，兩人的等速率相對運動之時間軸、空間軸便各自擁有一組。這一點就是愛因斯坦相對論的主重心，也是與伽利略或牛頓之相對性原理之最大不同的所在。在伽利略或牛頓的相對性觀念中，其相對靜與動的觀念大致一樣，但其對甲、乙兩人相對**等速率**運動的時間軸、空軸軸，是絕對(毫無理由)的唯一的一組標準，尤其時間軸方向，且這時、空軸**不是各自擁有一組**的，是**毫無根據**(無因果)地**信認**：只有唯一的絕對時、空軸方向，與各參考物件平台之動靜無關。

【圖-0-4】

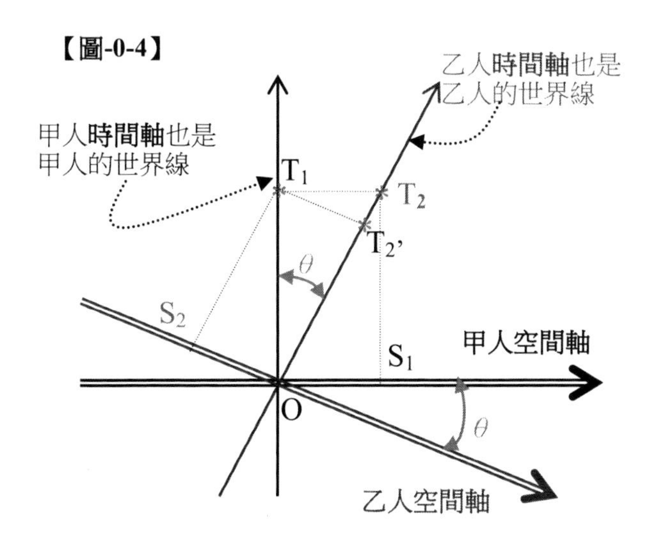

在【圖-0-4】中，甲、乙兩人間是呈現以等速度的相對運動狀態，甲、乙兩人各自擁有一組時空座標軸於同一時空連續區中。依愛因斯坦的相對性原理，則『同時』及『同地』的意義，對甲、乙兩人就各自有一套**不同**

的定義標準。這裡就像我們高中數學的解析幾何中之座標軸的旋轉，將甲人的時空座標軸旋轉一個 θ 角度，就是乙人的時空座標軸。但若依伽利略或牛頓之相對性原理，雖甲、乙兩人是呈等速度相對運動，但甲、乙兩人之時間軸與空間軸之方向還是同一組的，是絕對性的。從因果(要有根據)的哲學觀點看，在虛無的時空裡我們真的不能肯定有個絕對靜止的參考坐標平台。

在時空連續區上質點@本身的世界線，若是此質點@有意識的話，會把此世界線看成是自己所『經歷的時間』。由此看來，甲人的世界線是代表甲人的所經歷的時間，乙人的世界線是代表乙人的所經歷的時間，故甲、乙兩人有各自的獨立時間。

把一世界線視為自己經歷的時間與不視為自己的時間，就是意識對於時間與空間最大的識別。

『同時』及『同地』的意義對不同參考靜止平台上的觀察者會有不同的標準，其隱含著：兩相異的事件間之發生的先後秩序就有不同的可能。事件發生先後秩序的混亂倒是無妨，問題是會抵觸吾人(同一類的意識結構形式的生靈)共同基本信念的『因果原則』(〝因〞必定要在先，〝果〞必定要在後)。例如，依甲人的標準是〝同時〞而異地的兩事件，在乙人的標準可能是〝不同時〞，於是就有先後秩序不同之爭議，使因果與先後不一致的混亂。

時間的幾何性質是從愛因斯坦的相對性觀念而來的，原本在伽利略或牛頓的時間觀念裡，即使是有了一維度的時間與三維空間混合組成的空時連續區也沒有事件間發生的先後秩序有混淆的問題。但依愛因斯坦的相對性觀念，在這空時連續區中的事件先後秩序就會有混淆的問題，因而因果關係的規則將會被破壞。為此，相對論才界定了傳遞信息的速率值(如：電波、光波、聲音波的速率)有個極限數值，超過此數值的速率，即非真正有因果影響意義的傳播速率，因為真正有因果意義的傳播速率都含有信息，才具有能被記憶的意義、才有痕跡(信息)可循。

要了解時間與空間組合成的空時連續區是具有幾何性質，我們可由時空混合的距離來認知時間的幾何性。一般所謂的距離是指兩不同『物件』〝同時〞在空間上的距離，但很少問你兩不同『事件』在空時連續區上的距離。【圖-0-5】為描述三個質點(台北總統府之國旗桿頂點、鵝鑾鼻燈塔尖端點、飛行時鐘 @)的世界線之時空圖。【圖-0-5】中問你：「台北總統府之國旗桿頂點與鵝鑾鼻燈塔尖端點之距離有多少？」這題目並未提及時間，因此是以〝同時〞看兩事件距離，也可指不同地的兩物件間的空間成份的距離(O—L)。但同樣問你：0 時的台北總統府之國旗桿頂點，與 2 時的台北總統府之國旗桿頂點的距離是多少？你會說神經病，當然是 0 公里。但是，題意是要問此兩事件間的距離，不是要問兩物件間的空間距離，由於其空間成分為 0，故只計及時間成分，所以答案是 2 小時。這就是物件與事件在觀念上的差異處。事實上，空間距離，也是屬於兩事件間的距離。

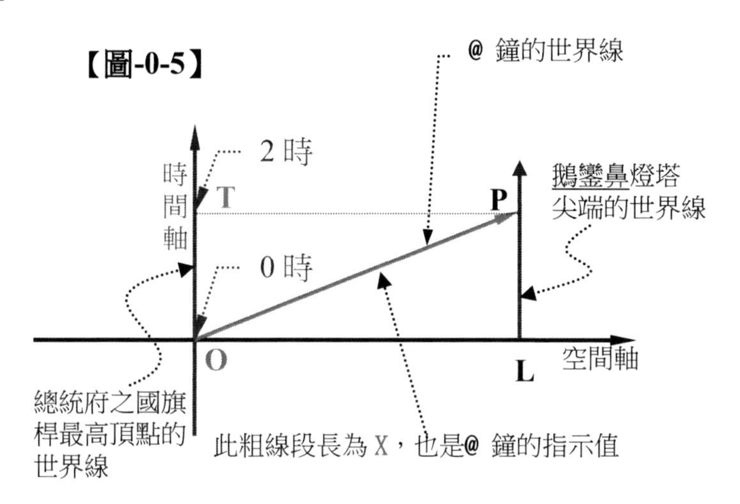

好！我們以(圖-0-5)為例再給個詭異的題目：0 時的台北總統府之國旗桿的頂點，與 2 時的鵝鑾鼻燈塔的尖端點的距離是多少？你會茫然不知所措，因為這距離是事件 O 與事件 P 的距離，除了含空間成份的距離，也含時間成份距離之混合距離怎麼去算呢？其實這問題答案可以【圖-0-5】所示的粗線段長度 X 表示出來。這也正顯示出：時間與空間的連續區是具**幾何性質**的，而不是純時間軸與純空間軸的分開獨立的統計參數觀念而已！

看過相對論的人，就可以把上面提的距離解釋為：在地面上的人看來，一個飛行時鐘 @，由今天台北的總統府國旗桿最高的頂點上的時鐘&指示為 0 時，從台北的總統府之國旗桿最高的頂點朝向恆春鵝鑾鼻的燈塔的尖端點，以**等速率**直線飛去，且以照相機(裝在國旗桿最高的頂點)拍照得該時鐘@此時的指示也是 0 時起飛。當在地面上的人看來，就在恆春鵝鑾鼻燈塔的尖端點的鐘&' 指示為 2 時的時刻，此飛行時鐘@也正好到達恆春鵝鑾鼻的燈塔的尖端點，就在此時當地裝在恆春鵝鑾鼻的燈塔的尖端照相機拍得此時鐘 @ 的指示為 X 時，這 X 時就是所求的距離。當然這時鐘

@飛行速率是小於光速。且在恆春鵝鑾鼻燈塔的尖端點的鐘&' 與在台北的總統府的時鐘&事先都校正好的。這 X 值就是時鐘 @的時間，而這粗紅線段也是時鐘 @的世界線。

異時又異地的事件與事件間也有距離的觀念，只有在具有時空連續區的幾何觀念下才有。像上面的 0 時的台北總統府之國旗桿的頂點，算是一個時空上的事件 O；飛行時鐘@正好到達恆春鵝鑾鼻的燈塔的尖端點算是一另個時空上的事件 P，此兩事件間的距離由圖示即知是粗紅色線段長 X。如果沒有圖示，光由我們一般的觀念會認為，時鐘@到達恆春鵝鑾鼻的燈塔的尖端點時，其指示值應為 2 時的時刻，與地面的鐘& 或鐘&' 的指示值一樣；但相對論的觀念，時鐘@其指示值應為粗紅色線段長 X。

【圖-0-5】中之 X 可用一般幾何觀念算出。只要把時間成份(O—T)加個虛數單位〝i〞成為純虛數來取代，空間成份(O—L)保留用實數，再用幾何學的畢氏定理就可求出斜邊(O—P)的長度 X，此長度是個虛數的空間單位(因次)。虛數空間單位(因次)就是對應到實數時間單位(因次)。這裡時間與空間有除了方向幾何上的**對等**外，又有虛數與實數在性質上的**對等**關係，是筆者從解析幾何中帶來的連想。當然，這裡尚需有時空單位間的轉換比例係數，我們此處未提到。由於筆者厭煩數學計算，且會讓我們把重點失焦，所以就把這些計算的觀念過程放在本書後面附錄一中再談。

像這樣對時間與空間全然的開展是『開合法』用在相對論之特色(開合法我們後面會提到)。在充滿事件信息的時空連續區中，能真正牽連兩事件間的關係者，就是連接兩事件間的物質點世界線，說通俗語就是這世界線的每一事件點都含有最相似信息，亦即此物質點可以傳遞信息於此兩事件間。

不是只有動態下的質點才可傳遞信息於兩事件間，例如像我們人腦的記憶部份，雖相對於我人本身是靜止的，但卻是傳遞信息於過去事件與現在事件間，我們的回憶就是傳遞意識過去的遭遇事件信息給現在腦部之意識的這個當下事件。

在純空間的幾何中，有直線的意義，但在時空連續區的幾何裡，這直線的意義就難以定義，兩事件間的距離竟有實數與虛數的差別，實在難做比較，故圖中的**幾何**關係為『相對』，而非絕對。

0-5.2　事件觀點的整體相對應存在

好！讓話題回到事件觀點。存在於時空連續區上的事件內容都是『現顯的』，沒有『潛在的』，因此事件是現狀，沒有潛在的功能。不像物件隱含很多『潛在』功能，需待時間的遷移而現出。

事件觀點與物件觀點最主要的不同是：事件觀點不再有個『絕對的〝現在〞』，因此事件是不分過去、現在、未來都存在於這宇宙中，不是僅所謂〝現在〞的空間才可存在的。就如【圖-0-2】中的紅色(粗)世界線上每個點，以事件觀點看明明都存在著質點，而不是像物件觀點看的盡是不存在，只有〝現在〞時間點的狀態才是存在。事件觀點的〝現在〞，是沒有『絕對』的意義，所以事件觀點就沒有所謂〝消失〞，也沒有所謂〝生起〞，沒所謂〝變化〞、〝短暫〞、〝永恆〞、〝痕跡〞、〝記憶〞、〝影響〞、〝動〞、〝靜〞、、、的這類名詞了。一個事件可說是純為時空連續區上的幾何定點，沒有所謂時間會〝流動〞的動義。因為事件觀點是把整體宇宙(時空連續區)表示成看起來就像一張**幾何**圖形，所以事件觀點是『整體性』的觀點。在整體幾何圖形上，我們看不出什麼〝流動〞，也無法定出哪一點是〝絕對現在〞的當下。但其上任何每一點，你高興的話，都可稱為〝現在〞。

在整體宇宙時空連續區中的所有事件點之間，皆呈現幾何上〝互相對應〞的存在(最起碼有幾何上的相對位置之關係)，缺一事件，則整體宇宙(時空連續區)不成立。正所謂『彼有故此有，昔在故今在，繼(未來)存故今存』，這就很像佛家之**緣起法**(法不孤起的整體性)。因此任何的兩事件間就互稱為相緣(相關連)。這種整體相關的各事件間的相對關係，叫『整體相對應存在』或為『事件整體觀』，簡稱『整體觀』。俗語常用『定數』來稱呼它，卻被延伸成『命定論』。但這〝定〞字一出口，很容易被誤解為有〝做定〞的動作，這〝定〞的動作就是一個事件(有時間座標與空間座標)，而引起爭論，故最好避而不用。

由於是整體性的相關，所以不是只有已知的諸過去事件才會相關(影響)到現在，卻把諸未來事件視為是獨立而不相關(影響)到現在，這樣僅算是片面單向的相關而已，非整體複向性相關。因此整體性的相關，必然是過去、現在及不知的未來諸事件的整體性之〝互相關涉存在〞，此種信認的概念，也叫整體性互緣。

近代物理學中的不確定原理(不是光憑已知的過去及現在的初始條件就能預測整體一含一切未來)也能表達『整體相對應存在』的意義，此外，還有分不清楚界線的問題也是有此『整體觀』意含。

事件觀點最麻煩的是，被批判為『無因果論』，或是倒果為因的思想，及『固死性』，有殘害『靈覺知』的『活』性之嫌。其實事件觀點對**事件**間的**關係**，只是暫不談僅有〝單向〞的因果相關，而改以〝相互〞『對應』

的關係而已，這對應本身之義即含因果關係。

筆者曾看過一本書寫道：「上帝無法創造出一個沒有山谷的山峰」，**山谷**與**山峰**是幾何性並存的相對應存在，山谷與山峰沒有時間上的〝**先後**〞之因果關係，但缺其一，另一個就不成立。不同的事件與事件間亦應如是觀。因此整體宇宙空時連續區中隨意的每一事件、每個當下的心，都是關連到整體宇宙，所以每個『當下心』的『趨向』或『心向』都是與其他事件相關對應的。

筆者以為這種法不孤起的觀念是整體性的，不是僅去分別**一小部份**與**另一小部份**間的關連。我們這裡暫時不再細分〝**因果**〞相關，是因為：**因果**的觀念總是涉及分別不同事件間的〝先後〞主觀觀念，如果從時空連續區的幾何圖形上看，且把標示著時間軸順序的數字給塗掉，則我們是無法去分別〝先後〞的。但是，若在能分別〝先後〞的觀念下，當然就會衍生出〝因果〞關係的觀念。若從嚴依〝先後〞而論，只要人們認為事件 E1 發生在事件 E2 之〝先〞，就可說事件 E1 是事件 E2 之因；不過對同一〝果事件〞E2 而言，必有多重的〝因事件〞與之對應，就不能說清楚〝因〞了！同樣的，一個〝因事件〞也必有多重的〝果事件〞與之對應。一般在談因果，是談〝主因緣〞，其他次因緣只能稱為**緣**，而一個物件的世界線才最有資格稱得上是連接其上各事件間的〝**主因緣**〞。有些事件間不能稱因果關係的，例如〝同時〞存在的兩事件間，因為無法**辨別**出哪個事件是〝**先**〞(在相對論中，在不同平台所觀測同一對相異事件的發生順序不一致時，也無法辨別先後)，就無法定出哪個事件是〝**因**〞了！當然就分不出〝**因**〞與〝**果**〞的關係了！在整體宇宙時空連續區中，若用幾何觀點看，任何兩事件間只有緣(相對應)的關係，用俗話說就是稱為〝**因緣**〞。由於兩事件間不能完全稱是具因果關係，因此在筆者的感覺裡，佛家的緣起法是涵蓋因果關係，但**因果關係**不能涵蓋**緣起法**。一般的因果是以**能分辨**先後發生的事件間的關係而言，而同時發生的事件間的關係僅能稱是互緣(相對應)的關係。另外，事件間的因果關係所牽涉的複雜，不是我們一般凡人能釐定清楚的，所以只得把這**沒法把握**的**暫時不談**。這種暫時不去〝分析〞事件與事件間的『片段內容』之因果關連，僅『描述』事件間『相對應存在』於時空連續區的方式，筆者稱之為『素觀觀點』或『素觀描述』，也較接近孔老夫子的『述而不作』之精神。而近代量子物理就很像『述而不作』的精神。但是暫時不談因果，並不是否定因果，請讀者分辨清楚。

0-5.3 命定論 與 自由意志

由『整體相對應存在』看來好像一切皆在『定數』中，不過這樣的觀點常被誤解為所有事件〝已經〞被定死了！殊不知沒有〝做〞『定』的這樣『事件』的存在義。不過用『定數』這觀念是我們一般人或多或少都有的默認，但這字眼很容易被詮釋成『命定論』，而招致積極觀點的人士批判。因為這『定數』的觀念與吾人的意識的結構是相對應的，而意識是一種〝活〞的『靈覺知』，不是〝固死〞東西，因此我們有生靈者(尤其人類)總認為我能思考、能覺知，我能決定我的前途(未來遭遇)，處處皆以為自己有能力來掌控未來，這就是『靈覺知』的〝活〞性。

但真實上的遭遇，總是有出乎意料的，而沒法把握。光由無法知道未來自己的遭遇來說，就可明白我人還是有很多無奈，故俗語說：『人運命，天註定』或『人生不如意事，十之八九』，這都是反應著我們對『定數』觀念的無奈感。但就因為我們有『靈覺知』的自由意志，總是讓我們〝覺得〞雖過去已固定，但當下仍然可控制與掌握未來的真實遭遇。就因為有這種讓人有兩面『似是卻又覺非』之模糊又迷惑感，致使有些人就完全贊成『命定論』，也有些積極人士只贊成『命運自己決定論』。在此我們為了去更了解『整體相對應性』觀念，以別於所謂『命定論』及『可自由意志掌握』的觀念，我們就來聽此兩方面各提所長的辯論。主張命定論的一方，我們給予簡稱為『**定**』方，主張自由意志的一方，我們給予簡稱為『**意**』方，以下我們就來聽他們的見解：

『**定**』方:

在我們人類的認知裡，相信目前這世界的從前總是還有再更先前之世界的存在(這裡所謂世界是指依照自然律而演化的境象)，將來總是還有再更將來之世界的存在。既是如此，我們過去的遭遇，或是將來的遭遇總是存在的，也就是說，不管是過去的事實命運或是未來的真實命運皆是〝已經〞固定的(命定論)。那麼，我們一個人會活多久，賺多少錢、享樂多少、受苦多少、何時傷心焦慮、何時快樂自在，皆是〝已經〞既有的定數，故對慾求不必追太多，該有就會有，該得就必得，得失自是〝已有〞的定數。

『**意**』方:

您所說的，我們未來的真實命運既然〝已定〞了，那我們〝現在〞就不用立什麼願望去做任何的作為，反正怎麼做，怎麼想，最終還是依既定的命運而現，那我們〝現在〞就可任性而為，反正未來的命運都已定了，去用心計較終究是**多餘**的囉！那這世界不就沒有公理、沒有因果了嗎？

『**定**』方:

您所說的「最終還是依〝既定〞的命運而現」，是〝既定〞的並沒錯，但不是你〝既知〞的啊！難道你〝已知道〞你的〝既定〞的未來遭遇嗎？我想是你猜想的吧！

我所說的命定論，並沒有反對你〝現在〞不用立什麼願望，也沒反對你去做任何的作為，更沒有否定這世界是有因果的。我只要你去承認『未來遭遇』是個〝已經〞存在的定數觀念，但沒要你〝現在〞去懷憂喪志或任性而為，或罔顧因果而為害社會啊！

過去之遭遇，因為我們現在已知了，所以我們都承認那是不可改變的事實定數，至於未來的真實遭遇必然是〝已經〞存在的，只是現在的我們並不知其內容而已，既然〝現在〞的你並不知未來的真實遭遇內容，你就也不必〝現在〞就預設未來的遭遇內容一定是怎麼樣，只是按我們目前所能依循的因果律(自然律)去立願望，去做計劃，去作為，未來的事實結果與你現在所立的願望去作為的期望有很高的或然率會相符合，因為因果律(自然經驗律)是過去經過多次片段經驗所統計之高或然率的因與果相符合的規律，依循它去作為是比較有高或然率如人所願的果，但不是百分百的會相符合的，就因為不是百分百的會相符合，才有不知的未來，否則未來的遭遇就與過去的遭遇一樣讓人在〝現在〞就都知道，就不能稱為〝未來〞了。

『**意**』方:

您所說的，我們未來的事實命運既然“已定〞了，那麼作『定』的〝動作〞者是誰？是誰註定了我們〝未來〞遭遇呢？如果那位註定了我們〝未來〞遭遇的超權者存在，那麼我們可想辦法去請求這位超權者把祂原先註定好的我們之未來遭遇更改一下，不就成為非定數了嗎？例如求神求佛，求上帝，這些都是一種改變我們的未來遭遇之慣用的方法啊！哪裡會有定數這東西呢？

又如流傳在民間的故事中，常有天人因在天上犯了罪，被天庭判罪而謫降到凡間來受苦行，積功德。這樣看似此天人下到凡間將遭遇的命運已然被註定了，可是常有意外狀況跟原先天庭所註定的命令有所偏離，不見得就會完全一致，如果百分百的一致， 那麼這位天人不就形同被固定死的〝有形而『無心』〞的東西了嗎？遇到任何事情，自然會有天上的安排，不必經過他的心去做『思慮』而後下『判斷』以做應對。這邏輯我們不能接受，因為凡是有生靈者皆為『有心』做『思慮』的。那我問你最簡單的問題：你『現在』在跟我做辯論，難道不是出自於你自己的『自由意志』、

『思考』來答覆我，而是早就已經被預先定死的嗎？對於**『不知道』的過去事**就很難說是〝已定〞了，更何況一個〝未〞發生的事，怎可說是〝已經〞被定死的呢？

『**定**』方:

您所說的求神，求佛，求上帝，這是我們依循過去的慣例習俗，有時會使趨勢變好，有時不見得趨勢會好轉，因為這也不外是依過去的慣例經驗律而做的行為，如此作為不是百分百的有效，但無論如何不能說是改變未來的遭遇，因為未來的遭遇事件，〝現在〞您又不知，就沒有改變的問題。譬如你看到一個人掉到河流中快被水沖走，你又不知他將在下一小時內是活或是死，你幫他祈求上帝、神佛救他，果真後來他抓到河中一塊大木頭而生還，你就說他的未來真實命運已被改變了！是嗎？其實他的生還才是他的真實命運，他落下河中也是真實命運，都沒有所謂改不改變的問題，有改變的只有我們所預估的趨勢(或說是預設的劇本)。

又如你所舉例的天人被判罪也只是給他『定』一個未來要他演的『命運劇本』而已！根本就不是『定』他的『真實命運』，故真實命運從來就沒有一位超權者能『定』它，也就沒得『改』它，能被超權者『改』的，只有『命運劇本』，故『真實命運』也還是定數呀！

雖說『真實命運』是定數，但『真實命運』其實都是『心』的演化組成的，你的過去已知的遭遇事實確認是定數吧！難道你懷疑過去的你是『無心』的過生活嗎？！因此不管是過去或將來的『真實遭遇』總是『有心覺』的。當然我『現在』跟你在辯論，也是用我自己的自由意志、思考來答覆你的，但也是早已經被註定好的自由意志、思考呀！〝未〞發生的事，可說是〝已經〞被註定好了！只是你還不知道而已。

『**意**』方:

您所說的未來的真實命運是已經註定的，既然現在『不知』未來的真實遭遇，哪能稱未來的真實遭遇〝已經〞被定了？那麼這『定』的動作是什麼時候定的？是在何地定的？是盤古開天闢地之時定的嗎？那麼盤古開天之前的時間又是什麼？所在又是空間的什麼地方？而在盤古之前，誰來註定盤古的命運呢？如此一直一層層追究下去能找到宇宙的最先的第一個原始因嗎？請告訴我宇宙的第一因好嗎？依你的意思是，在宇宙的第一因出現〝後〞，宇宙一切未來行為就此定死了嗎？

『**定**』方:

我無法告訴你宇宙的最先的第一個因，但我就相信也認定一切未來真實遭遇是〝已經〞定數了。

『**意**』方:

你無法告訴我宇宙的最先的第一個原因，你就相信或認定一切未來真實遭遇是已經定數了，那只不過是你的認知，對不知的未來真實遭遇，就不必去說什麼定數。因為不管是定數或不是定數，反正都無法確知，就沒有什麼定或不定的意義。

像以上兩方的爭論，其結果必定沒有什麼具體的結論，原因是兩者都有共同的觀念，就是(一)時間是不停地『單向流』。因此真實事件的存在總有一定『先後順序』。(二)時間有個不停『流』動的絕對唯一的基準點—『絕對現在指標』，及(三)有個靈覺知的『心』，去區別『過去』、『現在』、『未來』。下節我們就以事件的觀點做為第三者的立場，來指出事件觀點的整體相對應性與前兩方人馬的觀點之不同處。

0-5.4　事件觀點的『整體性』取代『部份決定』

事件觀點的真實命運『定數』是指整體事件相關性的存在，非部份事件能決定整體，是以超脫時間有『流動』，超脫時間有『先、後』的諸觀念為前提。它不去管什麼『過去、現在、未來』，一律以平等視之。也沒有一個不停地〝流〞動的『現在』指標，但肯定靈覺知的『心』。不過這『定數』的『定』，不是〝已經〞被固定之義，是『整體性相對應』存在之義。故不去論〝影響〞，但說『對應』。

首先我們只要對「定」方所說的:『未來的真實命運皆是〝已經〞固定』的不同看法做指出，即可同時對兩方共同的盲點，都揭露出來。在〝已經〞這句話中就隱含了時間有『流』、有『先、後』的觀念了，也就是把未來的真實遭遇『存在』的『定』，看成是有一個做定的動作事件，那既然是個事件，『意』方就要求必須有個『時間』及『地點』之座標。依我們一般物件觀點的因果觀念，這一個『定的動作』必然會被認為就是宇宙〝最先〞發生的事件，也稱為宇宙的『第一因』(相當於近代宇宙論的最初大爆炸點事件)，於是以後宇宙的一切發展變化就〝已然〞被此〝第一因〞所確定了！不管您再如何地處心積慮，其結果內容總是〝已經〞確定的。這是既用事件觀點又套用物件觀點所造成的混亂結果。

我們的事件觀點是不去管時間『流或不流』、『先、後』觀念，那麼這個定數就沒有一個『先做定』的動作事件，因此不必然只有過去會影響未來，也可說是未來會影響過去，於是這定數就不是僅由所謂第一因所確立。如果光由第一因的時間點就可確立整體時間的過去、未來，那麼也可說由任何一時間點也一樣可提供確立的資訊了！以『整體相對應』論，部分無法確定整體，但整體缺任何一部分即不成立。既然不論『先、後』就沒有〝已經〞這字眼。這『定數』觀念是我們人的一種對全體『真實事件』的『整體相對應存在』的信認而已！因為事件觀點沒有時間〝流〞的〝變動〞觀念，所以不去管我們對『事件內容』的〝知〞或〝不知〞，或〝影響〞，或〝先後〞。

從**沒有先後**的『整體相對應』看，去問『整體宇宙』是在時間與空間的哪個座標位置〝誕生的〞，這能算成立一個問題嗎？當然是個戲論，不是『正』問題。時間、地點的座標是在宇宙範圍內相對的，以獨立一個『整體』，你能再問一個『整體宇宙』其存在的時間、地點之座標嗎？這就如一塊畫有格線的圍棋棋盤，其上格線代表棋盤上各不同位置的座標，您可用這些格線座標來描述棋子在棋盤上的位置；但是，以『整塊』棋盤來說，你能再問『整塊棋盤』是位在棋盤格線座標的什麼位置嗎？單獨一個事件可以說它位在『整體宇宙』的某個時間與地點的座標位置，但『整體宇宙(整體時空連續區，不只是空間)』不是單獨一個事件，怎能問它『存在』於什麼時間與地點呢？我們的『整體相對應存在』的主要重點是強調『整體事件的存在』是對應性的，不是『在』什麼時間與地點來〝做〞固定的動作事件，因此不談某一事件會去影響另一事件，而是沒有**先後**的相互對應。

因此上面雙方(意方、定方)雖有個別不同的執持(意方執物件、定方執事件混物件)，但都有共同盲點，只因一小部份不同觀點，而不知有個共同大盲點，卻引來一場激烈的大爭辯，辯到最後當然還是無結果。這猶如蘇東坡的一首詩:『廬山煙雨浙江潮，未到萬般恨不消，到得原來無一事，廬山煙雨浙江潮！』。

事件觀點只是描述，不解析原因，也沒有要〝引導〞讀者去依循・・・，去做・・・，故稱『素觀描述』。

0-5.5　真實遭遇 與 命運劇本

話回時空連續區事件觀點的『整體對應存在』，我們說：已確知的事件為『**事實**』，是我人將其界定為不能〝否定〞或〝改變〞的叫『事實』。這是指過去的已知事件而論。這『事實』的界定(定義)，不管從事件觀或物件觀都是一致的認定；但對將來的未知真實事件，事件觀與物件觀就有不同認定了，事件觀是沒有所謂〝能改變〞或〝不能改變〞的問題，但持物件觀的我們會認為現在的任何作為皆可影響到〝未來真實事件〞。這不同的說法我們都能接受其不同義，因為各立基點不同。但在一般生活中的用語，其立基點若不特別聲明，均是立基於物件觀點。為了讓同一詞彙在物件觀與事件觀間能分辨出來，筆者把一般常用的『命運』一詞，將它解讀成兩種不同義名詞，其一就是命運劇本，另一為真實遭遇。真實遭遇屬事件義，而命運劇本屬物件義。物件義才有可改變的意義；而事件義就沒有可或不可改變的問題。

我們生活的作為就是為了讓未來的真實遭遇符合自己所編的命運劇本。命運劇本是可更改的，但說真實遭遇可更改，就不符我人對『事實』的定義(界定)。故說: 〝命運能改變〞，這裡〝命運〞一詞是指物件義的命運劇本，而非事件義的真實遭遇。這也是前面辯論的『意方』所混淆的觀念。

所謂作為即是編織〝命運劇本〞，一般都是依循『經驗律』的規則來編織，因為以歸納統計過去事件的先後相關規則，其〝高〞或然率符合事實，就成『經驗律』。因此依循『經驗律』的規則來編織的劇本與真實遭遇相符的或然率是很高的，所以我人還是要以『盡人事，而聽天命』的態度以對當下的〝現在〞。也就是盡人事去作為(編織〝命運的劇本〞)，等待〝真實〞(而聽天命)的判定是否符合，不能一味地推卸責任，而說隨天意以放任自己。高或然率的經驗規則(經驗律)，是構成因果律(自然律)的主要成份。然而，經驗律(自然律)與哲學上的理則是有不同的。

從事件觀點說，沒有人能〝註定〞你的真實命運，真實命運不是用〝註定〞的，是〝本具〞的。若從物件觀點來說，說〝註定〞，也只能算是註定你命運劇本，但劇本不見得會與真實命運完全符合的，因此說命運劇本是可以改的。如果說未來真實命運是〝被註定〞的，那是沒有意義的，因為是不確定的內容。況且在後面的章節裡所提出的『靈魂向性』之議題時，您會發覺：兩事件間沒有『絕對的〝先後〞』意義，更何況相對論也提沒有『絕對的〝先後〞』觀念，那麼哪來的『〝預先〞註定』呢？。

有名的了凡四訓故事中，其主要的內容就在闡述算命先生給予了凡編織的未來命運劇本(屬於物件)，而這了凡未來命運劇本是可以〝現在〞的意志、作為來改變的，為什麼能改變？因為是物件義的東西，不是事件義的事實。了凡前半生的真實遭遇(事件義)幾乎是完全符合算命先生所給的命運劇本(物件義)，但後半生的真實遭遇(事件義)就與命運劇本不相符了。人們就言說『未來命運是可以改的(即**劇本**與**事實**不同)』，但這裡所稱的未來命運其實是指命運劇本(屬物件義)，不是真實遭遇。相信讀者對命運劇本與真實遭遇應不難分辨。從這裡更可知道:以物件觀點來分析，才有所謂改變與註定的用語；若以事件觀點來看，只有存在與不存在，就沒有所謂〝改變〞、〝註定〞的詞彙。

『事件觀點』只是不去『開展』解釋部分事件間的關連而已(因依素觀原則)！並沒有去否定現在的作為，會關係到未來遭遇。基於緣起理論之互相對應之立基點來說，若用物件觀來說，是以可掌握的『現在』，本就關連著『未來』，所以『現在』作正面的作為，就關連到正面的『未來』，不是不可能的；相反的，『現在』作負面的作為，就關連到負面的『未來』也是可能的。

所有事件間的『整體相關涉』，是一種『整體對應』，說可改變或不能改變，端看詮釋它之人所〝執持〞的觀點之不同而不同。例如：您要說：『現在可改變未來』，當然是順理成章的道理，因為那很符合我們習慣的觀念。但若說：『未來可改變現在』，你聽來覺得怪怪，但卻不是沒道理，因為那只是我們『不習慣』的觀念而已。可是若從事件觀點看，卻只看到『互相對應存在』，您要說『現在可改變未來』也好，說『未來可改變現在』也好，總都是『互相對應』或『互相關連』的這種意義之別名。『互相對應』是整體性的，不但『現顯』的相關連，尚有『潛在(合隱)』的對應。

0-5.6 事件觀點 與 物件觀點 的關係

我們日常上都是習慣以**物件觀點**來看待事物，但在分析上，用**事件觀點**會覺得『見山不是山，見水不是水』。當以事件觀點來瞭解事理後，再去融合一般生活中的物件觀點，則雖會覺『見山仍是山，見水仍是水』，但其味道卻又不一樣了，因為對同一事物，卻能有新一面的觀點，對整體之認識，也許可省會到更深層的意義。

一個物件，因隨時間不同而呈現有多個不同狀態的**事件**，這些不同的事件，也是此物件的一個**代表相**，此代表相有時的意含就是物件。例如:我們在一瞬間看到有個人影由眼前閃過去，雖這人影是瞬間人僅是個事件，我們不會因為這瞬間人是極短暫時間的人，就不是人，仍然會把他看成一個『完整功能的**物件人**』，因此當下的每個物件，就是一個事件，每個事件可以看成是一個完整功能的物件。當一個事件被看成一個物件時，這事件就會被連想成物件而含有**潛隱功能**。我們不會懷疑一個**瞬間人**不具人性的特質吧！(例如:還是五臟俱全)。一物件總是意含多個**瞬間相**，每個瞬間相，就是一個事件。一個事件與物件只是在有時空連續區觀念下，才需分辨清楚。在一般平常語言裡，我們不去分別事件與物件的不同。簡單的說，事件有些場合是**短暫期間的物件**，而物件是隱含多個事件。不過事件並不能全是短暫的物件，從物理上言，是代表一個作用的時空位置。例如：兩物件相碰撞的**時間**與**地點**即是個事件，故事件並非全然可看成短暫的物件，只是用於在時空上的**識別標示**而已。

事件觀點雖是只顯**真實事件**(表相)，但卻又引入『緣起法』的『整體相關(對應)』之觀念，這種整體相關不是有所謂**表相**與**實質**之分別，而是一部分即全體，全體即部分。但是這整體性無法言詮，不過在本書裡還是區分出表相來做簡單的主觀分析，故儘量朝素觀觀點做描述。

我們對物件有主觀的信認它有個『永恆存在』不失的『真實底本質』，我們才能在時間的遷移中有所依持地建立空間與時間座標。依此建立了描述運動的參考座標平台。例如：我們要繪個運動質點之世界線，必定要找個參考座標平台，這參考平台就是個物件在空間上的延伸，由此而建立時空連續區之事件的座標位置。故事件觀點不是與物件觀點相對立的，而是立足於物件觀點上的輔助描述模式而已。因此參考平台必須以物件為基礎，否則一切皆是幻化。例如：我們在虛無的太空中，如何去找一個參考平台呢？自己到底是否在**動**或**靜**，根本就無法辨別，至少也要找太空中的隨意一個星球做參考平台，才有依據，因為星球就是個物件。當自己身邊的時鐘指示值為 1 時的虛空中的一個點 P，與鐘指示值為 2 時的虛空中的這個點 P，若問你：這不同時間的空間上的這個點 P，是『同一』個空間點 P 嗎？你能做肯定答案嗎？虛無的空間點是無法被識別 1 時的 P 點與 2 時的 P 點到底是相同點或不同點。因它是匀一無界，**無有**可被識別的底本質，好讓我人因時間的遷移，而能做為識別的依據，故虛無的空間是無法被當成靜止的**參考平台**，因此它的存在只能以事件看待。

物件質點與所謂虛無空間點的區別就在於『有、無』恆存的不失底本質的認定。虛無空間因為沒有可識別的不變『底本質』存在，所以無法做**參考平台**，因此空間不是絕對的。這就是狹義相對論的立基點。雖沒有絕對的空間點，但我們有絕對的〝覺知〞，再怎麼的渾沌，您絕對不能否定自己當下的〝覺知本性〞。而**分辨**有無『底本質』，在於『有靈覺知』生靈之解譯。

0-5.7　物件觀點 與 事件觀點的比較

物件觀點較**著重於**空間**相對位置**的分別，但將時間做為獨立於空間**外**的參考參數，以『此時此地』論『現存在』觀點。而事件觀點，空間位置與時間位置被對等同樣的重視。**物件觀點**對我人是較直覺的觀念，而**事**

件觀點卻是由直覺的描述中才顯示出的觀念。底下我們就把事件觀點(為用時空圖來看事物的觀看法)與物件觀點(為不用時空圖來看事物的觀看法)，如【圖-0-6.1】的表示方式，以表達兩觀點之不同所在。

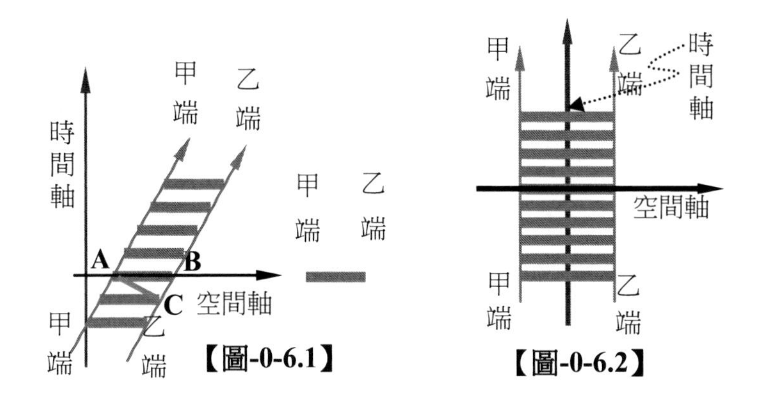

【圖-0-6.1】　【圖-0-6.2】

如果我們以時空圖來表示一物件時，會讓我們很不習慣來從圖中認出物件的面貌，因為我們的意識結構就是以**物件觀點**看事物。如【圖-0-6.1】上的時空圖中，表示：一根直尺(其兩端為甲端、乙端)，以等速度相對於**參考平台**作運動，由於我們習慣於看此物件僅是其對**空間**上的**投影形狀**，因此所看到此根尺其形狀應為如【圖-0-6.1】的右側之圖，係為呈**一線狀**(平行於圖左側之空間軸的線段狀；但從事件觀點看，絕不認為它只有這個的樣子)，但在**時空圖**中必須考慮到**時間**，因此這根尺的時空圖中就變成如圖左：一**長條面狀**。把一根直尺本來的相貌變得面目全非！以物件觀點看，總是只注意到它瞬間的空間形狀，而忽略時間的關連。因此看這把尺，會如圖右的形態，它的兩端點甲、乙總是呈兩個端點的形態如圖右。但由時空圖看這兩端點卻是呈兩條平行線的形態，如(圖-0-6.1)左側圖示中的兩條平行的**射線**是分別為尺的甲、乙兩端點之世界線。一件有趣的事是：我們一直以為只有平行空間軸，而跨在甲、乙兩端點的兩條平行的世界線之線段，才算是象徵這把尺的**長度**，例如：A—B 線段；但是若以只是跨在甲、乙兩端點的兩條平行的世界線之線段論，如：A—C 線段，雖不平行空間軸，但是也算是象徵這把尺的**長度**。只不過此情況是在另一**相對於**原來參考平台的不同相對速率上之眼光來看而已。這就是特殊相對論所謂運動中的尺會變短的陳述，即 A—B 與 A—C 不是等長的，也表示互相相對運動的兩人之空間認知是不一樣的。這若不用時空圖去讓人體會，可能會越描越黑，導致反而讓人感到滿頭霧水。這些道理我們有機會將在附錄中再重談。

由時空圖看事物，才覺事物不僅僅關連到它的空間性質，還關連到它的時間性質。在時空圖上的任一點，就是一個事件，也就是說，事件觀點所考慮的不是混沌的不分時空的觀念，而是要清楚的辨明時與空位置。因此我們為了交代清楚，不得不用事件的觀點。故物件觀點就是不用時空連續區的觀念，而用平常的物體(或物件)的功能，偏重於空間觀念來理解事物。事件觀點卻是以時空連續區的觀念來理解事物。

以事件觀點看事物，會把原來物質點、物質、力、能量、速度、、、，等觀念合隱模糊化，所見的盡是事件與事件間的幾何關係罷了！如果我們把【圖-0-6.1】的參考靜止平台選定以這根直尺本身，則其時空圖就變成如【圖-0-6.2】所示。也就是說，這根尺變成是靜止，但因佔有時間的範圍，其時空圖仍然是一長條的面狀，所差別的是，這長條面狀圖形是平行於時間軸。一般我們每一瞬間看這根尺的形狀，都是一根直線段，我們無法看到所有時間、空間連續區的這根尺**本來的面貌**，因為我們天生就是用物件觀點看〝**現在存有**〞的相，所看的僅能看到時空連續區中的一小部分作一個**單位**，這個單位就是我們所稱的**瞬間相**。一個意識單位(將在第 1 章中詳談)僅能觀察到該瞬間的空間景象*，無法跨越不同時刻的空間景象。欲跨越，只能藉有層次的其它瞬間相的信息才能成相(回憶)，不能直接獲得。

(*註：所謂瞬間的空間景象並不是真的瞬間同時的空間上之景象，例如：我們在晴朗無光害的晚上觀賞夜空，所獲得的各星座所組成的夜空景象，是由許多不同時、不同地的古代遠方之空間上的星光信息，同時匯集於吾人的此時刻眼睛。因此，瞬間同時的空間上不同地景象是不可能看到的，故在處理意識方面的事件時，我們常以同時匯集於吾人的眼睛的信息，看成一意識感受符號，把空間的“真實”部分去掉，保留時間軸上的意識符號。也由如此的處理較為具體。也可以看出時間與意識本身的關係遠比空間對意識的關係更為密切了)

物件與事件在時空連續區上的觀念差別是：同一條世界線，都是同一個物件，但卻是由一個個不同的事件所組成。在時空連續區上的不同事件，不一定會被認為同一物件，例如：虛空間本身就沒有自己的世界線，唯有可識別的底本質物件才有世界線。

物件觀點其時間是有“流”的觀念，即有唯一時間的『絕對現在』；事件觀點卻沒有“流”的觀念，故沒有『絕對現在』的觀念。

吾人的物件觀念是主觀的認為其狀態會改變者；而事件就是是一個**事實**，在吾人觀念中認為『事實』沒有〝改變或不改變的問題〞。此兩種觀點都是片面的並存在，只是不同面向的開合方式而已！都不是真正的全面整體的描述，兩者都是我人覺受上延伸的『信認』概念。但『信認』不是親嚐親證的『覺受』。在本書中為了瞭解時間“流”的感覺，才以事件觀點來描述事物，平常生活仍然要回歸物件觀點。而此兩者間的語言，皆可經翻譯溝通的，故不要做非必要的爭論。

以事件觀點看事物，則因事件是時空連續區的基本元素，這些基本元素可被隨機多重複組合成各種不同身份(物件)的認定。於是宇宙間的不可思義現象，在不考慮『先後影響』的因素下，都可藉事件的多重複組合來理解。難理解的光的二重性(波動性及粒子性)，此兩者皆可用事件的多重複組合來理解。近代量子物理談的機率概念也是由事件統計成的；真空中基本粒子會瞬間創生或消滅的現象，這在事件的多重複組合下，都可理解！

0-6.1 分析上開合的基本認識

「開合」是用來分析事物必定會引用的方法，對同樣的宇宙人生不同觀點之爭論，都來自於吾人心靈對事物之不同方式的開合分類方式所引起的。

何謂「開合」呢？比方說古代人沒有今日之物理學的分子、原子、中子、 質子、電子、、、，等等這種物質世界的實在底本質屬性之基本粒子的觀念，而用覺受屬性的地、水、火、風來分析物質世界，像這種將一事物，以幾種基本的元素的概念來理解事物現象之方法便是「開合」的用法，古人與今人都是用「開合」法來解析物質，但因開展的面向領域(Domain)不同，所使用的面向基本元素也不同，今人隱掉(合)覺受屬性面向的地、水、火、風，而以開展(開)底本質屬性的粒子(中子、 質子、電子做基本元素)的面向來開展；而古人卻隱(合)掉底本質粒子，而以開展(開)感覺屬性(地、水、火、風，四大做基本元素)的面向。事實上，不能說何者較適當，因為都只是對同一事物，做成不同開合方式來分析而已，不是真正宇宙人生的全面性的真實面貌，隨當時的應用之適當性而作決擇。

「開合」會隱掉大部分面向，而專論(開)特別的某部分面向，換句話說，是針對某特別一小部分共同性質面向來討論，而使用一些簡單的基本元素來給予解析，其他大部份性質面向被隱沒(合)，不去談論。**不去談論並不是就不存在，而是各面向都互相關涉，只是被模糊化而已！**這是分析上不得不用的權宜之法。您看宇宙人生不是被分門別類的分成很多種科目嗎？要分類也要依某個面向來分別，但不管怎麼分，總是互相脫不了關連。佛學、哲學、數學、邏輯學、物理學、化學、社會學、生物學、心理學、經濟學、政治、、、等等，其用語、名相都不同，但各科絕對互相關涉的，只是對其某一個特別面向開展的，其他大部分面向都被隱沒(合)不談而已。根據所開的面向之不同，其所用的基本元素(術語)就不同，而有不同科目的名相及使用的術語。其實被隱沒的面向，是模糊散佈於開展的面向之各元素中。

本書的「開合」方式，是以「時間」的面向做開展，其他大部分面向(如空間的相)被合隱。一旦以「時間」面向做開展，則〝過去〞、〝現在〞、〝將來〞就得開出討論。

古人對宇宙人生以功能面向做開展，例如以**前五識、第六識、第七識、第八識**、、、，等來做元素而開展，以解析宇宙人生，卻合隱時空其他諸面向。古人也用其他不同面向的開合法，例如以五蘊(色、受、想、行、識)做其開展的基本元素的不同開合法，來解析宇宙人生。其五蘊中的色又以四大(地、水、火、風)做基本元素再開展，但時空等面向卻也被合隱掉。雖如此，但在解析時卻又必然加入時間等元素以做輔助說明。可見只開展某個面向，但也必然要關涉到其它被合隱的無限種面向。

物件觀點係合隱時間，開展空間之開合法。僅著重對事物的功能做開展，因此對物件而言，必開展其潛在功能，來討論。例如一部汽車，雖隱含具有時間相，但我們會稱之為汽車，是以其車的外觀、引擎馬力強度、方向盤的靈活度、車的容納量、、、等等之功能來描述車子的性能，不去在意它是在時間座標的那一點上，時間變成只是參數而已。

針對不同面向有不同樣式之開合，才有「見林卻不見樹，見樹卻不見林」各有各不同立基的面向。

事件觀點係合隱事物的潛在功能面向，而舒展其空間及時間之面向之開合法。但是若合隱整個宇宙**時空連續區**為一，則就沒有所謂事件的時空座標了，故先前的〝定數〞觀念就沒有〝做定〞的動作事件。也就是沒有〝宇宙第一因〞的觀念，當然也沒有宇宙的〝最末終結〞的觀念。因為第一因、中間任何點及最末終結的果都被合隱，不做分別。

有了「開合」觀念，就可瞭解物件是把時空連續區上的世界線合隱了時間，但沒有合隱空間的開合方式，故有一個個不同空間的物件；而物件的世界線是物件的時空開展。『事件』是世界線上的元素。故世界線上的事件是〝現顯〞出物件**狀態**之時空位置。

廣義相對論是把以物件觀點中有引力、重量、質量、加速度，的觀念，以時空幾何圖形取代了！也不需有物件質點的明顯世界線。這種幾何結構是雖含有時間成份，看起來卻無時間的〝流〞相，如此即可暫時不談先後的影響，而可消除違反相對論超光速之引力的『超距作用』之因果關係，把引力因素直接用幾何本身曲率取代，而不談其因果關係。廣義相對論的時空連續區是本身即含時間成份的幾何圖示，就含有整體相對應性(定數)的觀念，因此反而是更絕對性，但這也是一種不同的開合方式。

會有『命定論』的觀念，可說是因開合的面向而起的，是以僅開展時空的面向，卻合隱意識靈覺知的〝活性〞成為信息符號，我們就會只關心事件(或意識單位)〝**對號入座**〞於時空的座標系統的**格子**裡，其他不做分析。如此一來，一切事件或遭遇，看起來像是被〝固定〞在時空的座標系統的格子裡。

如果我們採用以僅開展(強調)意識『靈覺知的活性』這個面向，而合隱時空的面向，在此**開合**狀況下當然不再去管事件或遭遇是落在什麼時間或空間的什麼位置了，只有管靈覺知之覺受，僅論感覺，不談時空座標，那麼一切都與靈覺知活起來(我們就是覺得時間是一直不停地流，管你什麼不同時間**對應**不同的空間位置才叫做**流動**，反正我們沒有時空的觀念，因為被合隱了)。就如我們感覺的:時間呈單一方向莫名其妙地不停的〝流逝〞著。

由於分析用的開合方式有無限種型態的面向(Domain)，因此會讓我們對宇宙人生的事理，感覺像變形蟲，無法『定』其型態。

0-6.2　當下（〝現證〞狀態）

佛家禪宗講〝當下〞，筆者不是修行者，不敢與開悟之大覺者並論那實證的狀態，而凡夫之人自是以凡夫眼光談。

在有時空相的觀念下，〝**當下**〞以平常語說就是意指〝此時此地〞(now and here)的靈覺知，因為一切盡在「當下」的信息中。從「當下」的信息中卻又感覺分別出〝你〞、〝我〞、〝他〞、〝過去〞、〝現在〞、〝將來〞，〝酸甜苦辣〞、〝冷熱痛〞、〝悲喜〞、〝物體形態〞、〝重量〞、、、等等。可見「當下」是**能**〝覺知〞的「活」。從「當下」的信息中再分別出〝你〞、〝我〞、〝他〞、〝過去〞、〝現在〞、〝將來〞，〝酸甜苦辣〞、〝冷熱痛〞、〝悲喜〞、〝這裡〞、〝那裡〞、、、，這就是分析上之「開合」的〝開〞，反之僅論「當下覺」謂之〝**合**〞。描述由「當下」中開展出的，只能針對某一部分特性(面向)而已，不可能全開展而無合隱處。我們的世界就是把「當下」的信息之對應的像(相)分辨出有個別實質存在的底本質，不是嗎？

若只論「當下」，其它的皆是「當下」的內容信息。基於此，我們可說:「一切唯心現(此中心)」，不談〝你〞、不談〝他〞、不談〝過去〞、不談〝將來〞，只論〝當下〞之感覺，這感覺是絕待的，無可取代的。若以〝絕對唯一的現在〞而論，當然涉及時間的流感，就只唯一的「當下」；若以〝相對的現在〞而論，沒時間的流感，且可多個〝現在〞、就有多個「當下」。

若談論到分析法的「開合」方式，當其意含是合蘊一切面向，而不開展任何面向時，整體宇宙一切各面向皆「合蘊」於「一」，此「一」為「當下」，此「當下」即是整體。「合蘊」於「一」就無法做任何分析，也無法示予他人知。所以要分析必然要有**分析者**與**被分析者**的分別，那就是「開合」的〝開展〞了！若全部「合隱」於密，就只能心會，不能言傳。

「當下」，的真正義含尚有很多，有廣義的，有狹義的，但那些是超出筆者的能力。一般是指「心」的「現證」狀態，故與其相關的名詞皆是以含有「第一稱」的相關詞。例如：〝此時〞、〝現在〞、〝此地〞、〝此處〞、〝此人〞、〝我〞、〝這〞、〝茲〞、〝斯〞、〝今〞、〝如〞、〝是〞、〝一〞、、、

在有了「開合」觀念後，我們要為「當下」與「此時此地」再有所區別。「此時此地」只不過是開合法中，一個對宇宙人生開展成**時空連續區**上的一個事件而已；但是「當下」卻是合隱(濃縮)一切(含有情、無情、器物、、、)於一的「心」之「現證」狀態。這點要分辨清楚。就像我們所說的物件，並不是僅其**一瞬間**的外相而已，而是合隱其一切面向於一的概念之名相。但談「當下」必定要有靈覺知的心、或稱意識之類的存在。

無論以任何的面向做開展，皆無法述明整體，故相(像)上看是可分別，但真正要去分別相與相間，是無法清楚找到分界線。比如相鄰的兩事件間的清楚界線，我們無法劃分清楚，事相再怎麼區隔，卻難區隔清楚其界線的，因為總是互相關涉的，這或許源於意識的〝活〞性，〝非固死〞。

開合法的分析，只能從部分面向開展來分析，但尚有無限的面向被合隱，故面面相關，面面相混合，勉強開展其部份，總是另有無限多的面向因為被合隱而相牽扯，難區隔清楚界線。

0-7　信息 與 當下信息

走到街道的十字路口，就要先辨識交通號誌呈現的是什麼的信息，若是紅燈就要暫停，綠燈就可以繼續走的信息。要是沒交通號誌，就要自己去判斷路況是該暫停或是可以繼續走的信息。事實上，該暫停或該繼續走是你自己去判斷的，絕非交通號誌。因為腿是長在你自己的身上，全依你自己去指揮你的腿。

我們談「信息」，必然要有〝能〞解譯它的「靈覺知」存在與之相對應才稱得上是「信息」，否則沒有「信息」的意義。這是我們從哲學上對信息界定的最根本基石。一卷錄音帶上的紋路，若沒有放音頭來讀取它，有「信息」的意義嗎？縱然有放音頭來讀取它，但是若沒有具靈覺知的生靈來聽聞它，那這錄音帶上的紋路有「**聲音**信息」的意義嗎？故一切信息意義，不能沒有「靈覺知」與之對應。近代量子物理有句名言:『當沒有人看月亮時她還在嗎？』。若無生靈，會『對應』出月亮的相(信息)嗎？

「信息」不是具體物，常被認為是與信息源 (事件)呈對應的。就是因為非實體才能蘊涵無窮義，隨解譯者(具靈覺知之生靈)的解譯規則而定其義。因蘊涵無窮義，一切無窮萬象就從此出。

筆者曾看過一張黑白畫，乍看(解譯成)是一張妙齡的美女畫，我沒有改變視線角度，圖中紋路也沒有動，但卻又變成(解譯)一張老巫婆像。同一標的其所含的「信息」，竟有多種的解譯結果。是「信息」會變？或是解譯者在變？

從甲地丟一顆石頭向乙地的一塊玻璃飛去，當乙地的玻璃接收到這石頭的「衝量信息」，而以破裂相反應，這就是信息的傳遞，石頭的移動本身就在傳遞信息。這算是較粗俗的說法，讓人誤以為信息不用與具有靈覺知的解譯者合一就能獨立存在。若詳究之，石頭的飛相，與玻璃的破裂相，皆是具有靈覺知的解譯者所〝解譯〞出的相。當吾人肚子餓了，吃下米飯就覺得飽，是進肚子就是實在嗎？其實還不是肚子傳遞來得到米飯的信息，但這米飯**相**、餓**相**、飽**相**、吃**相**，都是具有**靈覺知**的解譯者所解譯出的覺受**相**。我看到我投資的事業在帳簿上收入數字值變大了，我就高興，因為我擁有支配財物、人力的力量變大了。但這高興也只不過是因為數字值變大而已，我真正得到的是我(靈覺知)自己解譯的信息而已，沒有實質。我們的一切生活的喜、怒、哀、樂，都與信息對應。我愛上一位心儀的異性人仕，覺得(解譯)他或她對我有好的回應**信息**，我內心就很高興。到底我得到什麼實質呢？我們都活在自我對信息作解譯的生活中，沒有真的得到什麼其他時空位置的實質(底本質)東西。人生本就活在這信息自我覺受(解譯)中，沒有實質的東西了！根本也把握不到有真實底本質的存在；真正的實質，是自己親嚐親證的覺受，而親嚐親證的覺受就是自我對信息作解譯的『當下信息』而已！信息不在別處(其他時空位置)，就在當下(此時此地)。信息不是什麼實質的東西呀！故覺：『人生虛幻』。

若說信息是當下自我解譯的，那不就可隨心所欲地來變現自己所欲的境界嗎？筆者不敢妄論，因為這解譯規則是與當下意識結構形式成對應的，並不是『隨心所欲，即可成就』的。

一般觀念的所謂「信息」，是從「彼」〝傳遞〞至「此」，即信息與信息源是相對應的「絕對存在」，與解譯者的存在無關。這是把「信息或信息源」與「解譯者」〝隔〞有一段『時空距離』的物件觀念。以事件觀點來說，沒有〝傳遞〞這樣的詞語。故，解譯者就『該時該地』與信息是合一的，信息僅在「此時此地」，故稱「當下信息」。至於信息的內容，只決定在於當下解譯者的解譯規則，而不去談論信息的「有無」。一切現象或覺知相皆可稱是「靈覺知」之自我解譯「當下信息」的結果，故說〝信息〞必然伴有靈覺知與之相對應。

我們通俗的物件觀點，認為我的當下覺受，是從遠處的「彼時彼地」一個「實質」物件送出「信息」經由空間或媒介體傳遞到「此時此地」的我之覺受中心，這樣覺受中心才能解譯出此「實質」物件的「相」來。這「相」就對應到此「實質」源頭，此「實質」源頭被稱為「信息源」。但是經仔細理性分析，這「相」的「信息源」絕對不只這所謂「實質信息源頭」而已。而是包含許多其他相關因子或媒介體，這就是我們一直強調的：一個『果』，絕不是僅一個『因』就能成就的，必然還有許多數不盡的『緣』，故稱『因緣』。我們也可這麼想：此時此地的信息，是整體宇宙的所有信息皆會聚於此的，但卻是由這當下靈覺知來解譯此『整體的信息』。這是把整體宇宙都看成是與此時此地之整體相對應。

從物件觀點言，一切相互作用，就有存在事件信息。絕對的〝空無〞是不能提供任何信息的一種信認概念而已。如果是絕對空無的空間是不能提供任何信息的，所以無法測度它們。但是如果說太空是無法提供任何信息，那是不正確的，因為這信息的有無，不是絕對的。例如在太空中的遙遠星球，好似有個空無的空間來隔開我們與星球的距離，但空無的空間，是無法提供任何信息供我們評估這距離的，那怎麼我們能感覺到有空間距離呢？筆者做如此思維:光線〝通過〞空無的三維空間，這光的擴散傳播本身即是事件，事件就是提供信息給我人有個空間存在感！故太空不是真的『空無』，是存在事件的信息。有信息就能依持，故依持不是僅依底本質，究其源是依信息。信息之源可說就是事件(當然物件也是信息的信息源)。在相對論之前人們的空間觀念是，有時是將空間當成空無看，有時又以具有底本質(如:以太說)看待，但實際上，空間與時間是一樣的沒有底本質，僅是以事件的方式存在而提供信息，故空間與時間只能以事件觀點看待。兩者都具有幾何性質，所不同的是，相對的方向而已！

現代的宇宙論所說的：宇宙是有限的，含時間的起始點及空間的有限範圍，這是依事件的存在而稱有限，若是『空無』，那憑甚麼談有限、無限呢？夜空的星球信息，一般觀念以為這信息純是歸屬星球及光線提供的。但星光傳遞過程，會不斷發生擴散『失真』事件，失真本身就是藏隱著空間的幾何性信息，故藏隱有〝遠近〞的信息，讓觀察者得解譯成這些事件是〝同時〞存在於兩事件間的事件數量即是對應成空間距離的意義。

空間是以提供事件信息的方式呈現它的存在，因而常被延伸成有底本質的物件觀念。空間是不被人們認為有像物件質點那樣的自己世界線，故不被認為是有底本質的。而所謂物件，也只不過是一群信息事件的被組合成一個特定身份的認定而已！

我們當下就是取當下信息來做解譯罷了！解譯出的相就是我們的覺受相。若論這覺受相的因緣，所牽扯的事件實在是多到數不盡(一個果，不是僅一個因能成就的)。光論這覺受像只是覺受，不要問其實質源。但我們總會去探究這實質源，而探究這實質信息源總是無止境的，永不可得。例如見到一朵紅花，再用放大鏡或顯微鏡去觀看它的底質，會發現與肉眼看到的有很大差別，再加大放大倍率去看，竟又有大不同，甚至用最高倍率的電子顯微鏡來看，還是有不能看徹底，最後只能用理論模型去取代它的底本質，如:分子、原子、中子、質子、電子、、、。

我們又回過來談〝你〞、〝我、〝他〞、〝過去〞、〝現在〞、〝將來〞，這些到底又是「當下」的舍？是「當下」認知的〝影像〞、〝記憶〞、〝推測〞？或稱是「當下」認知解譯出的「信息」？

從哲學上來說，所有的覺受，皆是藏在當下(此時此地)腦海裡的「信息」而已，沒有「當下」(此時此地)以外的實質，我們所感覺的外境，都只是與這些信息對應的相(像)。這相是靈覺知的親嚐親證的覺受，是無可取代的，自證自明的。看來覺〝紅〞色、嚐來覺〝酸〞味、聽來覺〝咕〞音、碰的覺〝痛〞、抓來覺〝實在〞、、、這些都不用問他人來證明，自己覺受自己明白。

看到山河大地、親人、動植物，一切現象、思維觀念，或是回憶到過去往事，好似具體存在的實質，不過也皆是藏在「當下」裡的信息之對應的像而已。縱然感覺你與我〝交心〞談話，以哲學上來說，〝你〞還是「當下」的信息之對應的影像而已，不是在外實質。而我們得到的信息是在當下(此時此地)〝解譯〞的，不在「彼時彼地」〝解譯〞的。古代的遠處來的信息，在傳遞過程中仍是會失真，最後也還是落在「當下(now and here)」來〝解譯〞，故稱「當下信息」。「當下」隱含「具有心」。

當下(此時此地)的信息再怎麼〝類似〞(※此處〝類似〞一語並不嚴密，

只是形容而已！)彼時遠處的信息，也絕對不是彼時遠處的信息，故沒有實質的遠處外境(心外無境)。真正〝解譯〞出來的是當下(此時此地)的信息，這也是近代物理學**不確定原理**在哲學上的最根本立基點。再怎麼精密的改進測量技術或儀器，皆跨不過這一哲學上所立的鴻溝——任何所得到的信息，皆是『**當下心**』的**自己**信息，得不到**外境真正**的**實質**信息。〝過去〞、〝現在〞、〝將來〞，以「當下」言，皆是在「當下」中的信息被解譯(對應)。

信息影像既然被覺知，不管其隱藏部分，僅依被**覺知**來說，亦是**實見**，就暫時不把它當影像，反而以**真實**(一種信念)來對它分析。〝過去〞、〝現在〞、〝將來〞雖**同樣**是「**當下**」影像，卻仍有**分別**，這分別也是「當下」解譯者的解譯結果。好！既然是**有分別**，那麼以下就當做**真實**來**開展分析**。

第 1 章　時間 與 意識

1-1　時間數線 與 意識線

時間的流逝，是最讓吾人感到傷懷與不確定的恐懼，但也讓我們對未來帶著許多期盼。一切的變動之因素似乎都是在於時間的“**流動**”。如果時間能停止，天體不就停止運行了？一切萬象也必停止變化，我們腦中念頭就只存在一念了！這樣看來好似時間是推動萬象變化的總能量源頭，但要仔細考究時間的“流動”或說時間的“靜止”，皆很難有個究竟之理來圓說此一立論。若且用『幾何』的眼光來看待時間，就會覺悟到：時間並沒有所謂流或不流的問題。那麼為什麼總有時間的遷流感呢？這就牽涉到意識的性質。意識的問題對正統科學時間理論的物理學家而言是一項禁忌，但本書既是名為時間的野史，就不受此項禁忌的限制。在本章裡即將涉入意識與時間的局部關係來做探討。

1-1.1　時間數線

記得民國五十五年的高中新數學裡，就強調“數線”的觀念，用直線來表示實數的集合，在其上標有數字 0 ，1 ，2 ，3 、、、，依序取等距離而標之，是數學常用的方法。如【圖 1-1.1】所示，即為一條**實數**的數線。

【圖 1-1.1】

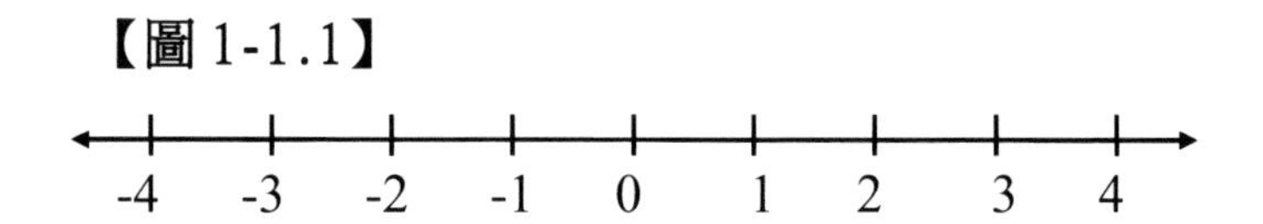

實數具有『**連續稠密性**』與『**有序性**』，空間似乎也有『連續稠密性』，若我們在規劃一線形(未必要直線狀)的圖形上，再標個箭頭，這圖形就同樣具有『有序性』。時間是一維度的，且有『**先後**』的不對稱之方向性，故具有『有序性』，而時間亦具有『連續稠密性』自是我人的篤定信念。若是拿“數線”來與時間做對應，看來是順理成章的事。其實這用法我們在第 0 章的時空連續區的觀念中即引用此方法做時間或空間之座標軸。

在一般統計圖表上，也都採用此數線方式去表示某些數量與時間的關係(會分別用橫座標線與縱座標線來表兩者關係)，例如:股票的價格與時間的關係。然而要表示真正的時間，若用此法，直覺中就覺不太對，因為時間總有〝**流**〞的〝**動**〞感，且看不到(其實〝真的空間〞也是看不到)，更不要說其〝**形狀**〞，但是筆者仍然要用線形的圖形表示之。因為像自然數由 1、2、3、4、、、，本身是**無圖形**的一堆數字的集合，而實數本身也是無圖形的一堆數字的集合，但都有個不對稱的有序性之存在。故，數學就用有有序標籤的線狀圖形與實數對應成數線，很自然的我們也用有序標籤的線狀圖形與時間對應成時間數線。

線形有很多種形狀，例如螺旋線、其他曲線，或直線等等。但我們為了簡單化，就用直線來與時間對應。這純是因為解析幾何座標的連想而起的，以利方便做對應來分析之。或許，如此的表示，可啟發一些新觀點，但也可能會旁引到不當的連想。例如時間就是時間，它本身不是物件，用了圖形表示，畫在一張紙上，無意間總會把這張紙(是**物件**)連同這條直線(是形狀)看成是物件的東西。不過我們為了容易直覺，只要把這觀念(時間本身不是**物件**)把握住，用圖形表示，是可行的。記得，這裡的時間圖形是屬**事件**的集合，與空間的幾何形狀一樣，切莫把它當成**物件**。本書的主要任務之一，就是要把時間與空間同樣以靜態幾何看待而已！

我們在數線上選擇任一點，例如選 0 與“現在”的時刻作對應，往後 1 小時的時刻就讓它對應到數線上的 1，往後 2 小時的時刻就讓它對應到數線上的 2，、、、，如此的對應。同理，過去的 1 小時的時刻就讓它對應到數線上的 -1，過去的 2 小時的時刻就讓它對應到數線上的 -2，、、、，如此的對應。那麼這條數線就成一條時間的數線了！但這標上去的數字，僅是要分辨『不同』的時間點而已，並不是用來分辨過去、現在、將來的分別。這時間的數線也一樣可【圖 1-1.1】表之。用直線來表示時間的數線，只是表達上的方便而已，其實用曲線來表示，也沒有人會反對，原因是時間沒有形狀，在此用直線作圖只是為了對應的方便。

時空連續區圖形中的**時間軸**就是時間的數線，若再加上三維的**空間**，就構成我們所稱的**四維空時連續區**的宇宙。在空時連續區中表示我們人體(濃縮成一點)的**世界線**若是彎曲的**曲線**，那是以我人腦袋瓜以外的系統做為**靜止參考平台**所繪成的世界線；若以我們自己的腦袋瓜做為**靜止參考平台**，則我們腦袋瓜的世界線就是一條直的時間數線(可與**時間軸**重疊)。我們在此因偏向於開展**時間**，合隱**空間**的開合法，當只關心同一個人的腦袋瓜時，自然就可省略空間軸，而僅存時間軸，這情況整個空時連續區的宇宙，就可僅用一條直的時間數線來代表即可。時間數線上的每一點，就代表**該瞬間時刻**的整個宇宙空間。如果偏向於開展空間，合隱時間的開合法，則三維空間上的每一點就代表流過**該空間點**的整個〝古往今來〞

的時間流了。若兩者(時間與空間)一起開展，就成時空連續區。

在高中三年級那一年，物理課本第一冊正談論到空間、時間，而在那時筆者恰好正想為**複數**座標與**時空**來作對應，卻遇到時空的維度數的不一致而傷腦筋。書本中卻提到：『吾人總無法從 8 點到 9 點間，逃過 8 點半。可見時間是一維的』。空間三維，時間卻僅一維？若時間有**三維**，那就可與空間統合在一起成**六維**空時連續區，如此再用三維複數的座標與之對應，不就是成一美麗的對稱嗎？同時，如果時間有二維以上的意義在，會是怎麼的感覺呢？是否從 8 點到 9 點間就可逃過 8 點半呢？我們肉體不能逃過時間，但精神意識可以嗎？意識與時間又有怎麼關係呢？書本又提到：『似乎時間不停地走，春去秋來，人從生而到死，似乎是一不可逆的必然過程，、、、』。當然這些話讓筆者當時也起了無限感傷。如果時間可停住或倒轉，讓我能尋找當年還在世的母親，不是很溫馨的事嗎？因此而發出了疑問：時間怎麼會不停地〝**流**〞呢？空間就沒這樣的感覺：空間有些點我們可以迴避，但時間呢？我們迴避不了，它們間的差異在那裡？

1-1.2　　意識線　與　時間的『相對現在』

若引用開合法，我們暫時不擁抱絕對的『當下』，而將之開展出來分析，把時空連續區中的**空間**諸像合隱，僅開展**時間相**。於是在第 0 章裡所提的質點之世界線就成一條直的時間數線了。或是以自己為參考平台的**自己世界線**，也是成一條直的時間數線。以這樣的思維讓我們展開下面的設想。

您曾經如此想過嗎？對**過去**我們親身遭遇到的事件，我們都是確定相信它存在，但是對**未來**我們親身遭遇的**真實事件**是否也存在呢(這裡所謂的〝存在〞，不是指存在於〝現在〞的空間上，而是指存在於**含**過去、**未來**、現在的空時連續區中)?以我們人類當前的信念，認為不管將來如何變化，總有其結果真實事件的存在，正所謂『船到橋頭，自然直』，這裡的〝自然直〞，不是真的結果船總是會直，而是代表總有一個真實事件『存在的**信認**』。例如對我們未來的自己，包括自己的死亡也有死亡的真實事件的存在。因此我們就以真實事件的必然存在於整個時間領域上的信認(這是本書的最基本信念之一)來做前提，以展開如下的演繹。

打從醒來一睜眼，就可看到屋舍，器物、車水馬龍、大地、山川、水流、日月星光，、、、。我們之所以有這些外界景物影像存在的感覺，是因外界的景物把它們的某些特徵，藉著光傳遞光信號到我們的眼睛，再經視覺神經傳遞電信號到我們腦的視覺計算中心去計算校正比對，然後把最後的計算『總結果信息』輸送到『意識中心』去感識或解譯成意識自己的覺受，這感識覺受是無法言說的，自己親嚐親證的，自證自明的。

同理，聲音感覺也是外界藉著**音波**傳遞空氣**壓力信號**至耳朵，再經聽覺神經傳遞**電信號**到我們腦的聽覺計算中心去計算校正，然後把最後的計算『總結果信息』輸送到『意識中心』去感識。其它我們的感官覺識，不也都這樣嗎？例如： 我們感覺觸到的外界東西很"硬"，必定也一樣是身體皮膚層的接受壓力，而傳遞此壓力的電信號至我們腦的觸覺神經計算中心去計算校正，把最後的計算總結果信息送到意識中心去感識為"硬"。注意：這總結果信息本身並無所謂"硬"，是無法言說的。這"硬"的感覺是因為**有**意識的心去感識的。因此，我們下個推論：

不管是我們身上的那一種感覺，只要能讓我們『意識中心』感識、覺知的一切種種，必然都有個總結果信息與意識中心結合。

當我們心中起了意念『欲作』一事 (如:欲走路)，或感覺到起了一個**念頭**，這念頭的感覺也必然是在意識中心有存在著該念頭的對應『符號信息』與意識中心結合而感識的。這樣的信息就是**對應**於我人感受！

如果我們的心感到"悲"，我們相信：在我們腦部的生理上必然有這"悲"的對應『符號信息』存在。同理，感到"樂"、感到"平淡"、感到"興奮"、感到"空無一念"、起一個念頭、思考某事、回想某事、猜測某事，、、、，我們相信：在我們腦部的生理上必然有這些心識感覺的對應『符號信息』存在。像這種心識感覺『符號信息』，我們稱之為意識信息(含〝作〞與〝受〞)。當然這種意識信息也包括五官的各項感覺。至於這『符號信息』的"來源"，也可能來自我們自己腦部的某個部位，而引起的幻想，或可能是神佛，或魔鬼般的精靈給予的。但是，不管其來源出自何處，只要讓我們能察覺、感覺得到的境象，我們堅信：它的『被感識』就是一個『意識信息』合一於意識中心。這『意識信息』是不管其前面的計算過程，只針對『最後總結果的現顯』。意識信息也就是**對應**於我人的感覺。這是本書『素觀描述』的『取角之立基點』。因為只『偏執』於『**現顯**』，不論『**潛在內容**』，故仍有『非中性』之失，還是落在**分析**上。不過這是『素觀』的特點。以下就依此基點來作『素觀描述』。

假若我們做如此的設想：把一切『**顯現**』在一個人一生腦海(意識中心)中**每一瞬間**的念頭、看到的、聽到的、感覺到的、意像到的、思考、回憶到的、、、等等『意識信息』，能如錄音帶般地錄下來，對應到時間線上之每一瞬間的時間位置上，則其樣子就如【圖 1-1.2】所示(可參考**附**

錄二彩色圖)。這『**意識信息**』是代表**親嚐親證**的覺，無法言說給他人代您去嚐，代您去證的，只用符號代表其**蘊含**義。

【圖-1-1.2】

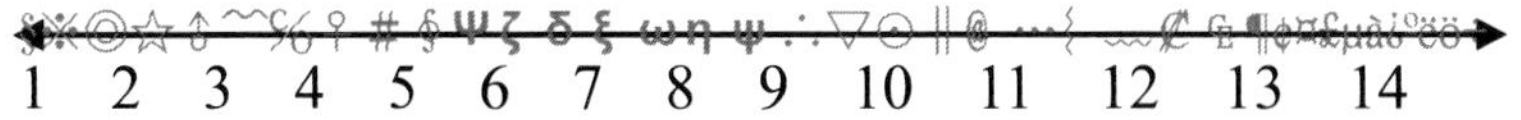

1 2 3 4 5 6 7 8 9 10 11 12 13 14

當然此圖是一種譬喻的『**對應**』，而非用錄的。筆者稱這圖為一個人的『**意識線**』。我們每個人一生所遭遇到之悲歡喜樂的一點一滴之**感受**及**作為**，皆一一的盡收於這一默默無語的**意識線**上。這正是：『**訴盡人生多少事，一付圖說不言中！**』，祂代表我們一生的遭遇、作為，也是我們一世的時間，其意識線有多長，就代表我們活的生命時間有多長，此即『**時間就是生命**』的諺語。這**意識線**不就是**過去、現在、將來的我人**嗎？

這**意識線**是由**事件**所串成的，不是**物件**。在這意識線上並不開展各意識符號的真正**覺受內容**，因為那只有各該**瞬間意識**的**親嚐親證**(**信息**)，所以這圖仍是**含**隱意識的**親嚐親證**內容，而不能被言說的，故不是〝**已經**〞**被了知**的。所以不能說：命運〝**已經**被**定**〞好了！因為**外者**還是**不知**。

依我們平常的認知，【圖-1-1.2】時間數線的意識符號，應有無限多個且緊密的分佈在數線上，不過我們在製圖上只是做個表徵圖示而已。

如果不去計較這些意識感覺**信息**『**內容**』之**分別**，僅考慮**存在**或**不存在**時，我們只要用粗(紅)筆在時間數線上的該時刻之位置標個粗筆線(紅)代表該時刻之位置存在意識感覺符號，不標粗線的時刻位置就代表該時刻之位置沒有意識感覺**信息**之存在，如【圖 1-1.4】所示。

【圖 1-1.3】

1 2 3 4 5 6 7 8 9 10 11 12

【圖 1-1.4】

1 2 3 4 5 6 7 8 9 10 11 12 13

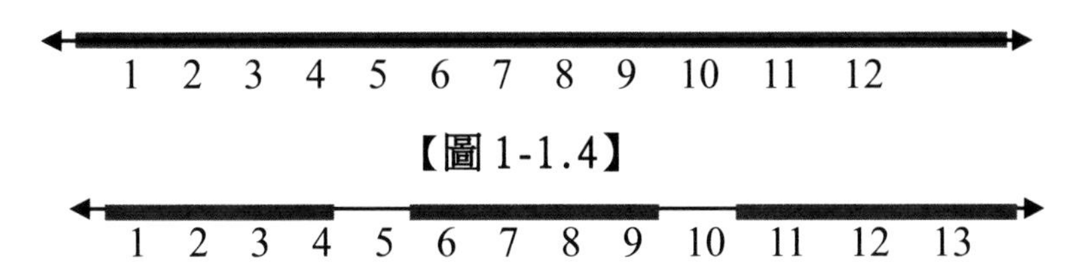

在【圖 1-1.3】中是代表每時每刻都存在意識，由此圖可理解到：此人只

要有意識存在都離不開他的時間；而時間的時時刻刻都有存在著意識。

若考慮到此人在熟睡或昏迷狀態，甚至於死亡了，那麼該時間位置就沒有粗紅線標出，如【圖 1-1.4】所示。這樣把『顯現』的意識信息與時間線對應而成的圖，我們都是稱之為「意識線」，即這些粗線段的意識信息之集合。

在這裡我們只是開展時間的一個個分別時間點，而合隱一切其他與靈覺知對應的意識信息(空間相及信息)之「內容」。

這裡把**空間**上的一切外在世界之**感覺象**，**簡化**成意識信息，就是對宇宙人生的另一方式的開合法，不像**時空連續區**那樣的除了開展時間外，又開展空間。意識線只開展時間，但空間卻被合隱了，這樣可化繁為簡的研究我們主要的面向。意識線表我人每一時每一刻**感覺**對應到**時間數線**。

一般我們的認知是，我人雖經歷有 1 點、2 點、3 點、4 點、5 點、、、等等不同時間的時間點，但我人卻是**同一個人**。不過若從意識線上看，〝你〞似乎呈現 1 點的你、2 點的你、3 點的你、4 點的你、5 點的你、、、等等不同的你分佈在時間線上。且每一時刻的你都有『活』的意識存在，且五臟俱全，獨特唯一地存在。這每一時刻不同的你就是後面要談的『意識單位』。您看【圖-1-1.2】的意識線，不就是一系列的瞬間我人事件串嗎？

另外這**意識線**所紀錄的都是〝現顯意識〞的念頭，沒有所謂的〝潛在意識〞的念頭，像這種意識線的表示法叫『素觀描述』，不做分析(不展開其意識符號的內容)。但底下就有分析了！

從這意識線上看，整條時間線是由意識信息所佈滿，每一點都自稱是〝我〞本人。在這眾多點的〝我〞中，請問：哪位〝我〞是真正的〝我〞？這意識線上哪一點的**我**是「現在」的〝我〞？哪些**我**是**過去**的我？哪些**我**是**將來**的我？・・・・這就是讓我人對自己身份定位的迷失。

『現在』一詞是相對的，不是絕對。例如以在 2 時位置上的意識〝我〞而言，祂的現在是 2 時，以在 8 時位置上的意識而言，祂的現在是 8 時，但要強調的是：在意識線上每個位置，都有〝活〞『意識』存在。不過我們一般的**物件觀念**是：只〝現在〞這當兒**存在**意識，而**過去**意識就〝已經消失〞了，將來意識又〝還沒出現〞，所以都不存在，這樣的觀念叫『物件觀點的〝絕對現在〞』。『絕對現在』的觀念，會想像在時間意識線上有一像錄放音機上的放音頭(或拾音頭)沿著意識線(錄了**感知**的各種信號於其上)以一固定方向〝移動〞而放音，被指到的意識線上的點就是對應到會〝活起來〞的〝現在〞之宇宙山河大地之信息符號。

在物件觀點裡，好似大自然有個無形的時間〝現在〞指標(屬物件)，以一均匀速度不停地動，依序**指**著時間線(軸)上不同的連續時間點而移走，如【圖 1-1.5】。這**無形**的物件指標就是所謂的〝現在〞指標(放音頭)，而整個世界山河大地，各式各樣事物也就跟著這指標移動而呈現不同狀態，於是被此指標〝**指**到〞的**時間位置**就是〝活起來的現在〞，其他不被此指標〝指到〞的事物就是〝固死的過去〞或是〝尚不存在的未來〞，不是〝已經消失〞了，就是〝還沒存在〞。(**彩色圖在 259 頁**)

【圖 1-1.5】〝現在〞**指標，指著意識線**做相對運動

這種物件觀點的時間模型，是有一個會〝動〞的物件指標，它就是指著時間〝現在〞的指標。而被指的意識線也成了是物件了，換句話說就是兩個物件做相對運動。相對運動可任選其中一物件是**靜止的參考**，另一物件是在動的，這裡的無形指標就是在動的物件。那問哪一個物件是『時間』呢？是無形的指標嗎？或是記載著宇宙山河大地各種事件狀態的意識線呢？如果是那無形的指標(這指標在時間領域是點狀的)就是時間，那真的是『時間一去不復反』，永遠也追不回來，可是若追不回來，怎麼我人總覺處在〝現在〞的位置上？〝現在〞不是永跟著指標嗎？怎麼反而是我人永跟著指標呢？那意謂著現在指標與我人(在時間領域是點狀的)是相對靜止(**綁在一起**)的，那這流就不是現在指標在流，而是記載著宇宙山河大地各種狀態的意識線在與我人做相對運動了！但是我人本身不就又在意識線(由每一瞬間的我人組成的)上，怎能與意識線做相對流動呢？

另外一種物件觀點的時間流模型，是設想成一充滿**宇宙空間**的一無形且無限巨大的**載具**，載運世間上的我人與一切星球山河大地器物空間。這種模型是把整體宇宙空間**載具**看成相對於我人是**不動**的，而這巨大的載具在**第四度**的**時間領域**上是相對於**時間軸**朝著**將來**以單方向地不停運行，那麼這指著〝現在〞的指標，即是載運我人與整個宇宙空間的**載具**了，如此我人與整個宇宙空間不管時間的巨大載具再怎麼運行，我人永遠處在〝現在〞位置上。而這**第四度**的**時間領域**上的時間軸好似標示有時間的年代，因此巨大載具流過了我人的過去年代，過去年代就永與我人離開了！

這樣模型的時間，就是這標示有時間年代的時間軸為**第四度**，是呈**線狀**(時間領域上的型態)，所以會稱之為如一條河水般的相對於我人在〝流〞。但大自然真的會對這所謂的時間軸『標』上年代嗎？

以上的物件觀點的時間流動模型，有個共同點是：都是意識線或是時間軸皆以線狀在與〝現在指標〞或載具(時間領域上是點狀)做相對運動，而運動的方向自然不是我們所指的一般的這三度空間裡的方向，而是朝**第四度**的方向做相對運動，因此科學家就稱時間是第四度空間。要留意的一點是：如果現在指標不是〝點〞狀，而都是〝線〞狀，則其與〝線〞狀的時間軸或意識線做相對運動的狀態下是沒有所謂〝現在〞當下可言的。

這不分過去、現在、未來的真實事件必定存在的信念，我們在第 0 章裡的『整體相對應存在』裡就已經表示過，只是這裡又多加個意識信息，表示所針對的標的是具有『靈覺知的〝活〞意識』。

在上面所提〝現在的指標〞之物件觀點的〝時流〞模型中，較細膩的觀察，卻都隱含著一個『雙重時間』的觀念在，什麼是『雙重時間』呢？一般在一度空間裡的兩物件做相對運動時，總是有兩個物件(如河水與河岸)，另外還有個**參數**就是時間，也就是說在不同的參數值(時間數號)，運動的物件(如:流動的河水)所**對應**的空間位置(河床或河岸)要**不同**，才構成〝動〞的意義(不同時間有不同的空間位置稱為〝動〞)。意即除了兩個相對運動的主角(河岸與河水)之外，必然要再加入一種**參數**(時間)，才能描述是相對運動或是相對靜止(不同的時間，所對應的空間位置是相同叫靜止)，而上面兩種物件觀點的模型，卻把時間(時間軸或意識線)當成物件來與我人(物件)做相對運動，但既然是相對〝運動〞，總另外要再加一個時間參數吧！如此不就是有個時間(時間軸或意識線)外又再加一個時間參數嗎？這就是『雙重時間』，您能接受嗎？若可接受，這叫**物件觀點**的〝絕對現在〞的時間模型。

如果您不接受以物件觀點的『雙重時間』的『時間〝流動〞』模型，就表示〝現在的指標〞(相對我人為靜止)可以不存在。那麼時間就沒有所謂〝相對流動〞或是〝相對靜止〞了，因為這些名詞皆架構在有一會變動的時間參數的存在下所作的**定義**。若將時間也物件化，又不接受物件化的時間之外的時間參數觀念，那麼這物件化時間的所謂〝靜止〞或是〝流動〞就沒有意義了！

好！我們回過頭來看意識線。若以事件觀點看整個空時連續區上的「意識線」時，每個時刻位置都存在意識，不會去考慮哪個才是〝現在〞，所以問哪一點是絕對的〝現在〞，是沒有意義的問法。所以過去或未來的遭遇事實也是存在於空時連續區中。若以**事件觀點**看，我們沒有立場來找到在意識線上這個移動的唯一〝現在〞指標。原因是：時間並不屬於物件，它是由**具有意識**的**事件**之集合成的觀念。我們想以**平素**的客觀來分析時間，就得採較平等觀的事件觀點。這意識線就是**實在**的物理學之時間軸。

【圖 1-1.7】

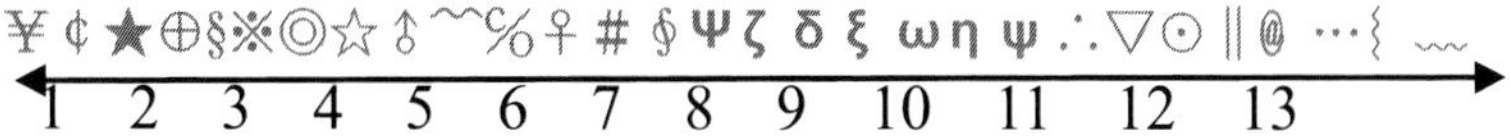

¥ ¢ ★⊕§※◎☆♂⌒℅♀ # §Ψζ δ ξ ωη ψ ∴▽⊙‖@ …⌇ ﹏

1 2 3 4 5 6 7 8 9 10 11 12 13

【圖 1-1.7】時間線上每個時間位置都存在意識符號，整個時間線上看起來就是充滿意識符號信息，任您隨興取一位置來做標的(焦點)，該位置的意識必然稱自己的位置是〝現在〞，且是存在『活意識』的，並且稱其他的位置是不存在意識的，其他的位置對祂而言，不是〝死的過去〞，就是〝還沒存在的未來〞。可是由外觀(超越的觀點)來看上面的圖，哪有什麼〝過去了〞、〝還沒存在〞、〝已經消失了〞的問題呢？

這種多個『意識活事件』的『現在』是〝並存〞於意識線上的每一點之〝現在〞觀念叫事件觀點的『相對現在』，這〝相對現在〞是不再有一個〝移動〞的〝唯一〞時間〝現在指標〞的物件存在。

持〝絕對現在〞的觀念者會認為有個像拾音頭般的〝現在指標〞沿著意識線，以一定方向均勻速度移動而放音；相反的，持『相對現在』的觀念者，會把這裡的拾音頭(即意識的存在之意)看成是不動的(沒有相對運動之觀念)，且這放音頭有〝很多個〞，且『並存在』於意識線上的每一點，在每一點上〝就地〞放音(〝活起來〞)。不是共用一個放音頭，更不須依序輪流放音。以後筆者會一再的強調此觀念：時間線(或意識線)並不是物件，空間也不是一種物件(在絕對空間的觀念裡，是把空間當成物件，在筆者觀念裡，時空都是事件的集合。在時空連續區是不管有無底本質的存在，而是針對事件信息的存在)。請留意這〝就地活起來〞的蘊含意，是本書的重點中心思想之一。這〝地〞即**時空連續區**上的**事件位置**意義，不是純空間義。

我們這裡所談的意識線，是對應到同一個人腦中所顯現在上意識(不含潛意識內容)所能察見的內容。因此，從狹義上言，這裡的意識線是屬同一人『個別』的意識世界之內容，而不是每個人(生靈)的共同世界。當然發展到廣義上來說，就無法分辨是同一人或是不同一人了。

每個人的個人意識世界，是各自獨有的，這很容易理解，因為你有你的腦袋，我有我的腦袋。每個腦袋各有各的覺受世界，但是在各自的個別世界中，有些部分是我們共同的信念，你的覺受是這樣，我的覺受也是這樣。像這種深入意識內層的範疇，筆者是門外漢，沒有修行者的實證功夫，故只能憑連想。但是筆者相信:宇宙的時空連續區上的任何兩事件間皆有『**整體相關**』，難道**不同**的人與人間沒有**共同**〝關連〞嗎？而這〝關連〞我們無法來描述清楚的。這〝關連〞以物件觀(俗語)來說，可稱為〝信息的傳遞〞，或稱〝互相作用〞，或稱〝因果關係〞，或稱〝互相影響〞，或稱〝互相對應〞、互緣、、、

1-2　意識單位

本節將進入本書的主角——**意識單位**之描述。筆者覺得祂似乎是一切覺知的基本單位。而由祂的特性呈現我們的能感知與想像的世界之一切。祂正是我人本身一個身份的立基處。

在前節所提的時間數線所對應意識線上的每一點皆具有『活意識』(即靈覺心)，且是個個獨立、可分辨區隔的〝活意識〞，每個意識都自稱:時間〝正流到現在〞且〝將流向將來〞，自稱是真正〝現存在〞的，其他時間位置的意識被祂看成幻像信息而已，不存在於〝此時〞上。在意識線上這個個獨立的意識，筆者稱之為『意識單位』，是具有**意識**的〝活〞事件。很顯然的，這意識單位在此看來，是一個有意識的瞬間單位(剎那點)。從圖示看起來：意識線上的意識單位雖是沒有界線來清楚的劃分緊鄰的單位，但每個單位卻能自我分辨:有別於其他單位。

我們總有個〝現在〞時間點感覺，意識呈個個各別單位是主因素。單一意識單位本身是沒有時間大小義(所謂的瞬間只是一種感覺的代稱，不是時間長為 0)，但祂具有活意識且具有分辨區隔性才是祂的主要特點。由祂區隔出**一個個單位**，乃成就有 1 時、2 時、3 時、、、之不同的〝現在〞時間點，甲地、乙地、丙地、、、之不同的〝此地〞空間點。這個特性我們看來是極其平常事，沒什麼稀奇，但其關聯至極深遠，之後若筆者一想起，會一再提出其所關連的事象。注意:〝現在〞、〝此地〞都是第一稱。

我們的認知世界，都是以一個個瞬間單位來認知，就是有這獨立區隔的意識單位的因素，縱然我們總是感覺時間好似不停地流，但我們總感覺永遠是處在『〝現在〞的〝此地〞』位置。這也是意識單位具活性意識與區隔單位所顯出的特性。

假若我們人的一生中的遭遇感受，不是分別落在各個**對應**的**意識單**

位上，而是**集**所有過去、未來、現在的一切感受於**一個**特定的時間位置上，例如:集於 2 時位置上，那麼人的一生，不就只是在 2 時時間位置上的一剎那間嗎? 這樣就沒有〝過去〞或〝將來〞的事件感覺了！意即 2 時這位置的意識不但覺知其所有過去的遭遇，也覺知其所有未來的遭遇。當然這不是我們當下觀念所認可的現象。就我們所知，我們〝當下〞這個意識單位回憶所擁有的過去之影像，意即集所有過去的信息於這一瞬間，但不認可：過去的真遭遇存在於〝現在〞位置上，只是影像信息而已！況且“現在”這個意識單位**不可能完全地回憶得起過去的所有遭遇**。因此，每個意識單位是獨一無二地獨立覺知祂的〝覺受〞。我們可作如此的設想：**一個意識單位**就是**一個不能有第二個完全相同的意識信息之獨立念頭**。一個意識單位就是一個獨立意識境界。

【圖 1-2.1】

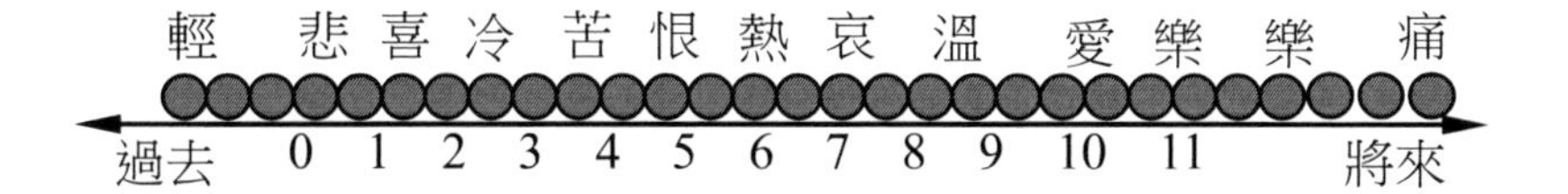

【圖 1-2.1】我們以誇大的方式繪出在時間的數線上的意識單位分佈的樣子：在時間的數線上，各點所對應各意識符號的本身，就是對應一個意識的獨立基本單位。我們的每一瞬間的感覺(意識信息)，都是存放在時間數線上趨近於瞬間的時間區間，每瞬間時間區間與另一瞬間時間區間的意識信息都不一樣。例如：這瞬間感到“冷”，另一瞬間感到“熱”；此一瞬間“愛”，另一瞬間“恨”，此一瞬間見到有“滄海”景象，另一瞬間見到有“桑田”景象，再一瞬間見“星空澔瀚”。每一瞬間的意識都有不同獨特的感受。這就像佛教所說:無常。每一瞬間的意識皆平等而獨立，沒有某一瞬間的意識是較特別的，沒有某一瞬間的意識是百分之百地含蓋吾人整個一生中所有的覺受。

要是吾人一生中的所有感覺僅存在於唯一個意識單位來感覺 ，那麼可能有 **(一)**如果感覺“痛苦”這個覺，就不會再有感覺“快樂”這個覺了，或是如果有感覺“冷”這個覺，就沒有感覺有“熱”這個覺了，因為僅能唯一個念存在。**(二)** 或者是吾人一生中的所有感覺僅有一瞬間的意識單位，也就是集所有的感覺如:喜、怒、哀、樂、冷、暖、酸、甜、苦、辣、、、於一瞬間(一個意識單位)，如【圖 1-2.2】中的僅『唯一』個意識單位，則像這樣一生的遭遇，在他的感覺中只不過是 "同時" 發生於 "一瞬間"。這個意思是，一生的遭遇，在 “同時” 的 "一瞬間"就感覺 “痛”、“苦”、“樂”、“憂”、“冷”、“熱” ，、、、，如此自然就沒有此時刻、彼時刻的分別，更沒有時間的意義，更談不上所謂時流了。因為這樣，一生只感覺在一瞬間(一個意識單位)，沒有時間長短可言。

【圖 1-2.2】

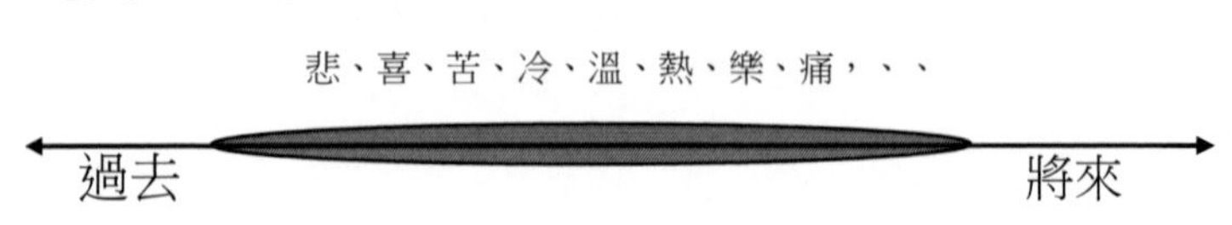

常有人說：一個人的一生中有幾個特別關卡(轉捩點)，雖然特別的感覺之時刻是有，但那也只不過是一個意識獨特的信息罷了，絕不是整個一生的感覺。吾人一生的每一時刻感覺，都有他**獨特唯一**的〝顯在意識〞信息，其他時刻的感覺都不能取代的。

因此我們的感覺是由每瞬間的意識，各自獨特唯一感覺出來。我們的每個感覺，都是每個〝**個別**〞意識單位所感覺。意識單位不是單純的符號，是有"靈覺"的，能意識到：不知從哪源頭來的意念、及由此不知的源所發出的命令，並意識到：外界給的感受，意識到：思想、回憶、、、，凡此種種一切，皆是每一意識單位的個別特徵符號，且每一個意識單位是有覺知的單位，有自主的意志單位。不相信的話，察看你當下的感覺是不是唯一獨特的覺呢？每一個瞬間意識單位都是五臟俱全的意志單位，絕不是合併整個一生的所有每一瞬間之意識才是五臟俱全、意志自主的人(意識單位)。這每個意識單位不就是個「當下」嗎？最重要的是〝活〞的。您覺〝紅〞色是〝活覺〞的，不像是照相機拍照紅花，是〝死〞照而〝無覺〞。

若以意識線來看，我們同一個人的意識在不同的時間位置上，就扮演不同的意識感受，各意識單位所站的位置獨立，身份平等。更看不出所謂 “先” 、〝後〞，更不知所謂的 “流” 。因既不能看出時間的實相，則 “流” 的意義在此很模糊，好像只是個意識感覺的比擬語。

在時間(非物件)的領域裡，除了各個不同的意識單位各自佔據在自己的時間位置上，卻看不出有所謂的〝流〞、〝先〞、〝後〞、〝過去〞、〝將來〞、〝因果〞，、、、，等等意義。

以物件觀點看，總覺“我”的意識一生唯一。但以事件觀點言：站在置身事外的分析者眼光看來，意識線上“我”卻成為一個個不同的“我”，分別佔在各自所該佔的相對應時間位置上。

在這眾多分身的“我”中，敢問哪位瞬間的“我”是“我”的『本尊』呢？若你隨興任取其一，每個都自稱是“我”。

1-2.1 意識單位的唯一、區隔性

『意識單位』，這之所以被稱為『單位』就是意含獨立、區隔、**可分辨**的特性。可說是所有生靈之意識區別的最基本單位。對其本身而言，祂沒有**大小**，沒有**位置**之實際意義；但以整體結構言，是靈覺知的最基本單位。可分辨性是信息的成立要件之一，也是測度(度量)的基本要件。

以事件觀點從狹義上來說『意識單位』，祂是在時間上的一瞬間的個別覺知單位，從時空連續區來說，包括了空間上的一個人，一頭大象，一隻螞蟻、、、等等的瞬間覺知單位。

如果『意識單位』沒有區隔性，則自己過去發生的事，現在當下的我們固然能知道，但就無法分辨是發生在過去或發生在現在當下。

再從物件觀點稍為廣義看，一個人，一頭大象，一隻螞蟻、、、等等物件也是覺知的單位，若再細分一個人、一隻螞蟻，假如其每個個別細胞也有靈知，則其個別的細胞也是一個意識單位。像我們人體大約是由70 兆個細胞的集合，每個細胞都是有生命的，如果其個別細胞也都是有靈覺知，而我人的上意識卻無法知悉個別細胞的覺知，這也是意識上的區隔性，因此我人的上意識與個別細胞的意識或是潛意識，都是各自呈有區隔的『意識單位』。

若藉開合分析法，意識單位是可擴大或縮小其範疇。我不知您的心受，就是一種區隔，在這大千世界中，您、我、他的區隔，人與其他畜牲的區隔，都可說是意識單位的區隔，甚至於所謂『冥界』與『人界』之生靈的**區隔**，也是意識單位的區隔。因為意識性質不同而自成一族群單位。即使一位『超能者』，能遍知一切眾生心，但是眾生也與超能者有區隔，因為眾生尚不能體悟超能者的心，所以以一般眾生的立場看超能者，仍然是各自有自己的意識單位範疇。不過，超能者本身既然不分辨他或己，就沒有單位這種區隔義。當下我是無法全掌控其他的我，因為有區隔。

以上所談的各種不同意識單位，只論其具有標示、區隔性，但不談意識單位的大小。例如，假若我人身上每個細胞都具有意識，且與我人上

意識有區隔，但不能稱『我人上意識的意識單位比較大，而每個細胞的意識單位比較小』。祂只是一個標示而已，沒有大小義的分別。

在本章裡，所指的意識單位是以狹義範圍的瞬間意識單位為主要標的，即以事件的形式看待。

1-2.2 『靈覺知』所〝執持〞的『基本中心』

意識單位是『意識覺知』所〝執持〞的中心，意識執持，所對應者即意識單位，而這單位是因開合分析而有的概念。當我們探討的焦點集於某個的面向時，這『基本中心』就落在此面向，因此這『基本中心』沒有絕對大小義。

〝現在〞或〝此時〞、〝這處〞或〝此處〞、〝我〞、〝斯〞、〝茲〞、〝是〞、、、這樣的認知皆不外乎建立有個**意識**認知的『基本中心』，號稱為『第一稱』。『基本中心』就是意識的焦點集於此。一個意識單位本身就具有〝活〞意識，本身就是意識的焦點。

一個意識單位(就是這個有覺知的基本中心)在覺得有「異於」這基本中心之外的單位就是〝他〞、〝他處〞、〝彼時〞、〝過去〞、〝未來〞。一切辨別皆相對於此中心而發。由於有這意識(靈覺知)的單位，才有以此時為中心來作與過去、將來的不同分別；若是由空間的領域上看，也是由於意識單位的『覺知中心』獨特區隔性故有〝此處〞、〝我〞的『第一人稱』，來分別〝他處〞、〝我〞、〝您〞、〝他〞。故，每個意識單位總逃不了『當下』、當下的活著。

記得昔年自己曾做一些很難堪、尷尬的窘態事，當時覺得真是無地自容，如今也不會再懸念那事了！這就是由事件觀點看，此時的您之意識單位是獨立地異於當年您的意識單位(不是當年的您)了，雖由物件觀點看總認為是同一人，但感覺總是有所不同了。因為當年的〝我〞，不是當下的『中心』〝我〞！

很奇怪，同一個人——〝我〞的意識竟建立了『多重』基本中心。若用幾何的整體觀點看，這些『多重』基本中心是『並存』的，不是有〝先後〞的次序來建立的。這觀念才讓筆者省覺到『意識結構』的概念——同一主體呈『並存現』個個分別相，且每個個別相皆是具有意識覺知的〝活〞性。

1-2.3 區隔的『靈覺知』存在，故有恰巧因緣感

您在一個偶爾，是否會覺得：無限的萬古時流，流那麼長久了，可說是〝流〞了無限久了，怎麼這樣巧，剛好〝流到〞正好是〝我〞還活的時間區呢？應該是〝流到〞『我未生前或我死後』的時間區機率較大。請注意：這裡的〝流〞是假想有個〝現在指標〞沿著時間軸或意識線而〝流〞。

您在一個偶爾，一定會感覺到: 這事怎麼剛好落在我身上？ 但就是這樣剛好，怎麼這麼巧、我剛好這麼巧生為人；宇宙浩瀚，我剛好這麼巧生在這唯一有水且適合生物生存的星球(地球)上；時間流過千古萬億年，我剛好這麼巧生在這太平時代，不受戰爭之苦；這麼巧，我是生為有靈覺知的生物，而不是草木或礦物? 一切都這麼巧！

根據科學家的理解，地球上的生物是要有一定的溫度，若沒有太陽的燃燒，提供熱源給地球上的生物，那麼這些生物必定被凍僵死寂。可是仔細推敲，以一有限能量的太陽，對著無限的恒古時間流(即有個時間的現在指標不停地流)做不停止的燃燒，早就該燒盡了(時間的現在指標早就〝流〞過太陽的燃燒期了)，怎麼我們當下還能享受太陽還燒個不完呢？且時間正巧是流到〝我〞活的時間位置？而不是流到其他種生靈活的位置？但事實上我們正好活在太陽還燃燒中的時空位置，怎麼這麼巧！對這無限恒古的時間長流來說，早在遠古就流過去了，豈能正巧是流到〝我〞活的時間位置！以統計的機率來說幾乎是零，但的確就這麼巧。其實，不是巧不巧的問題，而是這所謂的『時間』，從來『沒流動過』(即沒有一個時間的現在指標，在做不停地〝流〞)，但更關鍵的是，我們**每個**當下之意識單位有個『靈覺知』的存在。

時間沒『流動』過，太陽怎麼會〝燒〞盡而熄滅呢？您可這樣想：即使真的時間的現在指標已經流過太陽的燃燒期(從**意識線**言)，可是『位在』太陽的燃燒期的意識單位總是覺得自己是『正活』在太陽的燃燒期。或者可改個想法，時間的現在指標還沒流到太陽的燃燒期，可是『位在』太陽的燃燒期的意識單位總是覺得『正巧』自己是『正活』在太陽的燃燒期。(請直接參考在《附錄二》中【圖 1-2.2.1】)。另外以反方向的想法，時間的現在指標是由**未來**移向**過去**，當現在指標尚未指到太陽的燃燒期，可是位在太陽的燃燒期的意識單位總是覺得『正巧』自己是『正活』在太陽的燃燒期。這『正活』跟時間的現在指標『指到』或『不指到』或是移動的方向是依**正向**或**負向**，都沒有關係。所以說是『正巧』嗎？或是因為你當下的意識單位具有『靈覺知』的『活覺』呢？請仔細來回作個思量！

可不必談：宇宙最初第一因是怎麼來，或問宇宙最後的果是怎麼終結的，反正〝我〞這〝現在〞的當下(正閱讀本書的當下)就是這樣的存在。

難道您不相信在閱看本書的當下您是『正活著』嗎？如果當您遇不順遂時，又會我剛好這麼巧，碰到這倒楣事，但只要您仔細品味，您一定會有樣樣『我剛好這麼巧』的感覺，好似上天蓄意安排的。為什麼總是〝剛好這麼巧〞是〝輪到〞『我』。究其源頭就是，這個意識單位有個『靈覺知』所致。但仔細一想，哪有什麼〝巧〞，只不過有『靈覺知』存在而已！你看，有哪個活人不覺得時間〝正好流到他的現在〞嗎？

曾聽很多宗教家常言：「每當早晨醒來時，發現自己還會呼吸時，就要感恩」。您看到一塊石頭，你要先問石頭:「石頭啊！你有否感覺自己會呼吸？」，若有感覺會呼吸，然後您叫石頭要感恩。您也許覺得此譬喻好笑，但筆者要表達的是，意識單位是一有〝**活覺知**〞的**單位**，如果是一個沒有〝覺知〞的〝死〞事件，它對自己是沒有意義的，但它對有〝覺知〞的單位就有意義了！例如當時的石頭對本身無意義(我們不敢說石頭沒靈覺知，但依我們一般人的認知，皆認為其為無覺性)，但對我們有〝覺知〞的人言，當然是有意義，不然怎麼有個〝石頭〞的名字呢？人的〝過去〞事實命運不是死定數嗎？但是我們是有『靈覺知』，因此〝過去〞也是活的。有『靈覺知』才可能對自己的『靈覺知』感恩。這理念請一定要記得，不然會相信:沒有生靈存在，也會有死寂境界存在的唯物觀。那種死寂境界存在的觀念只是一種我們意識的**信認**模型(不是意識**覺受**的現證)，它可以幫助人們據以推測某些可能的發生事件。但要記得：模型只是有覺知的生靈『**信認**』之產物。

若在超越時空連續區的觀點，由〝當下〞的自証覺知，我們可以肯定地否決『死寂境界』的唯物觀。因為不管任何過去或將來境界的存在，或離我們遙遠的星球上的境界的存在，都是要〝當下〞有『覺知』的〝我〞之信認來認定。而當下您正活著觀看本書，故可證:『死寂境界』之**沒意義**。『死寂境界』只是有『覺知』的當下〝我〞所『信認』之模型而已！

我們從出生到這世界來，您可回想起過去與我們相伴生活在一起的父母兄弟姊妹，鄰居的伯父母、堂兄弟姊妹、小學同學、、、等等，常發覺現在並不跟我們生活在一起，他們都有他們自己的前程要走，他們有他們自己生活的方式過，就目前跟自己的同事，妻子、兒女生活一起，也總覺僅有個時段，不可能永遠在一起，唯一能時時跟著我們的，就是「自己」的〝靈覺知〞。不管上高空、下深海、幼兒時、病老時、得意時、恐怖時、夢境中，或任何境界中，永遠只有自己離不開自己，這自稱的自己，不就是一個個獨立的意識單位之『靈覺知』嗎？所以可這樣來省會：多重『**區隔**』的『覺知單位』之存在，故有現在自己、過去自己、將來自己之區隔感覺，本人與彼人，當下與彼境界的區隔感覺。

從意識線看來，一個人是以一整條的意識線來表示的，如果意識線不是由一個個區隔的『覺知單位』所集合的，而是只有一體成形的一整條的意識線，那麼就如【圖 1-2.2】所示的意識線，而不是【圖 1-2.1】所示的意識線，那麼還有『過去』嗎？ 有『未來』嗎？會有時間『流』之意義嗎？

1-2.4 意識單位對時空的區隔性

在【圖 1-2.3】中：是把一隻在運動中的藍色直尺(左邊)及一把靜止不動的紅色直尺(右邊)，以時空圖描繪出，不管尺是動或是靜，我們這世界的每一物都跟一維的時間有關，照理我們都可看出尺的形狀應當都是**面狀**才對，為何任憑我們怎麼看還是線段(圖的**橫向切面**)的形態？即使是時空之感覺是分開的，那麼一支運動中的尺，如果時間沒被意識單位**區隔**，照理看起來長度是由出發地連到停止地的長 L 才對，不過真正看到的還是與靜止的長度 M 相同，除非加上視覺暫留，才會稍長一點。這答案是：因吾人的意識對外界(時空連續區)信息的接受，是以**一個個**的**意識單位**做為對外界**部分信息**的**包裝單位**，以包裝**單位**方式來接受。而不是所有外界(時空連續區)信息，僅被一個意識單位去接獲(辨識)。每個意識單位，以當前眼光看來，實際上的意義是**瞬時**(事件)的意義。

【圖-1-2.3】

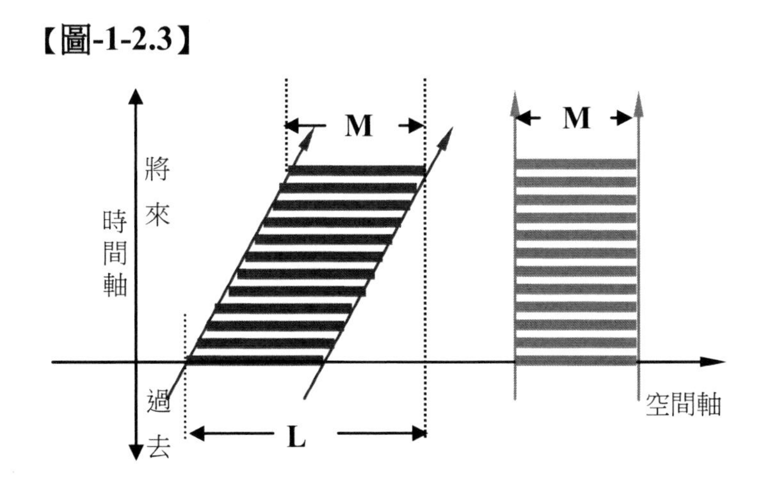

意識單位直接從外界(時空連續區)所獲得的信息，是一律以〝同時〞的空間像顯示，除非經由其他意識單位所包裝〝再轉過〞來的，才會以時

空混合的方式來看。就憑吾人的記憶，可連續的記憶很多個過去直尺的連續圖像，但無論如何，這些直尺圖像給予我們的感覺，還是**線條狀**，不會是時空綜合的**面條狀**。如此看來好似意識單位僅對**時間**做區隔，事實上，它對**空間**也是做單位的包裝，例如:〝同時〞的空間上有〝我這個體〞與〝你的個體〞在空間上的分別。在心識上也是區隔開，且更無法互相真知內心，反而在時間上，『現在的心』能體知〝過去的自己心〞。故〝同時〞的空間上不同人之間的個體，也是一個個的意識單位。

由此看來，分別各種相，其實是因為有個個獨立的意識單位。否則怎會有那麼多的〝我〞(過去諸多的〝我〞，將來諸多的〝我〞，還有:你的〝我〞、他的〝我〞)呢？

意識單位對時空有區隔性，是我們一般的共識，但是**意識單位**是屬**事件**，依我們在第 0 章裡對事件的描述裡，事件只是用來標示區別用，而非理想化的點或瞬間，重點在能區別分辨的有效範圍，皆可隨機調整其範圍。我們意識單位是一活(靈覺知)的事件，不是時間上有個絕對位置點讓祂存在的，是相對比較的位置上的存在。因此我們不用時間數線而用意識線來對時間作分析。

1-2.5 意識單位僅表『顯意識』 不表『潛意識』

所有意識線上的符號都表示出〝**現在**〞我人的意識**感受得到現**顯的情境內容，而沒有包括所謂**意識不到**的**潛藏**內容。因為秉持**素觀描述**的精神，僅對**看得到**的做描述。看不到的又要加以主觀的填充物，是屬推測的模型，其內容不一，種類多而不清楚，算是軟體性，屬心理學的部分。本書意識線上的意識單位是指顯意識內容，按**事實**描述的，事實不能改變，故屬於意識之結構，是硬體性。

整個空時連續區上的意識線皆在顯現一個人一生所有的覺受表現(含他自己內在感受到的)，但其它可能的，如他的上意識所不能覺受到的叫**潛意識**內容，卻不顯。如果全體空時連續區就是都顯現了整個宇宙的所有(古往今來，上下四面八方，各個境界)表現，那就連潛意識內容也被顯出了！

1-3 靈魂向性的議題

1-3.1 觀念的緣起

在高中三年級那年的第一學期，物理課本(**正中書局 57 年版**)

的第一章中就談論到**時間**，當筆者讀到：『吾人易知過去，難測將來』這句話，頓時整個心起了大震撼！此一語猛然打醒了當時正被一個謎結所困惑的我。這個謎結是：過去與將來之區別的癥結在那裏？ 時間是怎麼的流動法？

如果沒有前面的章節探討過時間之數線(把**時間幾何化**)與意識單位間的**獨立區隔**性，則對這句極平常的經驗常識，我們必然會嗤之以鼻，不屑一顧地滑過去。然而在當筆者意圖擴展時間的維度數後，又碰到此意識的新疑點，更是對這極平常的常識興起好奇之心，急於要用幾何化的時間來分析。

【圖-1-3.1】

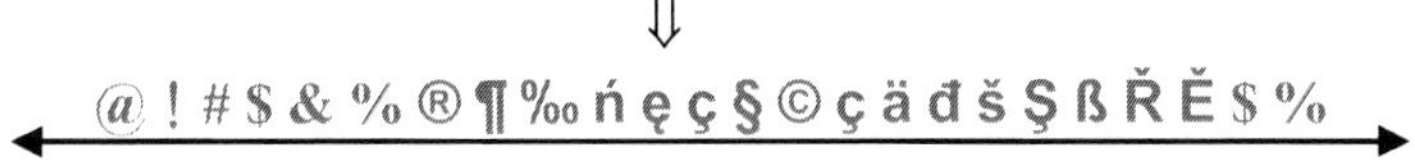

⇓

@ ! # $ & % ® ¶ ‰ ń ę ç § © ç ä đ š Ş ß Ř Ě $ %

好！我們就由此開始吧！為了分析的方便，把時間數線與意識符號對應圖重繪如【圖-1-3.1】，只是把標有前後秩序的數字拿掉，因為那是我們**人為**的把它標上去的。

在時間數線的意識線上，每個個別的意識單位皆認為自己是在 "現在" 的位置上。例如〝ę〞這個意識單位就認為自己是在〝ę〞的這個 "現在" 的位置。在沒有標示時間的順序下，他的左右是對稱的，〝ę〞這個意識單位以什麼做根據，來分辨何方為過去? 何方為將來呢? 顯然地在這圖上根本看不出答案，而"過去"、"將來"的不同感覺，是確確實實的存在於每一個意識單位。以當時(1968 年)高中三年級的筆者，對物理的知識相當有限的情形下，對這問題(過去、將來之區別)實在既奇異又迷惑了。課本竟在此，適時地提到相關於過去、將來的敘述，這是極好的契機。**"易知過去，難知將來"**，這不就是答案了!

吾人的意識是依著什麼因素分辨『過去、將來』?為何「僅知過去，難知將來?」筆者當時故意以此問題探問我堂妹，她答說：「過去的遭遇是既定"已經"存在的事實，所以可以知道；而未來遭遇〝尚未〞來到，故不知」。持這樣的說法是以一般的物件觀點的來說的，所以視為當然，沒什麼好奇怪。但若從事件觀點看，試想：未來遭遇〝尚不知〞，但並不能否定這一〝時間線〞上的每個位置之存在。你可以因為你的不知明日的遭遇是如何，而否定你的明日時空位置之存在嗎？以我們人類的現有的信念：未來遭遇的真實事件是必然存在於這時間鍊上。雖不知未來真實事件的內容，但其**時空位置**之存在性是我們共同篤定的信念。例如:我們畫個日曆表格，表格只是提供填寫記事的位置而已，其填寫的內容是如何，就不管它，即使是空白也是一個空白位置的存在。我們只是以表格的位置來**識別**這內容與那內容的**區別**而已。至於內容的詳細不去追究。像我們在**時間的數線**上放上意識信息符號也只是**識別**而已，並不知其真正的**內容**。

從直接現實景象去想，未來景象固然看不到，那麼過去景象就看得到嗎？過去只是一堆解譯的信息外，對現在而言，哪是存在呀！由於從現實上不方便表示，用了**意識線**來看，才更清楚察覺未來與過去的真實遭遇本來就是『平等』的存在。

既然過去、將來是**對等**『平等』存在的事件，那麼“易知過去，難測將來”不就是一很奇異的意識特性嗎？

1-3.2 意識結構 與 信息的深層義

筆者想了好久，也想不出為什麼當下的我人會“易知過去，難測將來”。因此，若以平等心來看，就把這種意識對於〝**憶知**〞的**不對稱特性**歸之於**意識本身**的結構特性。那也就是說，吾人的每個意識單位都有一相同的特殊結構性：即在時間的『**正、負**』兩方向中，僅採一固定方向的信息；而另一方向的信息不取。被採取的方向稱為『**過去**』，不被取的另一方向稱為『**未來**』。這就如在空間上，吾人生理的結構，眼睛僅長在臉部，而後腦袋是不長眼睛的，不就是如此嗎？僅能看到前方，而後方雖有光線信號的過來，卻無法看到而成沒有信息的意義。而所謂的前方、後方，空間本身是中立的，完全取決於吾人的生理結構(**眼睛只長在頭的一邊**)。由此可推得：過去、將來的分別是取決於吾人的意識結構。我們以**【圖-1-3】**來表示**意識單位**在**時間領域**上這**不對稱**〝**憶知**〞的結構性。

【圖-1-3】

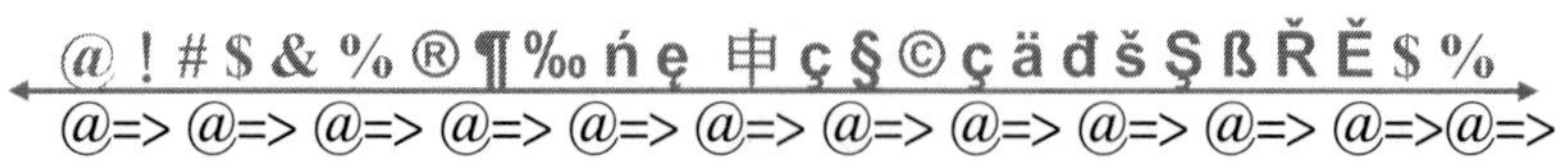

@ ! # $ & % ® ¶ ‰ ń ę 申 ç § © ç ä đ š Ş ß Ř Ě $ %

@=> @=> @=> @=> @=> @=> @=> @=> @=> @=> @=>@=>

在時間的領域裡對『**憶知**』有**偏傾一方向**的特性。這一特性，若以**經驗**科學的習慣來說，直接就認為是絕對性的天經地義。也就是事件在時間上『**先後**的秩序、信息的**有無**』是『**絕對性**』的，不可再去懷疑了！一切經驗科學立論的出發點，就立基於此。如果筆者這樣就作罷，那對時間之〝**流**〞就沒有**更清楚，更究竟**的**解答**意義了！既然要究其〝流〞，筆者只有從哲學面向來探討，不從經驗的面向來分析。這種『憶知』之偏傾一方的特性既然屬意識結構，那麼這結構形式也就有**可能**存在**其他形形色色**的**不同形式**。

先、後非絕對

既然筆者用吾人的**顏面生理結構**來比喻〝憶知〞不對稱性的意識結構，那就有更大的連想空間。因為吾人顏面的『**朝向**』固然是決定『前方、後方』的因素，但吾人的**身體生理結構**更是關鍵。要是我人的眼睛既長在臉上，在後腦袋也長了眼睛，那所謂『前方、後方』就沒有『**絕對**』可分辨了。好！我們當前眼睛長的位置雖是相對固定的，但我們的顏面的朝向是可以向〝後〞『轉個方向』的，那麼空間上所謂的『前方、後方』的界定就立即對調了。若是吾人的意識結構也〝**轉個方向**〞，那麼時間的『過去』與『將來』不就也可對調？

〝**轉個方向**〞是**物件觀點**的語言，若以事件觀點來說，吾人的意識結構是當下這樣的方向，但另一類的意識結構的方向，可相反於我們的意識結構這樣的方向，因此他們的『過去』與『將來』就恰好與我們的完全相反，或是互相指責對方是『時間倒流』。

【圖-1-3.1.1】

@ ! # $ & % ® ¶ ‰ ń ę 申 ç § © ç ä đ š Ş ß Ř Ě $ %

@=> @=> @=> @=> @=> @=> @=> @=> @=> @=> @=>

←——————————————————————————————→

<=@ <=@ <=@ <=@ <=@ <=@ <=@ <=@ <=@ <=@ <=@

◎☆♂〰℅♀η ψ ∴▽⊙ ‖@ …⌇ ﹏₡ ₠¶¢¤£µà¿ºëö÷‡† ₢

這樣的說法是基於：「時間線上的各個意識符號內容是不受意識結構方向之不同而不同」，但是這其中有了矛盾，因為意識符號內容本就包涵時間流的方向了！如是故，時間線上的各個意識符號內容是有與意識結構的方向相對應的不同，如【圖-1-3.1.1】所示:上方一個方向，下方又另一方向。邏輯上兩方的比較是互相指責對方是『時間倒流』，但兩方卻是『區隔』的，所以也沒法比較。不過這又讓我們連想到，在同一事件點上有兩種以上的意識單位存在的可能，只是因意識結構有所不同，而有區隔互不相知。一個意識單位就是對應到其唯一獨立的意識結構形式。

信息的有無，非絕對

如果時間線上的各個意識信息內容是與意識結構的方向相對應的，

而時間線上的**同一事件點**有**兩種**意識單位的存在，那意即同一事件點上蘊含**無限的信息**，有些意識結構對這無限信息做的解譯是偏向對應到時間線上一邊方向(所謂〝過去〞)上的意識單位，有些意識結構對這信息做的解譯是偏向對應到時間線上另一個方向上的意識單位。而這兩種意識結構是並存的，但互相區隔的。那麼在同一事件點上的信息之『有』或『無』就**沒有絕對**了。故不能說在此時此刻的當下，僅存在〝過去〞意識單位的信息，而不存在〝將來〞意識單位的信息。這就是『信息』的深層義。這點與我們在第 0 章談的『信息』觀念是一致的，只論當下『解譯的規則』，不論『信息』之『有無』。不是僅過去的事實事件才『有信息』的存在於此時此地，而未來的真實事件就『沒有信息』存在於此時此地，而是意識的『解譯的規則』的問題。這都是立基在『過去』與『未來』是平等的觀點所產生的觀念。

『信息的有無非絕對』是偏唯識觀點而論；但若是以較偏唯物觀點來說，就可說成是大自然的信息對時間而言是具『不對稱性(有方向性的)』(但不對稱不等於會流)。如相對論的信息傳遞，僅限於朝前時性向量。因此你可說將來的**信息**對現在是不存在的，這是**合隱**靈覺知的說法，都沒有理由可反對的，不過無論如何，這其間的『信息解譯是不對稱性的』。但都不該否認〝未來〞的真實事件的『存在性』。所以我們可隨便取用較偏唯識觀點來論，或用較偏唯物觀點來說都可以說得通。由於本書主要在闡述意識**感覺**單位觀念之建立，故稍為偏唯識觀，其實是往意識結構的思想走，此思想隱含『心、物相牽涉』的思想，不是『隨心所欲，事竟成』的。

這種意識單位的〝憶知〞有『不對稱性』的議題，必將嚴重的打破時間的**先**、**後**觀念，也隨著動搖了**因**與**果**的先後絕對關係。

靈魂向性（集體一致偏向的憶知結構性）

在【圖-1-3.1.1】中可看到其上、下兩種意識結構形式，雖個別意識單位有其個別憶知的**偏向性**，但上方的每個意識單位卻都是有相同的指向；下方的每個意識單位也一樣有相同的指向，而不像【圖-1-3.2.2】中的意識單位間的方向不一致，看起來就比較沒有什麼結構性，有些竟**相向**，有些卻**相背**。如此的集體就不是一致性結構，我們就難做分析，且此種結構也沒時流感覺的可能，除非各自形成一集體的不同意識結構形式。

像【圖-1-3.1.1】這種集體相同的指向，就會讓我們連想到意識單位間是有一共同的結構性存在，筆者將這『意識單位間在時間領域上的集體偏向於一側憶知的共同結構性』，稱為意識的『**靈魂向性**』。〝靈魂〞這字眼，有整合集體的**結構性**，並點出這『靈覺知』的〝**活**〞存在，但不屬物件觀。

【圖-1-3.2.2】

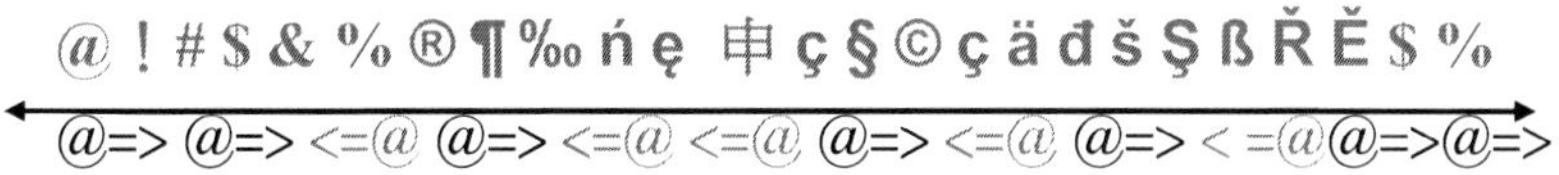

@ ! # $ & % ®¶‰ ń ę 申 ç § © ç ä đ š Ş ß Ř Ě $ %

@=> @=> <=@ @=> <=@ <=@ @=> <=@ @=> < =@@=>@=>

『靈魂向性』直覺上就不是屬於心理學範圍，因為心理學是建立在『先、後』觀念下之產物。例如：佛洛依德稱：作夢是為了補償受壓抑的情緒。這些觀念都是『先』存在著有原因、有目的『之後』才有了行動反應的『果』，也就是先有某種目的，後有行動的事實果。而在我們這觀念裡，是沒有絕對『先、後』觀念！筆者此處想用平等觀點，只得暫不論『先、後』！

那麼這種意識之『靈魂向性』又屬物理學範圍了？筆者覺得更為不是。因為物理學是不談『靈覺知』的，豈有〝**憶知**〞？更關鍵的是，物理學多是以**經驗律**做根據的，而經驗律是**立基**於有『**先、後**』的觀念上。其實，物理學的方程式本身是純數學式來表示的，哪有含時〝流〞的『先後』觀念在？都是描述『對應』變數間的相關性而已。因此時〝流〞的『先後』觀念純為意識本身之結構形式的問題。熱力學的『趨向最大熵』也只不過是描述自然現象的不對稱性的**經驗律**而已！哪是**信息有無**、時間〝**會流**〞？

意識本身的結構是超越時間相與空間相，所以意識本身的結構就不能用這樣的語言說：「我要用意志力來〝改變〞意識的結構」，如果有『可以〝改〞』這觀念，這又回到絕對『先』、『後』觀念了！難道您能用意志力而〝改變〞過去或將來的自己真實遭遇嗎？故在此所稱的『意識結構』，就不是偏倚『唯心論』之觀念了，而是心、物、理，三者相牽涉。

“憶知的偏向特性”若以信息深層義的角度看，是意識單位的解譯規則問題。試想：在當下的腦袋裡含的是錯綜複雜包羅萬象的信息，但意識所解譯出的卻僅對應到偏一側(過去)的信息，而不對應到未來側的信息。此當屬意識的解譯規則了！這解譯是在當下(此時此地)呀！

打破『先後』觀念，此一觀點的提出，就耽心一些宗教人士會稱這不就是等於昧了『**因果**』了嗎？筆者覺得這只不過是對〝過去〞、〝未來〞以『**平等心**』看待的觀點而已！〝過去〞的遭遇事件既然肯定其『存在性』，〝未來〞的遭遇事件難道就沒有『存在性』嗎？『因』是在過去，『果』

是在未來，如果只肯定過去事件的存在，卻否定未來事件的存在，而去論〝因果〞，不就成為有『因』而沒有『果』了嗎？談因果的目的是在強調『現有當下』之『自主』性，要有『負責』的精神，而不是把一切推卻給因緣。這是筆者所肯定的，否則真的有愧於自己『現有當下』這靈覺知之價值。其實我們在第 0 章中之『整體相對應性』已談很多了！

『整體相對應』觀點是，強調未來真實事件的存在性，不是在強調未來與過去是一樣〝被〞定死的。它是本具如如存在，不是〝被〞擺(註定)上去而存有的。若僅因對〝未來事件〞內容的不知，就否定它的存在，這是不符合平等觀點的原則。

因此，『因果關係』本身就是站在『相對應性』而有的，只是從『相對應性』上再加〝憶知的偏向性〞，即靈覺知對『不對稱性』就感覺成有方向性的『先後』觀念了，因此『因果關係』就是有〝先後相對應〞的別稱。只是我們這裡想要從『不對稱性』中超越出來而已！

宗教上常說：「吾人不知將來，是因為吾人受貪、瞋、痴習氣所蒙蔽，才無法知將來」，這當然是以有『先後』觀念的物件觀說法；不過這裡筆者是循『素觀描述』為原則，依平等觀來對時間做深入的探討，只能以事件觀點來談才有意義。以我人這一生而論做比較：怎麼貪、瞋、痴只〝蒙蔽〞將來，而不〝蒙蔽〞過去呢？若改用事件觀來說即『貪、瞋、痴之作』與『將來的被蒙蔽之受』是一種『對應』，就是平等觀的說法。

時鐘指針，能指著記號以計時，供吾人從中作時間的解譯(對應)，但是只要仔細想想：時鐘以自己本具的事相呈現，它並沒意念要告訴人們所認為的“時間”及過去或將來這些觀念。而且時鐘它的事相是由有靈覺知的生靈所詮譯出的，哪裡有什麼它本來的現狀事相？現狀事相是人所詮譯出的相而已。況且以物件觀，時鐘是依人對時間的認知理念所設計出的，當然要人來解譯。

如果時鐘能告訴人們時間過去的事，依平等性而論，就也一樣可告訴時間將來的事。因為時鐘本身是無意識的，無意識的東西其性是空無的對稱，它本身的事件沒有所謂作與受，其隱含的信息也是對稱，而是有意識的生靈本身固有的『區別性』，將之隱含的信息挑選為可區別的作與受。故究其因素，是人本身意識結構的問題，非關外界的信息之『有』與『無』。因為事件本身是中性，由於〝活〞的意識才呈有方向性。

靈魂向性的方向指向

吾人的〝憶知〞在一維的時間方向上是有明顯的不對稱性，故〝靈魂向性〞有方向性，我們為了後續討論之一致性，統一定其方向指向為：由『當下』往『被知』的方向(〝過去〞)。

從務實的物理角度看，我們之所以能回憶到過去的親身遭遇，是基於當下(此時此地的腦部)之狀態，被當下的意識解譯成是對應於過去的親身遭遇。很奇怪的是：為何當下的腦部之現有狀態，被解譯出來的，總是對應於過去的方向，卻不對應於未來的方向。這不對稱的意識特性是很明顯的，也是我們想要探討靈魂向性的主因。

多種意識結構形式的『並存在』與 自然律非絕對

沒有絕對的〝先後〞關係，並不能否定〝相關連之對等關係〞，而意識有了解譯上的不對稱性(靈魂向性)，那麼〝相關連之對等關係〞自然就呈現有『先』、『後』觀念。我們把意識在時間上解譯的不對稱性，繪圖成如(圖-1-3.2)來說明。由【圖-1-3.2】觀察到非但個別意識單位有偏一側的不對稱性，且所有各自獨立的意識單位竟會不約而同的有相同方向的偏一側的不對稱性，其指向皆指**同一方向**。這啟示著筆者：這些個個有別的意識單位是具有共同的結構性。對整體意識而言，就彷彿有一種**整體結構**。其實本來意識線上並無如此不對稱性的圖示，而此處是我們把意識單位被合隱的一部分內容性質再開展出來表示在圖示上的。

【圖-1-3.2】

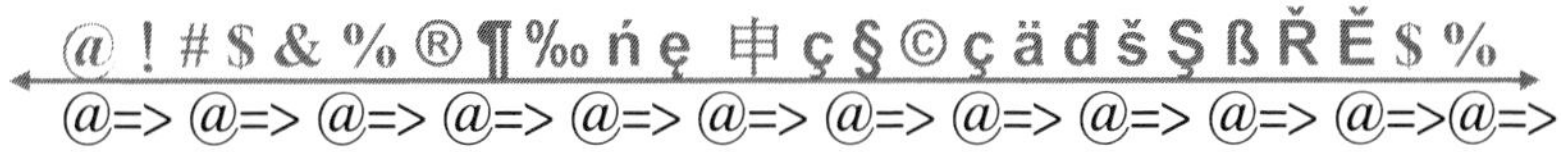

@ ! # $ & % ® ¶ ‰ ń ę 申 ç § © ç ä đ š Ş ß Ř Ě $ %

@=> @=> @=> @=> @=> @=> @=> @=> @=> @=> @=>@=>

由這圖示第一眼看好似有那〝**流**〞感，而確實我們對時間的〝流〞感，跟意識的靈魂向性這特性，有絕對密切關係。

如果『先』、『後』觀念是由意識結構的靈魂向性方向決定的，那麼所謂意識結構的種種形式就不是〝先〞有第一種形式的結構之〝後〞，才有第二種形式的結構，這樣又落入有『先、後』觀念的輪迴見了。故意識結構的種種不同形式就應『本具』的存在，是超越『先、後』觀念的存在。如在【圖-1-3.1.1】所示的〝並〞存在的，但卻互相『區隔』的。意識的區隔，最基本的就是意識單位。這『區隔』就是另類完全與我人互不相知之另類意識形式之意識單位的集合。從這一認知，就可拋掉事件之存在，但不能拋掉意識單位的存在。圖示表各意識單位的靈魂向性指向朝右。

如果認定相信有絕對的〝先〞、〝後〞觀念，自然又會引導我們相信宇宙有起源(相信有宇宙第一因)。如果對"靈魂向性"的觀念有深度的信認，您或許不再去執著宇宙開始的**第一因**了！因為不再認為有最〝先始〞與最〝終末〞狀態之觀念，而是對等的。不過，當下的我們，是生活在有〝先、後〞(物件觀點)的意識結構下，必定要尊重當下的意識觀念，尊重當下的社會環境的規矩，尊重當下所認知的自然法則才能務實地生活。

假若有靈魂向性方向不同於我們這『當下意識架構』的靈魂向性指向而存在，在這架構下的自然律會與我們平常的自然律相同嗎？(一)從時序的先後來說，必然是與我們這『當下意識架構』成相反。(二)以深層義信息來說，信息的有無，也全然的反向改變，即本是有信息者卻成無信息，無信息者卻反成有信息，那麼整個自然境象不就全然不同了！其自然規則也不同了！

到此讓我們認知到靈魂向性指向也是屬於眾多意識結構形式中之一而已，意識結構的形式不同，其對應的自然律也不是絕對唯一，這是目前我們以靈魂向性議題，所延伸的基本認知。

【圖-1-3.2】中，每個不同時間位置上的意識單位的靈魂向性指向均指向同一方向，每個意識單位感覺時間流向相同，自然律也相同。但每個意識單位是各自對應到獨立的意識結構形式。

意識單位靈魂向性既有反方向的結構形式之存在的可能，故有正負兩方向的可能選擇，因此我們才會說此意識特性議題是建立也是顛覆『先、後』的思想，且意識結構是屬心、物、理的相牽涉。意識結構是超越時空的，其正負兩方向的靈魂向性如【圖-1-3.1.1】所示：兩種不同的形式的意識結構並存在，且各自獨立區隔的。圖中上方與下方是各自獨立區隔的，如此兩不同的形式的意識結構其"先"與"後"各自有各自的順序，各自感受的意識符號意義就不可並談，自然律也各自有各自的一套。

在此又可省覺到：有意識架構的種種不同形式的存在，故可以推論我們一般稱的六識之前五識(視覺、聽覺、嗅覺、味覺、觸覺)，也只是意識結構形式中，浩瀚大海之一形式而已！尚有可能其他的意識結構形式的覺識功能的存在，異乎我們一般的前五識。這些屬親嘗親證，非我們可思議的。

"現在"一詞在意識線圖中找不到適當的位置可擺，因為我們在討論的無意中，把我們自己的立場離開了局外了。如果把我們自己的立場，放置在圖中諸意識單位中的每一個，則每一個這個我就自稱“現在”。因每個意識單位都平等，都“*同時”有意識進佔(如果沒有意識進佔，就談不上意識單位了)，每個意識單位都自稱“現在”、“自己”、“此處”。

1-3.3 靈魂向性憶知的〝親覺受〞與〝時流感〞

時間沒有**流**與**靜止**的問題，但我們總是有那〝流〞感。其關鍵是靈魂向性的親覺受:一個**意識單位憶知**其他**意識單位**的覺受，這種的『知』是等同親覺受。即『此處自己』卻覺處在『他處』做親覺受。若以物件觀來說，就是在此處的自己，會覺是為從他處的自己〝移置〞到此處來的。以俗話言:為此時的意識在**回憶**過去的自己親覺受。以哲學言，即意識單位解譯**在**自身信息**對應**為**多個**之其他意識單位親覺受的識別。此即對應為時間〝逝流〞感。這與此處自己，看到(覺受)他處空間景象的**識別**是不同的。空間此與彼雖也**不同**景象，但就沒**他處**親覺受。靈魂向性有以下的特點：

(1)是意識單位間〝**憶知**〞的對應要素：凡是一個意識單位 A 的靈魂向性的作用，能及於其他的意識單位 B 之感受，則意識單位 A 會感覺意識單位 B 之感受是〝自己〞本尊在 B 處的**親感受**。此即所謂的 A 意識〝**回憶**往事 B〞，也伴隨覺有 B 變至 A 的『**時流串**』感。**意識單位**是區隔作用；卻以**靈魂向性**憶知來作集體的**結合**。

(2)有集體結構的單一指向性：有靈魂向性的集結意識單位同指向的意識單位為一群體，故群體也具有單一指向。故靈魂向性有整合之功。請留意：這指向是指有序性的指向，不一定是幾何的指向。在相對論的時空連續區的觀念中，才把僅一維時間看成如具有三維的空間那樣的幾何性質。因此若說靈魂向性具有幾何指向，那先決條件就是把時與空都看成具有類同的幾何性質，只是時與空對意識言仍有不同識別。

(3)憶知有程度大小：吾人回憶過去，有印象程度之清晰與模糊的差別 。

在(1)中所述的意識單位 A，會感覺意識單位 B 之感受為自己的親就其受，非局外觀。把別處的意識單位〝感覺〞為〝自己親就其覺受〞。這是時流感極關鍵的要素，也是唯物觀的物理學所無法理解的觀念。

由(2)、(3)兩種特性，就可構成數學上的『向量』之充分條件。因此，若在多維時間的領域裡，可比照數學上的『幾何向量』來表它對意識單位間〝知〞的作用，這在第 3 章中有詳說。

〝回憶往事〞、〝動〞、〝靜〞、〝生〞、〝滅〞、時間之〝流動〞感覺、〝記憶〞、〝學習〞、〝累積儲存〞、〝經驗〞、〝習慣〞、〝痕跡〞、〝變化〞、、、，皆是與靈魂向性因素而相關於『時間流動』觀念的語言。

我們觀看電影中的人與物之動態感，實際上是一張張的靜態圖片的**時間性**串連。從物件觀點說，其原理是我們腦中有『視覺暫留』的功能，但從更深層上說，其最根本的要素是，腦中『**記憶**』的功能。說不同時間有『不同的位置』，若腦中沒有『記憶』的功能，則在這〝當下〞，理當只見**當下此時**現狀的景象而已，是沒有前一時刻的景象，那麼〝當下〞哪能來比較出『**不同**的位置』，而有景象的〝變動〞感呢？因此有『**記憶**』過去的景象才可**比較**現在與過去的『不同』。而『記憶』的更基本『理源』就是**靈魂向性**。但靈魂向性是屬一種特殊的意識結構形式，意識單位對存在於其**自身的信息**之解譯為有或無及解譯規則才是『信息』的**核心**意義。

1-3.4 為什麼有時間〝流〞的感覺？(回憶、信息的解譯)

高中將畢業時，即因使用幾何的時間模型及靈魂向性的觀念就已領會到時間非流的概念了，但有一天五弟卻突然提問：「為什麼我們會感覺有時間的〝流〞感？」。筆者一時難以詳加說明，直接回應：「若你沒有活的腦袋，會有〝流〞感覺？」但總覺太籠統。其實五弟是明白非流的概念，但就很難來說出〝流動感〞的**對應**要素。為了要克服只能心會不能言傳的困處，經多年的苦思才提出事件觀點與物件觀點的區別。其實〝時流〞感覺，就是意識在**回憶**狀態的覺受。感覺是意識單位對信息解譯的對應而稱的。一個意識單位 O，解譯其自身位置 O 的信息，對應為過去親覺受與對應為現狀(次現狀)親覺受的兩種**差異識別**，此**識別**即對應為意識單位 O 感覺〝變化〞，即我們俗話所稱的**時間〝正〞流逝**感覺！

當下的意識單位 O 覺：自己親身存在於別的時間位置 A 上在覺受事象 A。自己在 O，怎會在別處 A？這 O 的自己**識別有別**於 A 處自己，就是對應為意識單位 O 處在〝**回憶**〞中。**時間流逝**感，即是當下意識單位處在〝回憶〞中的感覺！因此，若當下意識沒有一丁點**回憶**，即無**時流**感覺。

本書是依素觀原則描述**時流**，僅述而不析其因。**析因**即談先後。我們在此以正反(流與非流感覺)兩面條件的比較，以取代**因**的說明。

靈魂向性雖是**個別**意識單位**本**有的特性，但這特性也是整合(連接)同一人的不同意識單位**間**的結構性。因為此特性是與同一集體意識單位的意識符號內容相對應，故下面要再開展各個意識單位的意識符號內容，來理解靈魂向性『集體一致結構』的單一指向性。並以正反兩面條件的比較，以理解感覺**時間流逝**的成立要素。

1-3.4.1　層次包含性(先後識別、時流感覺)

我們在此用下圖【圖-1-4.1】來表達意識單位內的意識符號內容的層次識別。意識單位是認知的基本個別單位，雖各個單位間的外表是獨立，但其同一個單位**信息**中，卻**再識別**成**不同**的**對應**於其他單位的親覺受。

【圖-1-4.1】中，在K位置上的單位**現狀**中有**次現狀**信息k、在C位置的單位**現狀**中有**次現狀**信息 c、在 B 位置的單位**現狀**中有**次現狀**信息b、在A位置單位的**現狀**中有**次現狀**信息a、在O位置單位**現狀**中有**次現狀**信息o、、、等等被識別為「**現成**」的**信息**。

【圖-1-4.1】

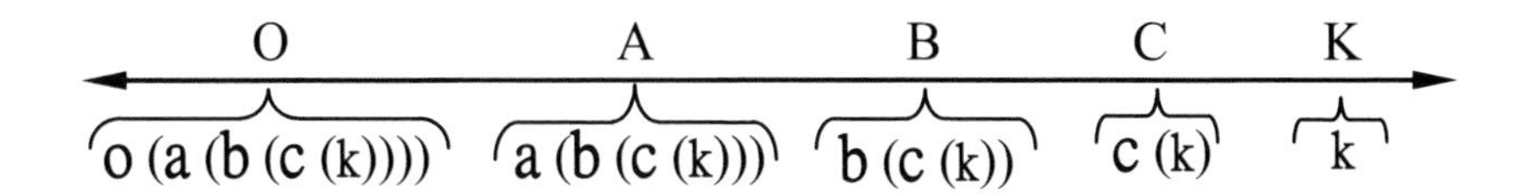

從圖的右邊C看起，在C位置上非但有自己的現成的信息 c，也包含可資區別於現成的另外一個(k)。且在C位置上知道在K位置上沒有信息c，這就有複含與推理義。即在C的信息，被意識單位C解譯成對應於K位置的自己親覺受(k)與C位置的親覺受 **C** 之兩不同信息比較，此乃對應成C意識單位感覺所謂“變化”，即對應為“時間流逝”感覺。

在 B 位置上非但有自己現成的信息 b，也包含可資區別於 b 的(c(k))，而(c(k))中又有可區別於(c)的((k))。由這層次區別出K〝**先**〞於C；且C又〝**先**〞於B的先後次序之識別。在B位置上知：在K位置上 沒有信息c且知在C位置上沒有信息b，這就再次有複含與推理義。這推理的概念，才有B的〝未來〞概念；C、K被B識別為〝過去〞相。

在A位置上非但有自己的現成的信息 a，也包含可資區別於 a 的(b(c(k)))，而於此(b (c(k)))中，又有(c (k))以別於(b)，而(c(k))中又有可區別於(c)的((k))。且在A位置知:在B位置上**沒有**信息a，在B位置上知在K位置上 沒有信息c且知在C位置上**沒有**信息b。〝**沒有**〞是一種**識別推理**為〝未來〞概念；對應於〝過去〞**信息**才**有存在**於此時此地。

在O位置上亦復具有如此層次的包含性與區別性。這種層次包含性，每個單位非但擁有自己的現有，亦復擁有可資區別於自己現有的其它單位的現有，況且不只是〝知〞的擁有，且以有層次性的擁有。這種層次包含性就呈現一種有序的先後層次上不對稱性，我們稱之為有序指向性。每個單位對在其靈魂向性指向的方向上之其他單位親覺受，有複含的特性感覺，就是所謂的〝累積記憶〞功能，即稱時間的流逝變異。見物象的變異感覺，不是所謂的〝視覺暫留〞，而是記憶。如果沒有記憶哪來暫〝留〞？

從【圖-1.4.1】，您可以發現一點：『**當下的〝現在〞是把握不到的**』。每個當下實際上的內容是對應其〝過去〞意識的資訊，哪裡是〝正這當兒〞？說〝現在〞卻多是存在著〝**過去**〞的**信息**。哪有一〝純現在〞呢？且每個〝過去〞也自稱是〝現在〞，不是嗎？此即時間的感覺流。最值得一提的是，每個當下雖自知存在覺，但所能見到的相，竟盡是〝過去〞的信息，對本身卻因無相而看(把握)不到。例如：上圖中的 A 之內容：a (b(c (k)))除 a 外，其餘的 b、c、k 都有個**外層**括弧，表示是有『區隔』相，是屬回憶相。而 a 只是一種代表 A 的現覺而已，沒有有區隔相，故看不到。這就是人人喊要把握『當下』，但卻把握不到的緣故，所見的都是〝過去〞的相。就像眼睛不能看到自己，所看到的盡是外境；但這地方的意識所見的外境竟也是自己〝親覺受〞的自己「過去」相。我們說『當下』確是當下，但當下的覺相，都被解譯為〝看到**含有**別處(過去)的自己的覺受相〞。此包含層層**個別**親覺受信息，即每個意識單位把本具看成莫名其妙的**流**。

意識符號內容的這層次包含性，本身就對應『靈魂向性』的集體結構的單一指向性。有結構層次之「識別」才能顯出「不對稱」的「有序」性，但並沒必然具有「幾何」指向性。而有包含才能納信息供**憶知**其他的意識單位。故單向有序(非雜亂無章)的憶知，才有「時流」之感。

假若吾人沒有一丁點回憶能力，則那個瞬間意識單位，純執著於瞬間的〝現狀〞，〝現狀〞中卻沒有一丁點其他時間點的信息(過去的信息)，那麼這瞬間的您會有『時流』感嗎？當然不可能。故，一個意識單位有『時流感覺』必有回憶。一個意識單位就是一個信息包，信息包的內容中卻又含其它信息包的信息內容，才能被有靈覺知的意識單位做回憶。

1-3.4.2　本尊〝親身〞處於『他處』

我們說：我能回憶過去自己的遭遇事件，但不能回憶將來自己的遭遇事件。由本章的開宗明義裏，就說的很明白，這是意識結構的偏向性。另外從哲學的觀點來理解何謂〝**記憶**〞？就是此時此刻的腦記憶體存在著對應於過去親覺受的信息，因此我們此時此刻的意識也才能從“此時此刻”的腦海中之記憶體取得過去的意識之感受信息。當吾人意識由腦海中之記憶體，取得其他的意識單位之**對應**信息，自然的就會覺此信息的源頭是有別於『當下現狀』的〝其他處〞之〝自己親覺受〞，即稱為**回憶**。

自己僅能唯一的存在於『當下』，豈可存在於〝他處〞？但是很奧妙的是，我們意識就是有這樣的覺受到:自己竟存在於他處。這裡的〝他處〞，即時間位置的〝他處〞。此即所謂的自己身份定位的迷失。同一的自己，卻有**此處本尊**親身於他處的矛盾感覺。自己中心在此處，又感覺在別處也有個親身自己，於是此處自己就以物件觀來解譯(對應)成：〝自己〞是由另外時間位置的自己〝移置〞到**此時刻**的時間位置。這別處時間位置的意識覺受，被視為是自己的親覺受，就是〝**回憶**〞過去自己的親覺受。

1-3.4.3　不對稱的〝憶知〞才可能有時流感

好！要知時間是怎麼『流』法？首先問問自己：如果我們『當下的這一瞬間之意識』，連一丁點回憶過去的經驗事件之能力都沒有，那麼我們『當下的這一瞬間之意識』還會有時間的流逝感嗎？答案當然是不會的。例如:您的照相機僅抓住一個〝現狀〞的瞬間圖像，而沒有任何〝過去〞的瞬間圖像來比較，還能有〝變化〞的感覺嗎？因此，『回憶』是時間〝流〞感的主要素。另外，如果我們既能回憶“過去”的經驗事件之能力，且也能『回憶』“將來”的經驗事件之能力，還會有時間的流動感嗎？當然也不會。如【圖-1-4.3.1】 所示：

【圖-1-4.3.1】

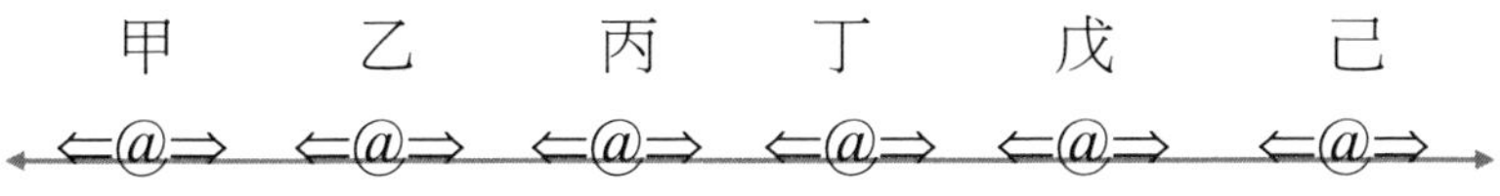

甲　　乙　　丙　　丁　　戊　　己

⇐@⇒　⇐@⇒　⇐@⇒　⇐@⇒　⇐@⇒　⇐@⇒

像【圖-1-4.3.1】中任一個意識單位，例如丙意識單位，因為既能擁有其右方的其他意識單位的心受信息，也同時能擁有其左方的其他意識單位的心受信息，故就搞不清哪邊是過去，哪邊是未來。而其他每個意識單位也同樣搞不清哪邊是過去，哪邊是未來。因為每個意識單位對其兩側皆能憶知，如此還能有流的指向嗎？當然不可能。故，其指向必然是有集體單一向的不對稱才能成立。

由上可推知時間的〝流動〞感之先決條件是，一個『意識單位』要有『單向』〝憶知〞『其他意識單位』所『感受』的能力。而這〝流動〞感，是具有『靈覺知』的意識才有的。若無覺無知，哪會有時間的〝流逝〞『感』呢？若無覺無知，能『感覺』嗎？

上節我們說：一個意識單位能得到其他的意識單位之靈信息，就解譯成："自己由另一時刻位置的自己，移置到此時刻的自己"，這能得到其他的意識單位之靈信息，是有秩序且單向性的規則，故每個意識單位都能感覺"變"有『集體單一方向性』，這個〝變〞就是時間"流"的感覺。到底是由將來〝流〞到過去 呢？或由過去〝流〞向將來？我們就不必去明說，但就是有不對稱的方向感。是什麼在流，也不必說，因為由意識線的圖看，都只是相對存在的意識單位"靜靜" 的相對存在那裡，什麼也沒有"動"的意義，也沒有"靜止"的意義，時流感只是意識界定了另一種"覺" 的符號而已！"靜止"也只是意識界定了另一種與"動"對立的"覺" 之名相！

1-3.4.4 時流方向的迷思

在本書一開頭的引言裡，即提問時間是朝未來流呢？或是朝過去流？這是筆者常跟人家開玩笑的問題。

對於時間"流"的方向之理論，物理學上都把它歸於**熱力學第二定律**(**趨向最大熵**)，稱為時間之矢。如果看過本書的觀念後，就會覺得那只不過在**物件觀**裡『以輪迴心，生輪迴見』而已，那只指出自然的現象，在以**某個面向**看，確實呈『**不對稱**』。**不對稱**就有**方向性**的觀念，但還是沒有指出"**流**"的方向來。因為**熱力學第二定律**是依**經驗律**來的，**經驗律本身**就是統計的**概率**問題。**概率**就是**不確定**的意義。僅在**所知**的**過去**時間段的事象之統計結果。並不是**絕對**能『**確定**』將來或過去的**所有時間段**也必然是有這樣的統計結果。且統計是記憶的累積，記憶又依時間〝**流**〞的觀念來的，怎能反以**經驗事**來做時間〝**流**〞的根據呢？

如果硬要從物件觀論時間流感，必然是我人感覺與某東西在時間領域上有相對流動。那麼這某東西是一可辨識的事件串呢？或是一無可辨識的虛無之時間軸呢？事件串是過去我人、現在我人、將來我人、、、等等事件狀態所構成的，那我人自己可再跟事件串做相對流動嗎？

若我人是與虛無的時間軸在做相對流動，那既是虛無怎能被辨識相對流動呢？這都是以物件觀來求時間〝流〞而造成我人自己身份的迷失。以物件觀來求時間〝流〞，必往外或往內找，但往外卻看不到；若往內找，卻造成我人自己**身份**定位的迷失。而即使允許上面兩情況皆能成立，但『**雙**

重時間』的使用，不就又帶我們陷入無限層次的時間輪迴。時間是作為探討物件與物件間做相對流動或相對靜止的一種參數。而當在探討**時間本身**的相對流動或相對靜止時，其以什麼做參數呢？是以時間之外的另一種〝會流〞的**時間**做參數嗎？即『第二重時間』，這會導致有第三重、第四重、、、，等〝**會流**〞的多重時間，令我們陷入無限層次的時間輪迴。

若用事件觀點看，我人在時間領域裡，雖自覺都是處於〝現在〞，但就不是唯一的物件人！卻呈多個的事件人(意識單位)了！

以物件觀點的相對流動之時間〝流〞模型，很難釐清時間流的合理方向。就像我們常在感嘆:「〝現在〞馬上就會變成〝過去〞」，我們也常說「由〝現在〞邁向〝將來〞」。這種難以理清的時流方向性的物件觀語言，正把我們弄糊塗了。原因是總把我人以物件看，不以事件觀，故對時間流的方向性，找不到一具體的合理描述。現在我們由意識單位之靈魂向性就可最直接，最具體的把此方向性(不對稱性)顯示出來。

時流既〝非流〞，其方向怎有忽向過去，又忽向未來。其理由可如下理解之： 因為〝未來〞的意識單位之〝意識信息〞不存在於〝現在〞的意識單位上(這裡的不存在，是用較俗話說的，若依高層次信息言，只是〝現在〞這位解譯者的解譯規則而已)，所以〝現在〞的意識單位不會以〝未來〞的意識單位做為參考的基準點，而可以用**〝過去〞**的意識單位做**參考**，於是就覺〝過去〞的意識不變， 是自身由[過去] 變向 [現在] 來；但若以自身(**〝現在〞**)做**參考**，則覺自身是不變，而是〝過去〞意識由[現在]變成[過去]消逝的。在這種隨機找參考的基準點，可忽左，又可忽右，所以說，時間是由『過去』流向『未來』也行；說是由『未來』流向『過去』也通。

至此，應不再疑惑當下自己會變成『過去自己』，或是變成『未來的自己』吧！因為我人在時間線上身份的定位是，以一個個不同的意識單位之分裂方式存在。這也是〝時流感〞的主要素之一。由此，也能理解到為什麼自己永遠是處在時間的『**現在**』位置。這是覺識一切，必然以一個個單位來覺識的。大部份人會覺得**時間流**是朝〝未來〞方向的原因是，〝現在當下〞的意識單位總見到(含有)〝過去〞之資訊，而難自見到〝現在的自己本身〞所致。含有〝過去〞之資訊，才可做具體參考的標的，而覺自己是由過去變成現在，更推向未來。

從數學幾何觀點看，時間根本就無所謂『流』或『靜止』的問題，因此就沒有時間的『流速』問題，故不必問:『時間每秒流幾公尺？或每秒流幾秒？』，或問什麼對什麼做相對流動。

靈魂向性是超越先後層次的哲學問題。像物理學的熵的統計增加定律，僅是數學語言的不對稱性，並沒有時間流的方向指示，但物理學家卻讓人以為大自然真的〝會流〞，無關於意識的覺。這對意識的感覺而言，是不直接的，也不具體，也是模糊的術語，甚至於連這熵的增加定律(純物理現象的不對稱性)也是不可靠的，從哲學上看，只是**一段時間**的經驗規則，或許在另外一段時間，就不是如此也說不定。我們不能說自然現象在時間上呈現不對稱性就說時間是流動(在空間面向來說，不對稱的景物也很多，怎麼不說空間感覺起來也會流動呢？)。時間的流感，其主因素就是每個具有意識的意識單位有同方向之『**單向**回憶』之感覺。故從靈魂向性來理解時間的方向，是較趨近於意識的原始性。時空之別在於意識的結構問題。意識結構上的不對稱性，與純物理現象的不對稱性有顯然的不同。意識結構上的不對稱性，是『心與境合一』的一種意識解譯規則，不是純心或純物(境)獨立的結構所能全含的。

1-3.4.5　時流感是一個個各自意識單位『並』感覺的

有人會問：時間若不流，怎麼剛才 8 點時在談時間的話題，此刻怎麼〝變成〞了 9 點在談意識話題了？ 筆者反問：問此問題者是在時間的什麼時刻問的？其答必是在 9 點。那 9 點的你『本』就該在 9 點的位置，還要懷疑什麼？您可留意在同一意識線上有 8 點的你、 9 點的你，是個個不同的你，所以 8 點〝歸〞8 點的意識單位，9 點〝歸〞9 點的另一不同的意識單位，此刻 9 點並不是 8 點〝變過來〞的，只是此刻 9 點的時間位置上，存有包含 8 點的意識單位對應之時性信息(這"包含"意指尚有層次的區隔義)。故 9 點的時間位置上之意識單位憶知 8 點的時間位置上的意識單位的區隔感受，且 9 點的時間位置上之意識單位有推理〝未來相〞而已！並沒有 "流" 與 "靜止" 之問題。會有時時刻刻不停地流，是肇端於每個意識單位都有同樣指向的靈魂向性，故能**獨立**回憶到其"前"意識單位之覺受，就會都能獨立有覺受這〝流〞，才令外表看起來是相對應的靜止事件，其內在意識感覺竟是〝活〞起來！

若是有些意識單位靈魂向性指向呈反向，如【圖-1-3.2.2】，就沒有『集體結構』的層次性，〝時流感方向〞就呈雜亂，於是〝同向時流感〞乃集合相同指向為族群的小結構；若是有不同指向且靈魂向性指向又相向的意識單位呈何感覺呢？筆者無法想像，就請讀者來解了！

我人總把〝時間正在流〞以為是整合全體一生的意識於〝一〞來感覺的。這會使每事件都是同時發生的。從事件觀看，我人是以一個個意識單位來獨立覺受的，以分裂式之我人『並存在』來覺，非合為一的來覺。雖每個意識單位能回憶其前面的單位感受，但還是以**一個個各別**做**回憶**。

時間既不〝流〞，也不〝靜止〞。"流"與"靜止"是對立語，其一非，兩者皆非，更不存在。這一點就是〝時間非流〞最難體會之處。因為一旦跟您說:『時間不流』，您又會想去求時間〝靜止〞的感覺，但卻怎麼覺也覺不出『時間的靜止感』來。存在的僅是意識單位的如常覺。每個意識單位總覺『時間正流到此時的自己』，總認為自己此時是處在『現在』的時間位置上〝正〞活著，且覺『時間正在流逝中』。是要領**悟**，不是去**感覺**。

到此我們可理解到：同一集體結構指向的意識單位有了回憶，就有時間流感，就會感覺一道過去的自己經歷之時流串。

從意識線看的 1 點，2 點，3 點，、、、 8 點，9 點，的各意識單位以"相對"的時間位置存在，無所謂〝先〞與〝後〞的受限意識之主觀觀念。更無所謂人命運 "早就被註定了" ，或無所謂 "本來、後來" ， 而是〝就是這樣 ！ 如如實實的如是存在〞。 "相對並存在"，其意義是：若沒有其他的意識單位做參考，就無法來顯出自身的時間位置所在。

時間的〝流〞與〝非流〞也是因對當下所做的開合分析的不同而有的不同說法。當我們把同一個人的所有意識單位合隱成一當下，而又從這當下中取感覺的內容做展開，會發現這內容是呈上面所提的意識符號內容的層次包含性，就會說時間不停地流；反之若合隱意識符號內容，僅從當下中展開呈一個個不同的意識單位，那麼縱有意識符號內容的層次包含性，但從外觀者看來，就是一張靜態圖而已，那有流動的時間呢？

總之，時流感因素是，我人意識身份呈一個個不同單位與靈魂向性而有〝回憶〞感覺。故說:時間流相即是當下心作回憶。

1-3.4.6　本具如如

筆者在六祖壇經上看到一則記載，其大意是，有兩位和尚，在廣州法性寺聽此寺院的住持印宗大師講涅槃經，此時吹來陣陣的涼風，一時撩起插在寺院庭前的旗幡飄動著，其中一位說:『是風動！』另一位辯稱說:『是幡動！』兩位僧人就在爭辯著不停而無結果。這時默然盤坐在旁的一位居士竟突然開口說:『不是風動、不是幡動，仁者心動。』這時大家聽了駭然似有所悟，覺得很驚奇，立刻跑過來讚嘆這位深得心法的居士。他就是禪宗祖師禪的六祖 惠能大師。

當筆者初次閱讀至此偈語時，發覺竟與自己時間的觀念起了共鳴的震撼！也有感而發：『時間非流，非不流，意識(心)自覺流而已！』。

一切萬象，要是沒有存在著具有意識的觀察者，還會有萬象嗎？山河大地、星辰日月、風聲水流、思空幻影、意念、動念，、、、，等等，若不存在有意識的觀察者，這些將成無意義。請藉由事件觀點，好好的體會時間的非流，亦非靜止的意覺。好好的體會其個中的滋味！

有時筆者一個人站在河邊，觀看勻穩流動的河水，想起孔老夫子的話『逝者如斯，不捨晝夜！』。時間它不是物件那樣的流動，但人們就是感覺一切物件的狀態會呈〝改變〞。人們感覺時光像流水般的流去，將流至何方？是流至萬古去？或流往萬劫未來？我們是跟著時光來，也即將跟著時光去，但又發覺我人總是處在『現在』，沒有跟著流呀！一時有恍神的暈眩感。

如果：時間流至萬劫有個終點處，則時間停止，我卻不在那萬劫的時間停止處，但此刻我卻在此處的感覺時間“不停的流”；萬古前時光未爆開，時間是靜止的，我卻不在那萬古前的時間靜止處，但此刻我在此處存在的感覺時間“不停的流”。在一百年前的人，相對於我現在，是在不同時間位置，他們也感覺：『此刻我在此處存在的感覺時間“正不停的流”』。不禁要問：就整個時間河鍊獨立的隔絕系統，時間之河的兩個端點都靜止不流，那麼中間之水怎麼被感覺以固定方向恆流呢？一時興來仿傚 六祖大師給惠明的偈:「不思善，不思惡，正與麼時，那個是明上座本來面目？」。 針對時間，筆者也問:「時間非流，非不流，正與麼時，那個〝我〞處於何之？・・・」。

昔時年幼的童年時期的自己，今在何處？眼前的自己，似乎不若昔日的自己了，昔日的玩伴們或已遠離我們了，或者即使他們還在我們的身邊，也不是當年的樣子了，或更推想像祖父母們年輕時的情景，如今皆不見了！以物件觀點來看，這些人們(包括昔年的自己)都成歷史人物，已然不在了，過去了！可是，您可想像他們並沒消失，可想像他們仍生活在他們所該在的時空位置上！而且是事實，不是假像；今日的我們本就生活在今日的時空位置上。各自生活在自己的本具時空位置上，沒曾變動過，但很奇怪的，總感覺自己是由那邊變過來的。在來年兒孫成群時，兒孫他們也生活在他們的時空位置上，只是此時此地的我們不知而已。無論如何，一代代人各自生活在這時間的長河上各自本具對應的時空位置上，各自有流變感覺，但就找不到有可流動的東西，因此每一舉一止皆存在於這時間的長河上，不可能消失(藉物件觀的語言)。因為這一時間長河，雖我們每個**意識單位**都覺它在「流」，但實際上是沒有所謂「流」，故沒有流失的問題，所以這時間長河的「流」是『靜止而有流意』的河。靜止是「整體相對應存在性」的意識結構；流則是靈覺知的「活性」。

今日愛這人的這事件就存在這時空位置上，他日恨此人的事件就存於他日的時空位置上，這種短暫之愛恨，雖是短暫，卻是必然存在於時間的長河上，不會因他日恨此人而就消失在這時間的長河上。想到此，父母當年養育照護我們之情，總是必然存在於時間的長河上，儘管後代子孫不識得，時間的長河總是承載著這一景一情的存在，就存在於對應的那時空位置，就有那對應的〝我〞覺得是〝正現在〞呢！因此，此一景一情，從整體時空連續區看是不生不滅的。時空非絕對，但我們當下覺知是非關時空的本具存在。

『本具』不是〝本來〞具有的義。〝本來〞聽起來像似屬物件觀語言，因為會引人有與〝後來〞的『對立語』想法。其區別在有無『時流先後』。

時間的長河是不會「流」失，縱然時間的〝現在〞處在幾千萬億劫前，處在幾千萬億劫後，一切與現今不一樣的時間位置，但不管時間之流怎麼的長流變異(易)，易不了您〝當下〞的正活著觀看本書的〝活事實〞。若深刻體會到**太陽**的**燒了這麼久**卻**尚未燒完**，就能體會到時間的〝不是流〞。與我們相緣的人、情、景、物、、、，都是〝不生不滅〞的存在於時間的長河上。故，若有時間的流相就有生與滅感，如果能超越〝流〞感，那剩下的似乎只是〝如〞。瞬間即同整體的存在，故謂『瞬間即永恆』。

每當筆者意會到〝不生不滅〞的認知時，常會發出如此的感嘆：『歲月會流嗎？！時間會走嗎？！自己(意識單位)迷了自己的一種妄覺罷了！』當信認這概念，就不會再急追窮索宇宙的第一因了！不過探求宇宙的真理，仍是我人應有的求知態度。我也常作此想：妄覺與迷不也是靈覺知的〝活〞性嗎？沒有〝活〞的靈覺知，還有『 迷、妄覺』這詞彙嗎？

物件觀點是**立基**於時流觀念，但反而想用物件觀點(有先、後觀念)來求時〝流〞感覺的根因，這猶如 圓覺經經文上所說的:「以輪迴心生輪迴見」。只會陷入無止境的輪迴想(一重又一重的『時間參數』)而已！

1-4 時性信息(靈信息) 與 空性信息(外信息)

我們前面所談到的意識單位間的"憶知"，跟觀看到空間的景物的"知"有不同的地方。觀看空間的景物，我們不會覺自己置身於被看的位置上去感覺那位置之景像，也不會認為被看的位置上有個自己意識於其上。因所見到的景像是依據『空性信息 (外界信息)』，是由外境直接送來的。雖然常聽人說：我“知道”你的心裡感受，但是這種知是猜測的知，是信仰的知，不是親證的知；而意識單位間的觀看是依據“時性信息”(或稱靈信息)，以做親證的知。從物件觀來說：時性信息是吾人腦中記憶中心〝發出來〞的，這知是親證的知(時性的知)。

要是我們觀看空間的景物會覺自己置身於被看的位置上，那麼空間的感覺就不再是空間了，而是成了時間！因為這樣的看乃是藉用靈信息，以心看的，不是藉用空性信息以眼睛看。

【圖-1-4.5】

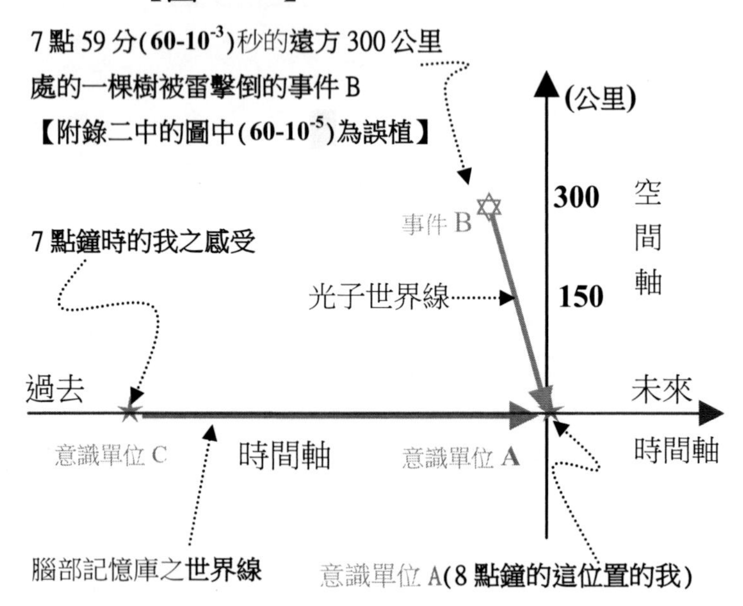

時空的區別就是取決於當下意識所判定的信息是靈信息或是外信息而定，可說完全取決於意識的認定，當意識單位所獲得的信息，若被意識單位認定其信息源也是意識單位，則此兩意識單位間就成了時間方向，相反的，若被意識單位認定其信息源為非意識單位，則此信息源與意識單位(觀察者)間乃形成空間方向的相。會有這些感覺的區別，肇基於意識的結構形式。在【圖-1-4.5】中的時空連續區中，兩事件A、B之空間距離有300公里，時間距離約10^{-3}秒，連繫A、B的光世界線，若對事件A位置的意識單位而言，擁有描述著B事件之信息，我們稱B事件被A觀察者觀察到。像這樣的觀察者與被觀察者的關係日常中常有。例如：8點鐘的這位置的我(意識單位 A)，於 8 點鐘看到 7 點 59 分($60-10^{-3}$)秒的遠方 300 公里處的一棵樹被雷擊倒的事件(事件 B)，即為這種關係。觀察者 A 判斷與事件 B 的距離，竟是光世界線在空間軸上的**投影** 300 公里，非光世界線長。

另外還有，8 點鐘的我(意識單位 A)，回憶起 7 點鐘的我(意識單位 C)的感受，也都有觀察者與被觀察者的關係。而這兩者又有什麼不同呢？從時空連續區的圖，或是以物理學的眼光看這兩者信息之傳遞，都是一樣的。雷擊的事件 B，是以光 (光子的世界線連接 B、A 事件) 傳遞信息來到意識單位 A；意識單位 C 的事件，是以我們大腦內部的記憶庫(記憶庫之世界線連接 C、A 事件)傳遞信息來到意識單位 A 的。顯然兩者皆是以世界線連接的，但我們卻能分辨是時性信息(靈信息)或是外界信息。這與在第 0 章所提到的：意識把在時空連續區上之世界線看成自己經過的時間，與看成非自己經過的時間，就是意識對時與空作的不同界定。

如果信息源是屬意識單位，則稱它所對應的信息叫時性信息(靈信息)。如果信息源是不屬意識單位，則稱它所對應的信息叫空間性信息。(圖-1-4.5)中意識單位 A 判斷 C 與 A 之距離直接就是記憶庫之世界線長；但 B 與 A 距離卻是在空間軸上的投影，即把 B—A 間不同時的事件以同時存在空間看待。

【圖-1-4.6】　　一維空間

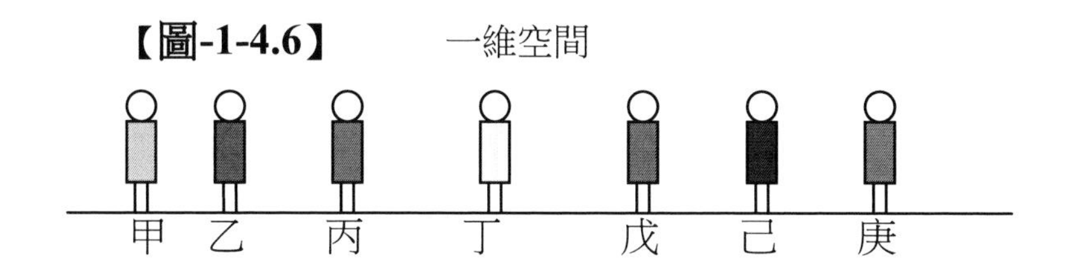

在【圖-1-4.6】中〝同時〞的一維空間上有 8 個瞬間人(甲、乙、丙、丁、戊、己、庚)，這樣每個瞬間人也是個意識單位。

若每個人代表一個物件，他們的腦海裡卻個別紀錄了他們自己一生的遭遇(時間內容)，因此時間象被簡化(合隱)成一個人的腦袋瓜，而這時的意識單位就是以一個個人為單位。若他們皆面向右側，依順序甲可見到其前方之所有人長相，但乙、丙、丁、戊、己、庚等人是不能看到甲，依此類推就像在時間領域的同一人依靈魂向性偏知一邊，又有知的層次包含性，不就又會造成有時流的感覺嗎？不過此處的知不是穿透心的知，是外相的知，不會把前方的人當成自己，若果真能把前方的人當成自己，那麼每個人會把這一維的空間，感覺成時間流了。意識從空性信息中所判之意識單位間(甲、乙人間)，是存在有其他非意識單位的事件(虛空間)來隔離；從時性信息所判之意識單位間必然緊鄰著意識單位，而無其他非意識單位來間隔(隔離)之。這就是 8 點與 9 點間我們無法逃過 8 點半的理由，也是時性與空性的不同處。

1-5 靈魂向性在時空連續區上的對應

在特殊相對論中，提到的如(圖 1.4.7)在四維的時空連續區中， 從時空原點沿時空軸分角線畫出的錐形稱為光錐，以光錐為界將四維的時空連續區隔開成 4 個四維空時連續區。凡是包含時間軸的錐形的四維空時連續區，稱為時性向量區，意即由原點連接至此區內的任何事件點的向量皆屬時性向量，可分朝前時性向量與朝後時性向量。此種**朝前時性向量**在時間軸上的**分向量值必然大於 0**。**朝後時性向量**在時間軸上的**分向量值必然小於 0**。所有由時性向量連接的兩事件的先後秩序皆能被分辨清楚，沒有爭議。但是只有朝前時性向量能具有『信息』；而朝後時性向量不具有『信息』。由相對論的信息觀念，可知『信息』是具有方向的因素。

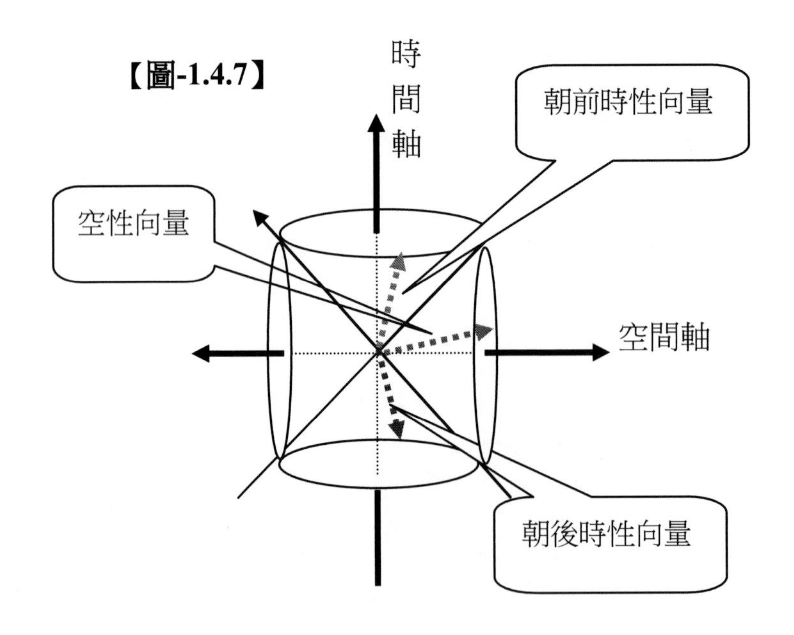

其實這只是物理學因暫時合隱靈覺知的開合描述法，若從本書的觀念看，這樣的描述好似『信息』這觀念跟意識沒有關係，我們當然不能認同，

不過我們要明白這是合隱靈覺知的開合法，不要誤以為合隱靈覺知，就可不需靈覺知的存在的唯物觀念。筆者認為：『信息』必然要對應到有靈覺知的解譯者才有意義，因此『**信息**』必然與**意識結構**有絕對**不可分**的關係。故沒有絕對〝具有〞或〝不具有〞『信息』。端看解譯者的意識結構形式。我們的靈魂向性，即是當下我們的意識結構形式所呈現的特性。

凡是包含空間軸的錐形的四維空時連續區稱為空性向量區。由原點連接至此區內的任何事件點的向量皆屬空性向量。所有由空性向量連接的兩事件，其先後秩序皆不能被分辨清楚。也可說凡是由空性向量連接的兩事件之先後秩序是有爭議的。**因此空性向量被界定為不具有信息的**。若空性向量也具有信息乃違反吾人對因果秩序的認定規則，但這些都是物理上的觀點。其實即使有信息，但我們意識不承認，信息就成沒有意義了！

在時空連續區上的原點之意識單位要能得到其他時空位置上的事件之信息的先決條件是，必須該事件點連接到原點的向量屬朝前時性向量。其它空性向量區及由朝後時性向量所連接至原點的事件皆不具有信息。這也是我們當下的意識結構下，人們觀念的一個解譯規則。

我們知道同時異地的兩事件間不具因果關係，由【圖-1.4.7】知道與原點同時異地的事件，其連接至原點的向量(平行於空間軸)，在時間軸上的分向量為 0，故對原點不能傳信息，屬空性向量。空性向量其在時間軸上的分向量值雖有大於 0 的可能，但其對原點仍為不具信息。從平等性看，這也是意識結構的一個不對稱性。而靈魂向性就是意識結構的一個特性(不對稱性)。時空有別，在於相對方向的識別，其識別權在意識結構形式。

像這種時空結構與時空向量是否具信息的分別，導致讓我們連想到：物質似乎可分成光子，與非光子，而非光子部份又可分為相對速率低於光速與相對速率超光速的物質。但對應於這低於光速物質與對應於超光速的物質生靈意識結構都是對等的不同。

從這裡似乎可看出吾人意識對時間與空間的識別，其關鍵就在兩事件間之一(兩事件中只要有一個事件)，是否含有對方的信息之可能，若連這可能都沒有，就被歸屬空間性向量關係；反之就被歸屬時間性向量關係。而在前面章節中談的靈信息(時性信息)及外界信息(空性信息)，在此皆屬於朝前時性相向量。但要清楚時性相向量或空性向量皆是以相對方向性來談的，不是有個時空的絕對方向。

1-6 自然律、時間倒流 與 知未來相

俗話說:『時光一去不倒回』,要是吾人的 "靈魂向性方向" 倒逆於一般的正常的方向，此與正常之意識單位互相比較時流方向，則會互相指責對方的時間是倒流的。坊間書常談相對論之超光速的座標系統時間會倒流的問題，並不是真的時間倒流，而是對我們這個意識架構而言，它的時間線竟是成了我們的空間性質的線了，尤有甚者，才有因果秩序倒逆。

知未來的遭遇，並不是靈魂向性指向倒逆即是，而是要以同一靈魂向性的指向來得到未來的意識單位感覺像。

【圖-1.4.8】

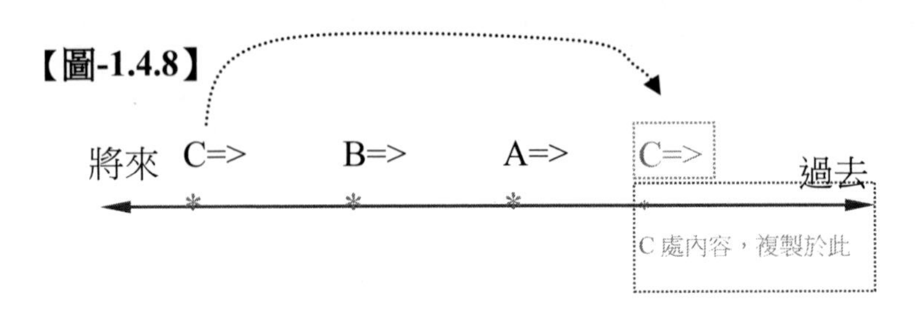

以【圖-1.4.8】為例。(圖-1.4.8)中，若 A=> 要知 **B=>方向的感受，** 在 A=> 處，要有 C=> 觀察到 B=> 之感受之信息存放在 A=>位置上，這即是要把 A=> 移到 C=> 處之後，或是另一種神通能複製 一份 C=> 處的記憶體內容，放在 A=> 處之前。也許通靈或是科幻小說的時光機就有這本事。

為什麼要強調同一靈魂向性的指向呢？請看【圖-1.4.9】表示一錄音帶，在其上面所錄的是一句話:〝我愛你！〞。是由 A 而 B 端的順序錄入此錄音帶中，如果你把放音頭由 A 端而 B 端的順序放音，你應該可清楚的聽到〝我愛你！〞這句話。但是當你把放音頭由 B 端而 A 端的順序放音時，固然不能聽到〝我愛你！〞這句話，也不會聽到〝！你愛我〞這樣的話，而是根本就聽不懂的胡亂聲音。

【圖-1.4.9】

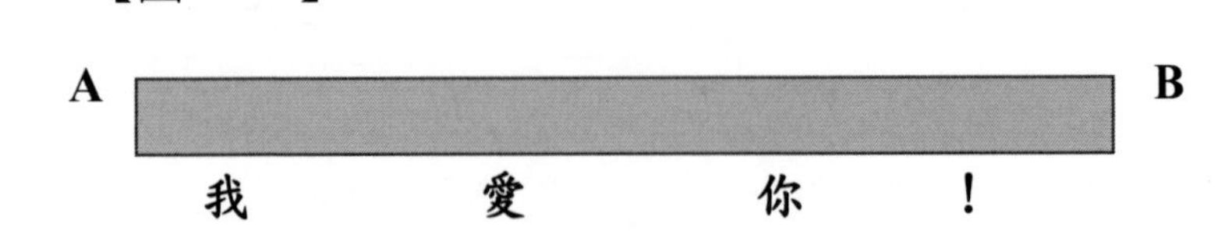

同樣道理請看【圖-1.4.10】: 在時間線上假設有同一人的 A、B、C 三個意識單位，它們的靈魂向性指向皆朝向右方如圖示。
若是 B 能知其未來的 C，一般我們會想只要 B 能有另外一靈魂向性指向朝向左方即可，如此的話，好像就可知道 C 之覺，但由直覺就感到有所不妥。因為我們所要的”知”是 從 C 的左側朝向 C 看，所得的 C 之覺；而不是直接由 C 的右側朝向 C 看，所得的 C 之覺。

【圖-1.4.10】

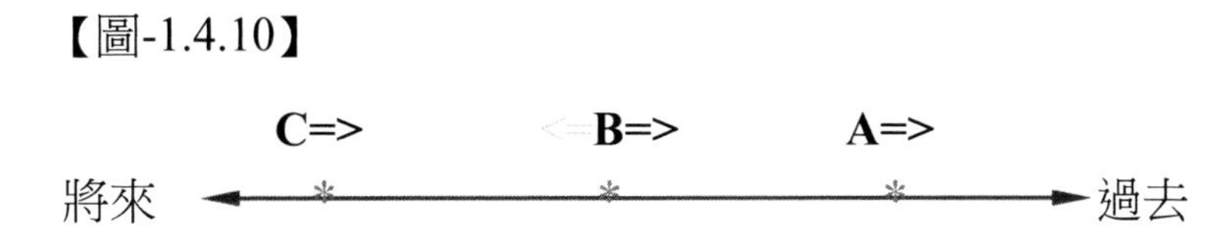

因此時間的邏輯倒流雖是可直接由靈魂向性指向的反向而得；但欲知未來的遭遇，以靈魂向性指向的反向來運作，是行不通的，除非特殊功能(所謂神通)，能把 C=> 的覺知信息擺置於 B=> 的右方位置上，如:一部『回到未來』的電影即是一例。

另外若以錄影帶為例，正方向放映與逆方向放映，其結果只不過是事象呈相反順序，但時間倒流，所涉及因素很多，如聲音。其中有一樣混亂，則整個逆向也混亂了，而不可能僅是事象呈相反順序而已。

由這些推理的體會，我們更可猜想：在不同時間方向上的意識單位 A 之感受，若以我們平常的這一時間方向的意識單位 O 去之感受(回憶、獲得信息) A 之感受，必然不相同，故其自然律也必然不同。由此讓我們警覺到: 靈魂向性指向不同的兩組意識單位群，祂們認知的自然律(思維理則，或解譯規則)也就有所不同了！

由此更體會到意識結構方式不同，必也決定了意識單位群不同的自然理則。靈魂向性的指向是屬意識結構方式的一種子形式，每一不同指向就是一不同的結構子形式。僅從意識線上是看不出意識單位具有靈魂向性的性質，因為意識線是將靈魂向性的特性合隱，故需要從意識單位的內容中，將此一性質再開展出來像【圖-1.4.8】的有指向的圖。

在時空連續區的圖中的所有事件，從粗淺的想像，好像從任何角度去看，都不會改變每一事件的內容，事實上若從意識單位立場的不同角度去看，其每一事件的內容可能就變了，例如電場與磁場雖說是同一回事，但時空角度不同的觀察者所測量結果會有電場變磁場的結果。甚至於從一角度去看是同一事件，但另角度去看，卻成不同事件了！或許連這些分別也無意義了！這些觀念都是取決於意識結構的形式。

1-7 單向記憶 與 時間的倒流？ 或 事象的逆行？

在坊間的書裡，常談時間的倒流之問題，我們若從事件觀點來看，時間本就沒有所謂流動或靜止的問題，故沒有所謂倒流之問題。就如筆者常問的：『時間流是由過去流向將來？或是由將來流向過去呢？』因為這是個戲論，不是個真正問題。若正論之，就是與另類之意識結構其靈魂向性方向倒逆於我們這類之意識結構，才是時間互為倒流的正義，否則再任你如何的設想，其邏輯上都是矛盾的。物理學人常界定時間的指向，是以熱力學定理的朝最大熵的方向為時間的指向，是屬數學上的定義，跟實際物理世界談的"流"，是風馬牛不相及也！若在物理世界問你：『時間流是由過去流向將來？或是由將來流向過去呢？』你又覺得撲朔迷離了！

或若說自然現象可倒逆，這可說得通，例如：一只玻璃杯從桌上掉到地板而破碎四散，這是正常事象的順序。但其倒逆現象是，地板上的玻璃碎片會集結成一玻璃杯子，而後飛上桌上去，這種倒逆的事象在影片的放映上可以辦到，但在真實世界裡是未曾發現的。未曾發現的並不是不可能，就連物理學上用的熱平衡是隨時間的增加而趨向最大熵，來表示時間的指向，那是物理經驗觀察統計所顯的觀念，並不是邏輯上的不可能趨向最小熵。你敢肯定過去或未來的時間區段，熱平衡不是隨時間的增加而趨向最小熵嗎？也許時間在某個大區段間，會有地板上的玻璃碎片會集結成一杯子，而後飛上桌上去的現象也說不定，但是那個時間區段是不同於我們當前的這段時間區間了。故，**事象有可能倒逆，但時間就沒有倒逆之事**，事象順序再怎麼倒逆，其時間就是不同了，時間仍是**正向**指向。這是我們的意識對時間的界定問題，而不是時間能不能倒逆的問題。

然而此處筆者不得不再提醒，所謂的時流感覺都必定要有單向回憶或記憶，或是說有做記號才能供回憶或記憶。不過像一只玻璃杯從桌上掉到地板而破碎四散，這種正常的事象，是伴有回憶的單方向性，才能在當下擁有先前時刻玻璃杯是完整的在桌上的狀態，而當下的現狀是呈破碎四散的在地板上，才能比較兩個狀態的不同，而有變化及順序感。要是沒有記憶供回憶，你所看到的也只是此時刻的現狀是呈破碎四散的在地板上的象而已，根本就沒有什麼所謂〝先前〞的景象，也就無從感覺時間流的順序了！因此要是靈魂向性的指向是相同單一方向，任你將所謂的時間現在指標做反方向的順序(由未來移向過去)移動，也不能覺察事象呈逆順序的現象，因為假如時間現在指標，雖由未來移向過去，但指標在當下卻〝忘掉〞了對之前的未來事象之印象，那由意識內容看，你的『當下意識』還是只記憶過去事象及現狀，故時間流還是正向不變。因此光由改變時間的『現在指標』的移動順序是不可能呈時間倒流，其最終關鍵還是在靈魂向性的指向問題。是故時光機要怎麼遊走時光隧道呢？其先決關鍵條件是靈魂向性的指向之意義而已，也就是時光機是以帶著『記憶』的功能，去飛越時光隧道，而不是什麼時間的正流、逆流的問題。

我們來說個戲論：上帝允許你從現在的 2011 年的中年期回到 1969 年的童年期，那麼你在 2011 年會想發個願：〝我一定要好好把握當時 1969 年的時光跟自己有緣的伴好好相處，好好孝敬父母〞。可是真的上帝也給你這機會了！但問題是**再**給你處在 1969 年的童年期，你卻**忘記**了 2011 年所發的願(好好孝敬父母)，你的所想、所為**如故**(與 1969 年所做的完全一樣)。所以筆者說，**時間本來就是倒流了無限次了，也正流了無限次，可是我們都不覺**。其**等效**的**終結意義**是，時間本就沒有流或不流的問題。本來如是，**我本就在兒時、我本就在病老時、我本就在壯年時**、、、。流的感覺在於回憶，在於靈魂向性的指向。坊間書籍所談的搭乘超光速太空船就可追回過去向宇宙外散去的童年影像，其追到的順序剛好是，現在影像最先被看到，然後是稍早的影像被看到，一直往童年期的影像依序追上，故看到影像順序與正常事象呈現逆順序，而被坊間人士稱如此即是時間倒流。我們估且不用相對論的相對運動速率有極限限制來否定它，僅以記憶的原則而論，就可看到其敗筆。雖你能追到過去自己影像，但你若沒有記憶，必定忘掉先前追到的影像，故也就不會感覺事象呈時間的**倒順序**或**正順序**的問題，哪來時間倒流感？縱然你有記憶，但這也只是事象順序的暫時相反而已，因為您有記憶，故仍覺時間一樣是不停地單向流逝呀！就如看倒帶的電影片一樣，影象是反順序出現，可是您還是感覺時間一樣不停地單向流逝，原因是您有記憶。

1-8 不帶記憶的時間探討標籤

想一想，不是吾人在整個一生中(整個意識線)，恰有唯一的一個意識單位在感覺時流，而是 0 時的意識單位能感覺時流、1 時的意識單位能感覺時流、2 時的意識單位一樣能感覺時流、、、，一個個的個別感覺，每個意識單位都〝就地〞有獨到之處的能感覺到時流。每個意識單位都能明白其前面位置，仍有個在它位置上感覺他自己的時流的意識單位。但是只要有感覺時間存在，總是自己也存在，自己不存在的時間感，是沒有意義的。但是我人總是會以想像的無限延伸，以為虛空範圍是無限大，時間無涯地流，範圍也是無限大。不過，筆者覺得:能感覺的時間範圍，是取決於不同意識單位的存在，則意識單位與意識單位間才互相有個對照，才有個時間位置與時間長度之意義，否則空無所有有什麼意義？那來位置、長度意義呢？因此時間的存在，必定有不同的兩個意識單位的訊息存在，才有相對照的時間意義。

依上面的觀念，我們還要去問宇宙壽終正寢後又呈什麼樣嗎？或問宇宙未誕生前呈什麼樣嗎？如果能理解上面的意義，就能體會這些問題的無意義。宇宙並不是有個第一因(initial value)來推動變成的，它是整體『如如地如是存在』。希望看官能藉事件觀點以得到這一微妙的意會。

底下就用事件觀點的圖示，讓您體會宇宙的開始之前，結束之後的問題是無意義的。

【圖-1.4.11】

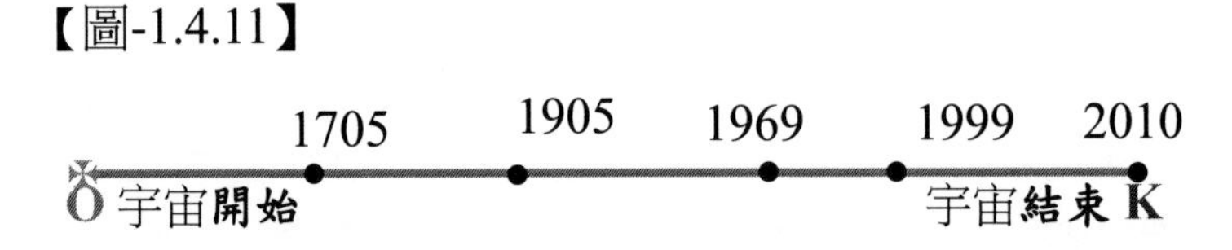

在【圖-1.4.11】中我們畫的比例也許不對，但是這僅僅是象徵的譬喻圖。假設以地球的質量中心為參考的宇宙時間圖。在圖中依近代物理有個宇宙爆炸開始的時間點 O，經過幾千萬兆年，來到 1705 年、、、，1905 年、、、，1969 年，、、、1999 年，、、、，而結束於 2010 年 K 點的最大熵狀態。

在這圖上，當然是以所標的數字之順序立場看，知其靈魂向性指向，是指向左方；假設另有一種意識結構的靈魂向性之指向為向右方，那麼站在超然的立場看，沒有時間的流，更沒有流的方向。好！暫時不考慮靈魂向性之指向問題。為了要針對個別時間的位置做探討，我們此處假設有個探討的標籤，它不是物件，也不是事件，是做為指著要討論的時間位置的指標，藉這標籤來指出要討論的焦點。但這標籤是不帶任何記憶的。

我們依圖看，並把**探討的標籤**擺在 1969 年的時間位置上。於是，活在 1705 年、1905、1999 年的時間位置的意識，對活在自稱“現在”的 1969 年的意識而言是不存在，而活在 2010 年的時間位置的意識，對活在“現在”(1969 年)的意識而言也是不存在。假若已知 2010 年的時間位置就是宇宙的終結。那麼活在“現在”(探討標籤所指的 1969 年)的意識而言，願問閣下：您“現在”存在吧！您“現在”存在，『時間流』就存在，而您不可能“正感覺”自己“現在”不存在吧！

好！我們把探討的標籤，改放在2010年的時間位置上，於是，活在1705 年、1905 年、1969 年的時間位置的意識，對活在“現在”(2010 年)的時間位置的意識而言，固然不存在，即使是活在 1999 年的時間位置上的意識，對活在“現在” (2010 年) 的時間位置的意識而言，也一樣不存在。那麼活在“現在”(2010 年)的意識而言，願問閣下：您“現在”存在吧！

好！我們把探討的標籤，改放在“開始”的時間位置上，作同前述的問：您“現在”存在吧！我們把探討的標籤，不斷的變換擺放位置，並問：您“現在”存在吧！

我們的探討的標籤擺放的位置，可隨機任意變換，不必依“先後”順序擺放。故“現在”不是依“先後”順序變化的。

我們的探討的標籤所能放的位置，僅能在有紅線段(有意識存在)的地方(能提供信息者)，其他位置就沒有立足之地了，於是任何不能放探討標籤的位置，不能提供信息，為空無，我們根本不必問：您“現在”存在吧！

『您“現在”存在吧！』這句話您會回答“**否**”嗎？當然不可能。宇宙的開始有多久了？宇宙在兩年後滅絕，『您“現在”**存在**吧！』。探討的標籤放在對應的位置，認真的珍惜您的這當下！他是『如如的如是』存在呀！宇宙的開始有多久了？宇宙在兩年後滅絕，我們不過問，但肯定的是：您當下**存在**吧！ 您當下存在，是**自證自明的**，難道需要問他人去肯定您自己的存在，才自我肯定嗎？探討的標籤，可以先由**未來**往**過去**做擺放，但它**忘記**了未來的內容；探討的標籤也可以先由**過去**往**未來**做擺放，它也**忘記**了**過去**的內容，不過每個位置上的意識內容就是含有過去的意識信息，這就是整體對應存在。

每個當下存在吧！是否跟我們的探討的標籤擺放的位置，或順序有關嗎？難道不擺探討的標籤就沒有您**當下存在**嗎？這探討的標籤只是我們創造的工具而已，它不是時間流的〝絕對現在〞之指標，是時空連續區之外，我們額外再加上去的參數。

筆者常有如此想法：假如太空都空無一物，僅存在一艘孤獨的太空船，上不接連天，下不接連地的悠遊於萬里無涯的太虛中，沒有任何的同伴，看不到有任何太空船外的景物，您說這艘太空船位於空間何處？有意義嗎？沒有一個異於自己的景物可以對照，只有自己跟自己在一起，就沒有可以對照的對象，怎麼得知自己位在何座標位置？如果太空船內有兩個人在船艙內走動，再怎麼動，總是覺得僅限於這太空船內，此兩個人有空間意義的範圍，就是這太空船內，其他太空船外的廣大空間黑暗無光，對他而言就失去了意義。

同樣道理，落在時間之長河上的意識單位有意義的時間範圍也僅限於這時間長河內，若時間長河是有『端點』(含**起始**點與**終結**點)的話，在其上的意識單位仍是在祂們自己的位置上感覺時間**流著**，不會因為時間長河是有『兩端點』，就不會感到有時間流，因為在時間長河上不是僅一個意識單位，故可相互對照，就有不同時間**位置**的流感。這一由意識單位組成的時間長河不就是一艘獨立的太空船嗎？太空船外面根本就沒有意義。因為人的意識不存在於時間長河的『兩端點區間』之〝外〞，如果上圖是畫成為曲線狀，那麼這之〝外〞是何所指？時間長河之〝外〞是將直線段延伸的觀念，若是曲折很大的曲線呢？探討的標籤就沒有〝外〞可擺放，有時間意義？宇宙生起或滅亡的這兩個事件，也是在宇宙範圍，我們當下〝活〞的事實也是在宇宙範圍。這滅亡的事件，是滅不掉我們當下活的事實，您說宇宙滅亡後，時間不會倒流給我們再活著，如果想清楚，根本就不需所謂倒流，當下活的事實就是事實。宇宙事實之外，沒有時間的意義，也沒有『滅亡』的意義。真的！我們的當下活是事實存在的呀！

不要以『將來的我們』立場看『現在的我們』，這樣會覺得『現在的我們』已消失了，那是『將來的我們』的看法，『現在的我們』是活著的事實不會是假；也不要以『過去的我們』立場看『現在的我們』，因為這樣會覺得『現在的我們』還沒輪到存在的狀態，那是『過去的我們』的看法，『這當下的我們』是活著的事實**不會是假**。總之，不管過去也好，現在也好，將來也好，這些我們都存在活著，都是事實的『對應』在所在的『時空位置』上。這樣不知您能否感悟到『不生不滅』的『本具**自在**』感呢？

若說時間是無限長，那麼宇宙更沒有第一因的問題，也沒有末日的問題。若說時間是有限的，那麼我們稱的宇宙第一因是 0 點；如果說有另類意識單位的靈魂向性方向是倒逆的意識架構，那麼其第一因就是 K 點，於是我們所說的宇宙第一因的 0 點就會被另一意識架構生靈看成是宇宙末日，這麼一來，所謂最〝先〞的起點，就不是絕對的。因此宇宙更沒有第一因或最〝後〞末日的問題了！就上面的圖(圖-1.4.11)看，若不標示任何文字或數字時，您能分辨，最左端的位置是時間的**最開始**，或是**最末**

結束的時間點嗎？在此令筆者連想起佛經上常出現的『無始』字眼，筆者雖仍沒有慧根來悟入其義，但自覺若從事件觀點看，似乎也略可領會其中『無始』的一丁點含意。時間既然沒有『流』的意義，就無所謂『先開始』(無始)的意義，既是沒有『開始』，也就沒有『最後終』，不就是『本具』嗎？無有一定的『最先』發生的事件(第一因)，也無一定的『最後』發生的事件，本就沒有『絕對先後順序』的意義在。時間既不是在流，也不能說是靜止，那麼我人是處於何處？您品味出『本具如如』的『當下』嗎？

另外在第 0 章中有關『命定論』與『自由意志』的爭論中，就是兩方人馬都認定有時流的先後順序，因此認為『定』的動作自然就是落在宇宙的最『先』處的事件。但是以整體相關論言，怎麼不說定的動作是落在宇宙的最『後』結束處呢？或是中間任何一處呢？我們曾用棋盤與其格線的比喻已很清楚了。故在沒有時間流動的先後順序觀念下，定數的『定』就不是事件了，而是整體宇宙事實。以整體宇宙言，不能用時間與空間座標位置來表示『整體宇宙的位置』，故『整體宇宙』如如本具也！在其上的各事件亦復如是。

在此筆者突然想要再插入有關意識單位之區隔性，例如我們的探討標籤，可隨意在意識線上指一點來問：『你的現在存在吧？』，那麼探討標籤同時問意識線上的每一點來問：「你的現在存在吧？」，我想每一點的回應皆一樣，說：『存在的』，而不是**整合全體**(整條意識線)來回應的，這全體不是只一個意識單位能做代表的，故整體意識線我們探討標籤無法問，整體也無法答，要問就是去問一個個意識單位，答也是由一個個意識單位答出來；不是整體整合為一所能被問，所能答的。

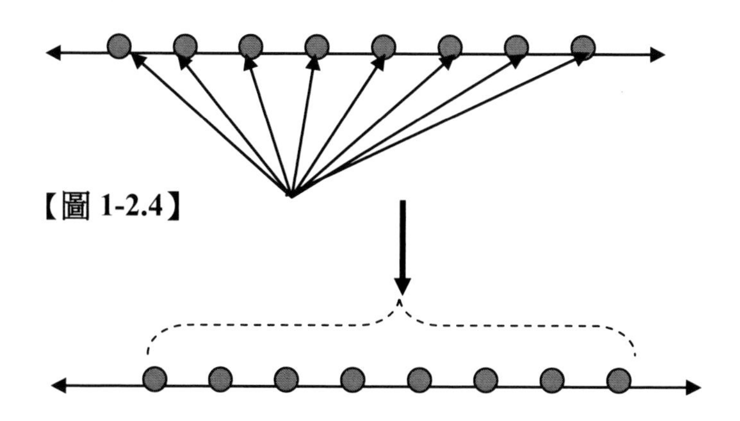

【圖 1-2.4】

也就是探討標籤只能做如【圖 1-2.4】的上方圖方式個個分別獨立〝問〞，卻不能如(圖-1-2.4)下方圖方式對整體意識線來〝問〞。這就是意識單位的獨立性與區隔性。**意識單位的區隔性**可用物件觀語言來說，就是〝**忘記**〞，或〝**不知**〞。

幾何化的時間就這麼可愛，能讓我們體認到一些不曾認真思考的觀念。你問王老五:「何時結婚？」，王老五是以**整條意識線**代表，但聽你問的王老五也只能有一個**窗口**(一個意識單位)接受你的問，要回答你的也只是一個窗口(一個意識單位)對你回答，而不是**整條意識線**來回答的。

1-9 時間距離的原義假設

常聞說：〝時間過得真快！〞，或說：〝時間怎麼過得這麼慢！〞。想了解快慢，先來考究時間長短感覺的依據。

在有**因果認知**的世界裡，**虛無**的時空，我人怎會有時間**長短**感覺呢？科學界的時鐘本身，是**依據**一個系統連續重覆發生**事件**的**數目**來表示時間長短，而不是依『**空無**』的**絕對時間長度**。這就提示我們，時鐘的計時是要依**實際存在**的**事件**。而**事件**必然是**可識別**的，可當做**標示**的。

1-9.1 時距依據之假設模型

我人可不必用時鐘也可憑自己的感覺來估計得出時間的長短，而一切時鐘的創造，均立基於吾人**感覺**的**基本認知**做基礎。故在此，趁著有意識單位的觀念及剛剛出爐的“時間幾何化” 可更方便的以素觀的觀點來試著理解時間長度的意含。

從分佈著**意識單位**的時間數線上看來，**時距**可用其上的標示數字就可計算而得知，但這數字是我人標上去的，不是時間自然顯現的，當這些標示的數字被拿掉後，所剩的只是一條的**意識線**罷了，若連我們畫上去的直線也拿走，就如【圖-1.5.1】所示。

【圖-1.5.1】

@ ! # $ & % ® ¶ ‰ ń ę ç § © ç ä đ š Ş ß Ř Ě $ %

【圖-1.5.1】的意識線上佈滿意識單位，試想看看吾人的意識單位(**觀察者**)是依據什麼來感覺到時間的長短呢？

如果意識單位在意識線上是**連續**(何謂連續？)而具有稠密性，那麼如何以素觀的觀點在意識線上找出時間的長短之依據？因為在時間線上的意識單位間僅具有『識別』、『區隔』的意義，標示著一『個別』意識的事件，並沒具有時間距離的意義。當然啦！從解譯它的符號內容就可現出其時間距離的意義，因此也可像靈魂向性的觀念是從意識單位的符號內容再開展出來！而其開展出的距離內容到底與意識線上的什麼要素有對應關係呢？

首先由意識線來看，要是意識單位祂們以連續而具有稠密性地分佈在意識線上，就代表兩意識單位區間有〝空無〞的絕對時間長度，意即這長度是絕對的，不用有依據的。意即任何兩意識單位間皆含有無限個意識單位了。若依此，就無法有可識別的東西做依據，以供意識來比較兩意識單位間的時間區段之長短差異了，也就是有絕對空無的時間距離存在。但這種〝空無〞而無據可憑的時間長短，在因果上就失去意義。但若要數其意識單位的數目當依據，卻因有無限個意識單位，也就無法數得**清楚**。

試想：如果我人沒有一丁點記憶，您能回想過去的經歷嗎？沒有過去的經歷，您還能推理過去的過去之存在嗎？我們之所以能感覺經歷一段時間，是不是就是在評估(回憶)我們經歷了多少個事件(意識單位)嗎？難道是在評估我們經歷了『空無』的絕對時間長度嗎？『空無』根本是無信息可憑，怎能測度呢？要評估，就是要存在著可分辨的信息。若連續勻一，就無能分辨。

要是我們作個假定：在兩個意識單位間，分佈在意識線上的意識單位是呈一個個獨立的可分辨清楚且有限的個數。那麼把時間線擦去，僅留下一個個獨立的意識符號(意識單位)，則由圖中能否看出時間的意義呢？顯然除了一系列的意識單位符號之外，似乎看不出甚麼叫時間，我們所想像的時間只能變成意識單位之集合而已！要是讓我們另外以意識單位間的『有序性』，及意識單位的個別區隔(界)性，來建立時間距離的觀念，或許可為時間距離明定出有依據的意義來。

以【圖-1.5.1】為例，假使我們界定：事件 ‰ 與 事件 § 之間的時間距為介於事件 ‰ 與 事件 § 之間的事件數目(意識單位數目)。則事件 ‰ 與 事件 § 之間的時距為 3 個意識單位 (即 ń 、 ę 、 ç 共 3 個意識單位，若平均兩端點，說 4 個也合理)。基於如此原則的界定，於是我們的意識就能很清楚的分辨兩意識單位間的意識單位數目，它就是對應到時間距離了。

如此，對意識單位而言，兩意識單位間，根本看不出時間有間隙，總是稠密的連續著。因為只有意識單位存在，沒有非意識單位的其他標的存在來隔離其間，因為空無是不成間隙的。

我們人類的直覺時間或許就是深層意識以意識單位數目為最基礎依據而感覺(對應)時間長短。據說現代科學是以汞原子鐘每連續振盪($1.064x10^{24}$)次的時間區間定為 1 秒。同樣這時間區間，人的脈搏卻只跳 1 次。不過像脈搏跳 1 次的一個事件本身即含很多的其他事件所組成的，雖亦可作為度量時間的依據，但因我人仍能查覺一個脈搏跳動事件是無法度量小於一個脈搏事件之時間距。而當前科學界也許暫時將這汞原子鐘每振盪 1 次的事件視為度量時間的『基本標示事件』。筆者以為：真正一個基本標示事件就是要等同一個意識單位。一個意識單位的存在，若從素觀觀點看，是深層意識絕對的〝裁定〞，不需依據。注意：基本標示事件祇是時空連續區上一個『標示』義！本身不含其它事件，也無時間距離大小意義！

我們評估對過去的某 A 事件，距離『現在的我』0 事件有多遠，我們是不是在評估(回憶)：有多少個基本標示事件，來隔離 A 事件與 0 事件嗎？而這些基本標示事件都是我們的親自經歷才能被回憶得到的，故特別把這些基本標示事件改稱為吾人的意識單位。因為回憶個『空無』，怎能有時間距離可憑呢？也違背了因果的原義。

大科學家愛因斯坦就這麼說：「在我們看來，一個人的種種經驗是許多事件的串聯；在這一連串的事件中，我們所記得的各別事件的秩序似乎是按照『先』、『後』的標準來排列的。所以就這個人來說，有『我——時間』或主觀的時間存在。這時間本身是不能量度的，但我們可以把這些事件標上號碼，後發生的標大號碼，先發生的事配小號碼，這情形可以用時鐘來說明，因為用號碼來排定事件的秩序，就跟按時計來算定事件發生的秩序一樣。我們從時鐘可以明白有一樣東西，供應著一連串可以數得清楚的事件。」而在此的每個意識單位不正是代表可以數得清楚的一個基本標示的事件嗎？(不計量則已，要析因果就要區別清楚)為了強調時距感要有依據，我們以【圖-1.5.2】說明。

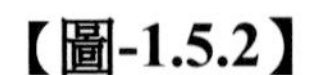

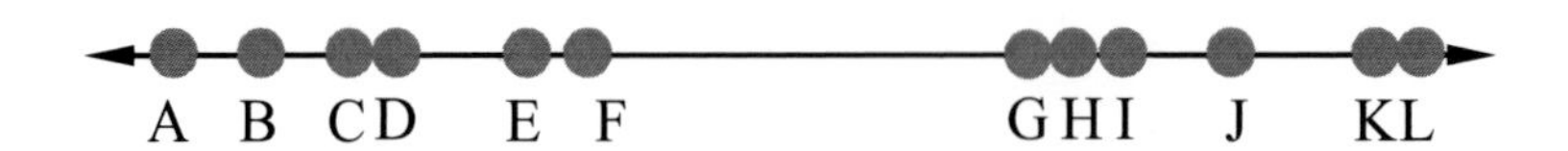

於【圖-1.5.2】中，介於A—G間的時間長度為6個意識單位；介於F一G間的時間長度為1個意識單位；介於G — L間的時間長度為5個意識單位。依這樣的時距觀念，那麼意識單位的真正絕對空無的時間背景是沒有時距的意義。

例如【圖-1.5.2】中，從外觀直覺看，F — G間似乎有個很長的時間背景存在，但由意識單位的眼光看來，卻只有 1 個意識單位的時間距離，沒有實質的時間，時間只是意識的一種感覺符號。一切的物理現象就是這些符號間的關係規則。例如：兩“相鄰”的意識單位間的背景是什麼東西？我們只能說是無意義，深層的意識沒有這“背景”的定義。這背景觀念是因為我們把時間用圖表達時產生非本來欲表達的副產品，把原本的意思旁引了。會產生如此副作用，也是難以避免的。一個意識單位與另一個相鄰的意識單位雖不同的，但沒有所謂的間隙存在於其間，它們間還是連續的。因既空無，哪有〝間隙〞這東西來〝**隔開**〞它們，故仍為連續區。意即意識單位在那裡，時間就在那裡。但意識單位的區隔(界)性仍是在，每個意識單位皆能分辨自己與其他單位。

討論至此，不知讀者能否體會〝時間〞與我們剛起始的觀念有非常不一樣，突讓我們對它感到陌生。實質空無的時間既然不存在，那存在的就是事件(意識單位)與事件間的規則。藉用這觀念，我們可以理解到近代物理學家常稱“宇宙有開始”之說的觀念，不會再去問：宇宙誕生前的時間又如何的問題了。時空雖無底本質，但卻藉事件的發生而具信息，故不是空無的。依我們這樣的時間觀念，雖不能推論出宇宙到底是有限或無限，但是這些問題都不與我們這種時間觀念衝突。因為時間是依能提供信息的意識單位而存在。意識單位是基本標示事件，也是信息源。

前面曾提起時性信息(靈信息)與空性信息(外界信息)的差別是：時性信息的事件都是以意識單位計，而空性信息的事件就不一定是純以意識單位計。例如，我看到甲人的身體與乙人的身體，即使把他們倆瞬間的身體看成是兩個不同的意識單位(事實上不會以意識單位看)，我人在此兩體間可看到非意識單位的其他事件存在，例如有虛空間來隔開此兩體，這樣的看是依空性信息；但我們在回憶自己的往事時，過去我的意識單位與現在我的意識單位之間，就找不到有非我意識單位的其他事件來隔離過去我自己的意識單位與現在我的意識單位，因此意識單位都是緊鄰意識單位而無〝間隙〞這樣的意義。這樣的回憶是依時性信息(靈信息)。

不過，像這樣更深入的議題，我們這使用素觀觀點之一弱點是：如果意識結構沒定義(裁定)出一個意識單位的〝有存在〞，我們一點也無法深入探討(例如：無法測度一個意識單位的時間長度)。我們所能的，只在意識單位的皮相外繞而已！

你、我、他的空間距離之區隔，也是以事件為信息源，解譯其信息而成的空間距離。不過空間上的事件點之界定，也是吾人的意識主觀的界定。因空間是三維的架構，其呈現的距離信息就比一維的時間複雜，故有幾何學的開展。但空間距離，是把多個事件定位於同時存在的基本標示事件之數目。

假設吾人共同所認知的 1 秒之時間距離，就是指吾人意識所認為約有 Nb 個意識單位的含意。若依數學的比例，則每個意識單位的時間長度就該為(1 / Nb) 秒？筆者不如此認為，因為意識單位本身祇是個『區隔』之信息標示而已，沒有絕對的時間長度之義在，只有在兩個意識單位以上的集合才能成立時間距離意義。故僅單獨一個基本標示事件本身是沒有距離的意義。故筆者不敢稱：一個意識單位的時間長就是(1 / Nb)秒，更不能稱：一個意識單位的時間距為 0 秒。時間長度是基本標示事件的集合之整體的基本標示事件『數目』而有意義，不是單獨一個基本標示事件本身。

如果硬要說出一個基本標示事件〝內〞之時間距離，那是無因果的意義，因為沒有確切之識別信息。在一個基本標示事件上談〝內外、大小〞，是無意義。深層意識沒有定義出可分辨的基本標示事件，其間的多個事件中，就無法被分辨出不同先後次序，意識就會將其多個事件視為一個基本標示事件，或者就是視為根本就不存在。其先後因果就分不清楚了，於是那一事件發生得早，那一發生得晚即不明確。所以問在一個意識單位〝內〞的時間長，是無意義的，其因果關係也模糊了，沒有測度的意義。

一個意識單位的存在是不需根據的，由深層意識的絕對裁決。故在微觀世界的近代物理之量子學，常是模糊因果律，而談的是機率。

單獨一個基本標示事件是不成『集合』，當我們測度得一段的時距，必是測度其為 2 個基本標示事件以上的集合。亦即有明確的基本標示事件**數目**與**次序**作依據。但說短於 (1/ Nb) 秒的時間距，是無法找到可依據的基本標示事件，故沒有時距意義。若測度大於(1 / Nb) 秒倍數的時間距，但其所謂的零頭(非整數)的部分，仍然沒有時距的意義。

上面的時間距意義之假設可以給予我們一個啟示：時間沒有絕對的長度，且意識離不開時間，時間離不開意識。當我們接受上面的『**時間距離**』之假設觀念後，就會覺得宇宙可以有無限的過去與無限的將來；也可以有『頭端』與『末端』，因為不管是宇宙有否界限，此時此刻的我們意識，**正不偏不倚**的**恰好**相對應的**平等**存在於當下的這個，且是活的，這是我們所深信認的。

因為絕對時間本是空無所有，既然是空無，怎能去度量它？如果不能度量，那麼怎麼會有感覺呢？我們在此堅持的信念是：凡是有**因果**的事物，可**感覺**到有**大小**的，就必然存在可供憑藉度量的東西，這東西就是度量的依據。這可供度量時間依據的就是：蘊含信息的意識單位(基本標示事件)數目的多寡。

時間距離既然是依據基本標示事件的數目，而時空是統合在一起而呈時空連續區。那麼空間距離也必同樣是依據基本標示事件數目來決定的。

依據存在於〝同地〞的不同事件之集合，就被稱為時間距離；依據存在於〝同時〞的不同事件之集合，就被稱為空間距離。即使不同事件雖〝不同時〞存在，但解譯者仍然把它解譯成〝同時〞的不同事件而呈空間距離。例如太空上存在著遠近不同的星球，其光影像被傳遞到地球上的人所看到的星球影像，絕不是〝同時〞由不同的星球傳遞出來的，但我們意識是不去管它〝同時〞或〝不同時〞，一律以〝同時〞發生的事件信息來看待，而構成〝同時〞存在於天空的景像，這也是意識單位的特性。由五識(眼、耳、鼻、舌、身)感受的事件信息，意識單位總是以〝現在〞的瞬間看待(現存有)；另一方面以意識回憶感受的事件信息，常被意識單位看成只是過去時間的殘影**信息**而已，非現存有。

1-9.2　　時間距離的虛幻

從事件觀點的信息角度來說，我們信息的基本信念是：不管我們當下意識在做時間距離或是空間距離的評估，其依據的並不是真正存在於『外在』的信息，而是依據『當下(此時此地)』所存在的信息來論的。所以這依據的信息，是在『此』，而不在『彼』，『在彼』的事件只是與『在此』的信息之一種『對應』的信念而已。就以【圖-1.5.1】為例，意識單位‰，要評估意識單位‰ 與意識單位 § 之間的意識單位數目有多少，雖說原則上是有 ń 、 ę 、 ç 等 3 個意識單位，對應到評估者(意識單位‰)那當下的位置上的信息，原則上應該有 3 個意識單位，但實際上意識單位‰總有其自己獨有的信息符號在，這是『整體相對應』的因素，不能僅以局部的 ń 、 ę 、 ç 等 3 個意識單位來完全決定。

置身於一個意識單位的自己，是無法確定自己的確切位置與範圍，因為總看到自己以外的意識單位，但這看到的是自己當下信息。由此可知：在時間的數線上看到的意識單位之數目，對於做為觀察者的意識單位的回憶而言，外表上似乎是固定的數目。但是並不是所有的意識單位對同樣兩事件間都回憶固定的基本標示事件數目，而是有些被忽略，有些會多出的、是隨機的，這原因是每個意識單位是獨立的判定兩意識單位間存在多少個意識單位。因此，對同一對不同的兩事件間所含的意識單位之數目，有時覺多，有時又覺短少。這正顯示出：時間距離的虛幻。因為都只是在於當下信息的解譯而已！不過因整體性的結構，總有共同的信認，原則上是依此(存在的意識單位數目)方式評估。

以上所述的時間距，因為我們意識因果世界裡總是要有個共同信認的依據，而時間長短依據是否就是這樣，筆者沒有把握，但是卻由此想法，能領悟到時間距離的虛幻不實；我們可從夢中境的虛幻，很輕易地能領悟到空間距離的虛幻不實。因此，時間相與空間相都是虛幻不實啊！

所謂『同體或異體』這觀念的起源，都是來自於有**空間相**之『距離』感而有的分別，若時空距離是虛幻，那麼看起來兩個『不同』的『意識單位』，也可把它們看成是〝重疊〞在『同一事件』上的不同性質的兩個觀念上的獨立單位(獨立境界)而已！

上面討論的時間距離可說只是內在主觀的時間，好似與客觀的外在世界的時間不同，不過客觀的外在世界，是依我們有意識的生靈的『對應信認概念』而存在的，故時鐘的設計也是依『對應信念』而來，既然只是『對應信念』，就不是絕對的唯一。

1-10　時間過得真快

當下的存在是『本具無心的自處』，當下所在的時間位置必然是最新的位置，當下是蘊含著最豐富的曾遭遇過的信息。故有：『來時無心漫行處，驀然回首千古路！』之感嘆。那就是過去的事總是過得好快！這因素是，任何再久遠往事的回憶，都不用耗時間。因為時間不是會流的！且被回憶的往事信息，是『本具』存在於此時此地，不用耗時間來傳遞。

當我們去登山，從登山的起始點之事件 A，到登上頂峰時的事件 B，兩者距離除了空間距離外，並摻入一重時間距離。除了藏著豐富空間景，又復含記憶的時間情。但當談到人生路上時，就將空間距離合隱成意識符號而已，只有開展時間的面向。

我們一再提起：『一切覺知都在於意識單位』，包括所謂現狀及回憶的覺知，但這所謂的現狀，實為次現狀。當下意識單位，所蘊含的當下現狀信息，其實可被再分辨為次現狀及回憶的信息，有此兩項(次現狀及回憶)

信息比較的不同，對應為當下〝變化〞的感覺，此即對應為時間的〝流逝〞感。而回憶往事是不用耗時間的，因為往事信息，本具於此時此地。

當看到了空間遠處景象，雖覺其遠，但其對應的信息卻本就存在於此地；當回憶到了過去往事親覺受，雖覺其久，但其對應的信息卻本就存在於此時。這些信息都不用等待，是立即獲知其對應的信息，謂之〝快〞。

從當下回憶的過去往事，雖會親證那往日遭遇者就是自己，可是當下的自己總覺與往日的自己有別。即當下自己就是不在往日的時空位置上，因此您可認定：當下的自己本就在當下的時空位置，而不是從往日的時空位置變化到當下的時空位置來的。但是，若以物件觀的觀念套混在事件觀上，則因為自己的身份同一，但時空位置不同，會覺我們自己是由那時空位置〝移置〞到當下的時空位置，於是覺得這移置的速度真快！因為不用耗時間(只一個回憶間)即可移置了！原因是時間本就不流，我們自己本就在這當下的時空位置。這就是我人一回憶往事，總覺是異於往日的時空位置的自己，而慨嘆時間過得真快！不管您是在哪個任何時空位置，去回憶往事總感覺時間過得真快！(附錄二，圖 1-5.3)以同樣不用耗時間去比較在 10 歲時的當下與在 30 歲時的當下，去回憶同一個 5 歲時的往事，會覺在 30 歲時比在 10 歲時的時間距離為長，但因為同樣不用耗時間，故這所謂移置的速度就更快。因此年記越大越覺時間過得越來越快，其實您仍如實的過活。有時您會懷疑往事是自己曾親身走過的人生，感覺好像是前一世的事了！因為再如何靠近當下的其他過去時空位置的自己，當下總覺其異於當下時空位置的自己。這是意識單位的**區隔**性，也是本具的特性。從意識線看，本就沒有日子是快或慢的問題，因為時間本〝非流〞。

回憶到的往事，必定總是覺其過得快！但對現處的當下，可就不一定了，是取決於當下**心理**因素。看到一部車正由 A 地走向 B 地，車在 A 地其對應的信息本就存於此時此地；車在 B 地其對應的信息卻尚未知。故此時此地我人須〝等待〞車在 B 地所對應的信息之出現。而這等待期的每個意識單位必覺內在時間越來越長！故覺外在時間**慢**。處在等待一個期望出現的事件，因其對應信息是不存在於此時此地，這**等待**中的每一個意識單位必覺得過去的內在時間越來越長；但相對的外界時鐘卻顯示得**短**。例如當我們在上一堂不喜歡的課，我們就處在等待時鐘顯示出**期待**中的下課時刻出現。但外界時鐘就是顯示得**慢**。凡須等待的事，總覺外在時間過得慢！

另一方面，若對未來確定的時鐘時間位置之前要處理完自己設想的任務，則在處理任務中的每一個意識單位都覺得可處理任務的時鐘時間**長度**是越來越**短**。故覺時間過得快。其計算時距的方向，是從時鐘的確定的時刻位置，反向計算到當下的時鐘指針位置間的時間長度，是越來越「短」。故覺外界時鐘〝**快**〞。

我們在孩提時期總**期待著〝長大**〞的事件出現。故覺童年的外在時光過得**慢**。到了中年時期就有許多計劃要在預定時間內完成，其計時方向是反從預定時間位置倒計至當下時間位置，時鐘越走距離越**少**，故覺時鐘走得**快**。不是舒服的日子一定過得快，主因素在其內在記憶的基本標示事件個數與外在時鐘的時間指示比較。但快慢的指責，都是針對外在時鐘！

若依據意識單位的數目來決定時距，好似這數目應該固定才對，怎會不同呢？其實道理簡單，會有時間的**流逝感**，是指我們對過去之事件有回憶的感覺，然而再怎麼能回憶，您絕對沒能力回憶全部過去的每一事件，也就是回憶過去的意識單位的數目會有變少！也許孩提時對事件的敏感度高，點點滴滴常能記得，其回憶過去的意識單位的數目會較多，故相對的感覺外在世界時間流得太少(慢)了！但年長者，對事件的重復已痲痺遲鈍了！對同一外在時間區間，回憶過去的事件，總是有很多遺漏，回憶的基本標示事件數目就較少了，所以覺得過的經歷也沒那麼多，但時鐘(含身體的生理時鐘)已顯示是**百年身**了！四五十年光景都過去了！有兩境對照下，才會對**不流**的時間有快與慢的感覺。

無論如何，能回憶就必有過去，我們每個當下(指每個當下意識單位)都有回憶，所以每個當下總覺是處在光陰在流逝中的感嘆。

1-11 內在意識時間 與 外在客觀時間

我們對於時間的〝流動〞感之闡述已經講很多了，但是這些論調似乎僅限於我們個人意識的內在時間，而外在的山河大地因沒有意識，應沒有時間的〝流動〞感，但是我們感覺其現象似乎是與我們內在意識在同步變化，因此唯物論者相信：時間是絕對的，無關於有無意識存在，所以內外在時間都絕對的一致。

若不談意識，就只有外在時間。一旦要談意識，那麼外在時間也只能算是內在時間的**再分別**而已！先不談時鐘的製造原理，所謂**外在時間**就是指當下的我人在判讀時鐘(外在世界現象)的現狀。您會以為時鐘真的有其原本真實的現狀來供我人知道其外在時間嗎？事實上連這原本真實的現狀，都是我人當下深層意識的對應相而已！因為若沒有意識，豈有相之義？

現在暫不談真實的現狀，而僅論當下的我人在判讀時鐘的現狀，是依我人當下所擁有的時鐘的行為規則知識，及我人當下所看到的時鐘現狀這兩種信息來判讀的，否則您叫一隻貓去看時鐘，有意義嗎？而這兩種信息皆並存在於當下(此時此地)我人的意識中。當下我人要判斷自己感覺的時間(內在時間)流逝，是否也依據存在於當下我人意識中的當下信息呢？因此內在時間及外在時間皆依據存在於當下我人意識中的當下信息判讀的。

時鐘的製造原理，是因我人意識的信認而存在。從物件觀來說，古代人知道太陽會昇起，也會日落；日升是一個事件，日落是另一個事件，這兩種事件古代人就經驗到會重復發生。古代人也重復的經驗到:從日升至日落的時間之長度好似相等。古代人沒有時鐘，怎知道每次從日升至日落的時間之長度似相等？是不是先由我人內在感覺來評估從日升至日落的時間之長呢？不管是沙漏或是鐘擺的重復週期之時間長，其最原始的評估依據，是否皆是依照我人的內在感覺？當然不同的沙漏或鐘擺，做同樣實驗比對，會有一點差異，但我人會想辦法使不同的沙漏或鐘擺的結構條件與實驗條件儘量趨於相同。如此不斷的實驗交互比對，才有今日的我人對時鐘的顯示時間之信認。之後的我人卻反過來，將評估兩事件間的時間距離之依據，授權(做信認)給所謂的時鐘行為，即外在時間。時間快慢就是兩境(內外在)時間的比較。

若談到意識結構時，將可隱約地看到，外在世界的時間，只是我人這類意識架構的對應『信念』而已，也是經由比對多次經驗所產生的高或然率符合對事物的預期，推演出的時間信念，而設計出時鐘來。但是對時鐘的解譯權還是歸於有靈覺知的我們這類意識結構之生靈(一塊石頭是不會看時鐘的，也沒有時鐘的現狀意義)。依此『信念』我們才能繪出時空連續區的各種世界線。自然律就是我們對許多過去『事相』所歸納出來的高或然率規則(自然律)，這規則不是絕對的。

相對論之前，在以同一慣性平台做為參考座標系統中，其信念中的時間，好似一體通用於其他相對速率不同的運動中之參考座標系統中，但是相對論觀念的時空結構，卻否定這樣一個外在世界的時間之絕對性。由此可見不只個人的內在時間不是絕對，連我人信念中的外在世界的時間也不是絕對的唯一標準的客觀時間。外在時距的長短最終解譯權還是歸於其當下解譯者所解譯出來，也是內在時間的延伸，故非絕對的。

這裡所謂的外在世界時間，其實就是我人之間『相共同類似』之『意識結構形式』的人所觀察事物象的變化而歸納出的共同信認概念，其製造時鐘所根據基礎原理，當然是依據我們的天生信念——內在的時間觀念所延伸出的概念而製造出的。要不是吾人有內在時間的觀念，哪能製造出吾人所信任的時鐘用以測度外界事物的時間呢？故外界時間豈是獨立於意識之外的時間呢？

談到時間的〝流動〞感，若內在時間不覺得有〝流〞，我們會對外在世界之物象感覺它有現象變化、時間〝流動〞嗎？這〝流相〞只是意識之一種感覺而已！沒有意識在，如何會有〝流動〞『感覺』呢？會有原本真實的現狀嗎？無法回憶，你能分別外象之〝變化〞嗎？故我們就不去分辨內、外在世界的時間了！若要硬分辨，就把外在世界的時間看成另外一個人的內在時間，只是我們信認這個人的內在時間而已。但要記得我人(您、我、他)之間是有『共同類似』之『意識結構形式』。

1-12　就〝地〞活起來

【圖 1.6.1】中以甲、乙、丙、丁、戊、己、庚、辛表示同一個人在時間線上的不同意識單位，既然本是同一人，那麼此人是以哪個意識單位來代表呢？若把這時間線上的每個位置類比成空間上的位置，則其上的每一位置我們稱之為〝地〞或〝處〞。當把時間〝流動〞的奇怪概念拿掉，則每一時間點就跟空間點同樣都是〝地〞或〝處〞。如此看待，則一個時空連續區上的每一事件點也同樣都是〝地〞或〝處〞。〝地〞或〝處〞的觀念是僅位置概念，沒有時間〝流〞的概念。沒有〝流〞就是靜態，而靜態的空間上的每一處之生靈(具靈覺知)仍可以是活的，例如：你、我、他都可〝同時〞在空間上的不同位置〝活著〞。

【圖 1.6.1】

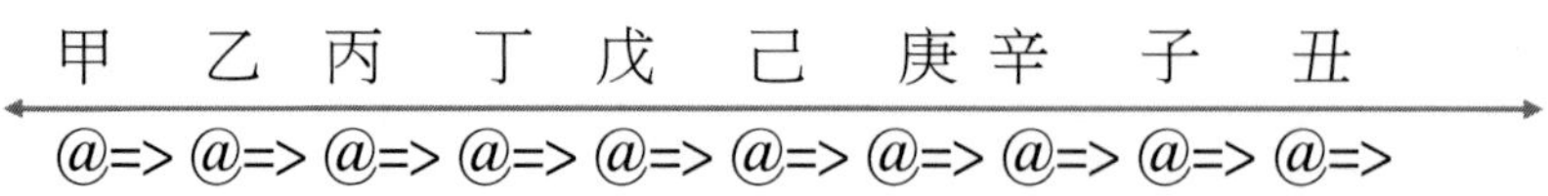

甲　乙　丙　丁　戊　己　庚　辛　子　丑

<——————————————————————————>

@=> @=> @=> @=> @=> @=> @=> @=> @=> @=>

空間上你、我、他的〝活著〞，需要一位指揮者指著你、我、他的當下說:輪到你了！才可〝活〞嗎？不用！每個地方的你、我、他都是就地活著！將在空間的**就地活著**之概念，類比成時空連續區上的每一事件點，只要具靈覺知，就可稱為就地活著！這不就是活在當下嗎？如果將就地活著之概念，擴張到只要具靈覺知的每個境界，每個境界的靈覺知也一樣可就地活著！這每個就地活著的靈覺知即是意識單位，本具地就地活著！

每個意識單位就代表一個唯一獨特的境界，也就是沒有時間先後的相。每個意識單位就是一獨立的〝地〞，就〝地〞具靈覺知，就〝地〞**覺**時間**恰好**〝流到〞『現在』，非關時間的現在指標或探討標籤或時空座標。就「地」具靈覺知，就「地」即是**現在**，就「地」即〝**我**〞在！就「地」即是**此地**。以此觀點而說：「〝**我**〞**遍及各境界，只是被區隔！**」。如此，還需像科幻小說談〝回到將來〞，〝回到過去〞嗎？只是此時此地**記憶**的**信息**，被如何的**解譯認定**而已！哪需〝回來〞、〝回去〞？

時間的**現在**即是流到就「地」。時間的**感覺流**，我們不能仿照物理學對物件的「動」與、「靜」做界定。時間的流感可說是親嚐親證的，若引用事件觀點的開合方式觀時間，時間的流卻是非流的。請去體會:動、靜是對立義，既然沒有〝流〞的意義就也就沒有〝靜止〞的意義。也沒有永恆、突然、瞬間、、、等等這些相對立名相的存在義。

空間上你、我、他不同地的〝就地活著〞，類比成不同『時間位置』的〝就地活著〞。那麼從個別意識單位來說，我人自己身份的定位就不清楚了！於是你可任取大千世界上的任一意識單位視為是自己，只是被區隔而已！你、我、他可強分辨為是與不是**你自己**嗎？

如果以事件觀看著意識線的圖，又混用物件觀來描述我人的靈覺知：假設你的靈魂是跟著時間一起一直往『未來』流去，則總有一天時間會流到你的生命盡頭處，時間是繼續往『未來』走，但你已結束了生命，你的靈魂(靈覺知)要往哪處擺(走)呢？所能擺放你的靈魂之『時間位置』，是否也僅能擺在你過去一生的活的『時間位置』(意識線)上。於是你可任由時間自行逝去，而你的靈魂總是擺在你的意識線(活的時間位置)上。這意識線是事實的顯現，本具不失的，所以你的活是無關於時間的〝流到〞哪個位置。無所謂時間〝流〞的變化義，那麼你何曾“死”過呢？例如，活在 1950 年的你，1950 年的你就是本具的活在 1950 年的“**現在**”位置。1950 你怎麼是〝死〞在 1950 年的**現在**位置呢？談到『不死』，就連想到『輪迴說』，屬物件觀的一種靈魂不滅觀點。我們不會否定它，因為那也是意識結構可能存在之一種**開合**形式，普通凡夫的筆者無能力來判定。

假設你的靈魂是中性(不帶任何記憶)的『靈覺知』，當您這一世生命結束了，那麼你的『靈覺知』擺放在任何的一條意識線上都一樣，於是你的靈魂也可**視為**就是擺在其他人的意識線上。那麼其他人的意識線上的靈魂，不就也可看成是在不同時空位置的『你的靈魂』嗎？任何有**靈覺知**存在的時空位置，〝我〞就在那時空位置。你、我、他能強分辨嗎？

第 2 章　信息 與 解譯

吾人意識之靈魂向性(**憶知的偏向性**)是啟發筆者去深究信息的最初動機。在第一章裡我們是藉意識的一些特性，把具有『**流動相**』**時間**流的概念給模糊化，卻反將其沒具有形狀觀念給形狀化了。如此下來好似時間與空間是平起平坐，都有幾何上的意義，而能更接受時空統合連續區的觀念。如果我們再進一步將時間、空間的『**幾何**(形狀)』的概念模糊化，則時空會被一起『信息』化了，那就更接近佛家講的『虛幻不實』。

2-1　信息 與 實在

靈覺知是分析者(理論學者)皆具有的，故在物理學上就不多贅談而合隱之。因而對宇宙人生，以深度地信認覺受相之『底本質』的存在而開展之。如此開展就有強烈空間相，而信認各式各樣的不同**具體**『底本質』的存在於不同空間上，卻演變成唯物論所謂的『實在』概念，而懷疑新觀念的量子物理而說:『不看月亮，月亮她依然存在!』，以實質屬性的粒子(質子、中子、電子、、、)為元素來描述宇宙人生。就因合隱靈覺知而演變成宇宙人生不需有靈覺知，僅以物之底本質即能自存在的偏頗觀念。

古人卻是以合隱所謂『實在底本質』，而開展靈覺知的蘊涵屬性之開合方式，把一切所謂『**具體**實在』合隱成只是信息而已，沒有去區別『空間』上不同底本質之存在，而僅重視靈覺知的蘊涵屬性，故以蘊涵屬性的五蘊(色、受、想、行、識)為元素來描述宇宙人生。

空間的境象對意識而言，本來就直接可當成虛境象的一種信息符號，因被合隱，所以空間就可變成沒有真正**大小**義。

在小時候就聽過『佛法無邊』這句話，給筆者印象最深刻的就是西遊記中的一則『孫悟空，**逃不了佛掌心**』的故事。那位武藝高強，腦筋聰明精幹，擁有七十二變大法的齊天大聖孫悟空。他的翻觔斗功夫，一翻就是十萬八千里之遠。可是在 如來佛面前，眼見 如來佛文風不動，任他奮力翻滾幾千幾百斗，他自以為已經跑到天之涯，海之角的盡頭了，悟空心想：這樣 如來佛再怎麼追應該是追不到了，但忽聞空中 如來佛的呼喚聲，抬頭一看卻發覺自己竟置身於 如來佛掌中。幼年的筆者自是欽佩 釋迦牟尼佛的佛法無邊。當時很想理解這故事的原理，直到接觸到相對論的思想後，才更大大的體會到悟空的原地翻滾的道理。

相對論的深層意義是：吾人感覺的一切動靜皆是虛幻的。悟空他在翻觔斗時，**自己**感覺中的境相是：見大地、山川壯景以快速向後飛去(這猶如坐火車而見車窗外的月台或電線桿向後移動)，自己耳邊聽聞風聲呼呼作響，身覺被風急速拂過，從眼、耳、身三種感覺的認知，覺得自己已經離開 如來佛很遠很遠了！直到 如來佛出現時，才覺悟過來發現自己只是在原地虛晃手腳一場。悟空相對於 如來佛而言，他仍依舊**如如不動**的在原地。

看過動感大銀幕電影的人最能體會這經驗，自己坐在一部大跑車上，車慢慢啟動沿著起起落落的顛簸山坡，追逐前面的機車，這時感覺車子抖動、傾斜著，座椅也跟著抖動，遇緊急煞車時，自己身子就往前衝，如此追呀！衝呀！狠勁地追逐前面的機車，衝了幾十里的路程，見前面的機車鑽進一個山洞中，自己坐的大跑車也狠勁地追進去，眼前一堆漆黑的大障礙物橫於前，車子轉彎已不及，一聲撞擊聲中，眼前一片漆黑，霎間車子卡住，人被往前甩將出去，竟然撞進似沙堆裡，嚇了一身冷汗。燈光一亮，才知道衝了幾十里的路，竟是坐在電影院的原地。

悟空的翻觔斗及看動感電影，都是感覺而已！不管是真動或假動，但畢竟是我人對『信息符號』的一種感覺(解譯)而已！

上面諸例子說明一切皆是對信息的感覺(解譯)而已！宇宙虛空再大，也只不過是**感覺**的『信息』而已！由此可知，空間景象每一時刻之變化(包含自己身動)，都可看成浮光掠影在自己眼前變化而已，均可以虛幻的『信息』視之，這是我們在前章建立意識線的基礎。雖然狹義相對論把時空看成空無，但廣義相對論中，卻是藉引力場作用的事件信息才把時空延伸成為有，才能有『空間是有限』的說法。『事件信息』雖虛幻，總比空無〝實在〞。

2-2 實在 與 信息等效

等效觀念的例子，最有名的就是廣義相對論的重力質量與慣性質量的等效原理。只看其結果，不論過程，這是我們一般批評人只看**表相**，忽視**內在**。不過，只描述現象『果』，不作**原因**的『解析』就是『**述而不作**』的精神，也是『素觀描述』的特點。描述雖是直陳絕對的事實，也是依其取角處的不同而非絕對。

信息**來源**雖有**虛幻**與**真實**的分別，但對感受者而言，只要其信息是相同，感受的結果皆是等效的。特殊相對論參考靜止平台的選擇不是絕對的，故任選一做靜止參考平台，其所觀察的自然律都是等效的。

解譯者(或觀察者)總是依據其最後所獲得的**總信息**於當下解譯出他的感受『果』。一個事實的『**果**』，若真正要追究其**原因**，那將罄南山之竹亦難述說完備。可見致成一個『**果**』，所牽涉的事件實在太多又雜。就因如此，乾脆不究諸多**因**，只取其唯一**果**就是我們的意識一貫作風。除了當下的果外，其**前因步驟**都被忽略成虛幻不實。**當下的果**是實證相(象)，為親證，不假外求，自證自明。因此就不該有『虛相』說。因為此『相』是親嘗親證的。以下我們以眼睛**立體(3D)成像的原理**來說明信息等效的意義。

【圖-2-2】

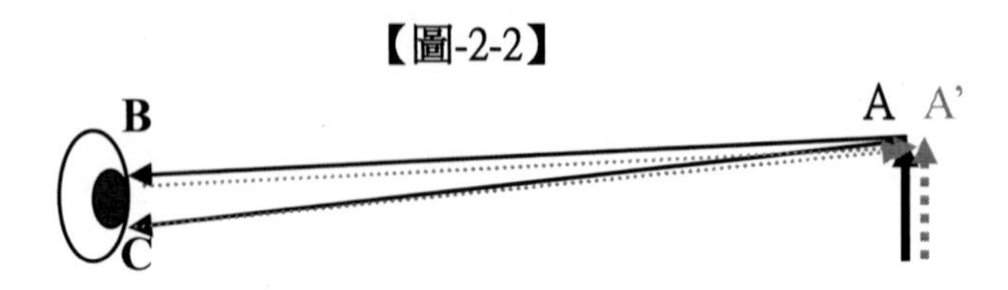

【圖 2-2】中物體由 A 點同時發出兩條光線分別至眼睛的 B、C 兩點，則吾人腦中藉此兩點的入射角度，經腦中意識能自己推測：此兩條光線是來自同一點，以直線傳過來的，因此推測以兩條光線倒推回去的相交點會有個物體**像**位在 A' 點與眼睛有個**距離**，這就是立體成像原理。當然這 A' 與 A 點是重疊在一起。

我們可以說：A' 是吾人腦中的假象，A 是真實物體。但在此處卻因真假重疊在一起，若用手在此 A' 點去觸，果然有物。故認定此 A' 像為真實體，但是手所觸到的是 A，不是 A'。 A' 是與在我們腦內的信息成對應的。

不過 A 是藉 A' 才能讓我們認為它的存在，實質上我們永遠無法直接獲得 A 的真實面目。甚至於 A 它的**真實面目**就真的如 A' 的樣子嗎？應無人能肯定的。只是我們意識的臆測而已！

從**逆思考**來說，吾人腦中只要有兩個以上的入射角度資訊，外面境界是真是假，腦潛意識是不去過問的，還是一樣會認為有個真實物體存在於**此兩條光線之交會處**與自己有個**距離**的地方。因此可以這麼說：有 A' 的像，是由內往外虛構的，但腦潛意識卻認定 A' 是**存在外面**的。事實上 A' 是腦中虛構的，故腦中的符號信息與 A' 是同一體的；而真實的 A 是無法直接獲得它的真面目，甚至於可以說它是不存在的。

再看看【圖 2-3】，在【 圖 2-3】中物體由 A 點同時發出兩條光線分別至鏡面的 B、C 兩點，再經鏡面的反射分別至眼睛的 B'、C'兩點，因此吾人腦部根據此兩入射角而感覺有個 A' 物像存在，但實際上 A' 是腦部虛構的。用手在此 A' 點去觸摸，卻發現為空。即視覺與觸覺聯合起來所判定的結果不一致，而認 A' 點之像為幻相。

【圖 2-3】

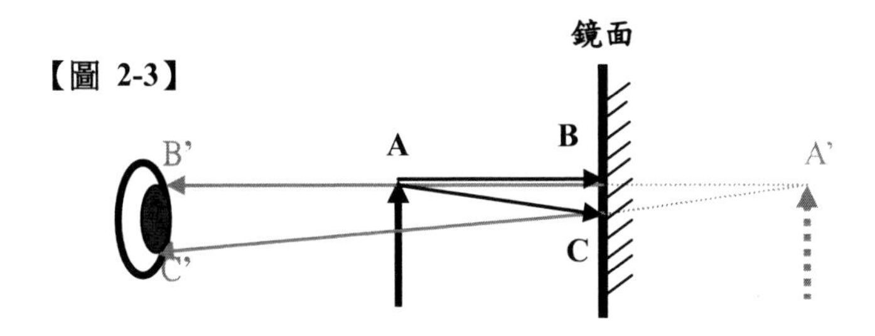

外面的境相，我們都是透過五個覺(視、聽、嗅、味、觸覺)來解譯的，真的實質如何？就暫時不究。這例子證實：吾人腦潛意識中只要有兩個以上的入射角度資訊，外面境界是真是假，腦潛意識是不去過問的，還是一樣會認為有個**真實物體**與自己有個**真實距離**這東西。不過我們**上意識**也跟潛意識一樣是會認為：一定有個信號源頭 A 的存在。但是筆者還是要說：A(A'的底本質)**是我們永遠無法直接獲得**的。甚至於 A 的**真實面目**並不是就真的如 A' 的樣子。A 是我們潛意識的臆測(斷)而存在的！

『真實距離』一詞是否覺得很怪，距離就是距離，還有什麼真、假，不過若細思，空間距離亦是腦潛意識所產生之幻境**相**。

在晴空夜晚無光害的野外，抬頭觀看夜空的星星，我們有現代科學思想的人都不會認為這些星星是假的，但若用哲學思想去仔細審查它，我們會知道：這些星星的影像光至少也要經過 1 **分鐘**至**幾十億年**的時間才傳遞到我們的眼睛，您敢確定它們**"現在"**還存在於那位置嗎？但我們的**下意識**還是判決這些星星**"現在"**還是在那位置上。這原因還是：吾人腦中只要有個入射角度資訊，外面境界是真是假，腦下意識還是不去過問的，一樣會認為有個真實物體與自己有個**真實距離**的這東西"同時"存在那兒。

我們舉出上面的例子，最主要的目的就是要指出：**我們永遠無法獲得外面境界的真實面目(底本質)**。所認定為真實的，都只不過是在腦中的訊號所對映的**幻相**。**幻相**看似存在外面，但從哲理上言是在腦中。

【圖 2-4】中的 A 是我們的常識所認為的真實存在物件，也是信號的源頭，經展轉的傳遞**信息**到我們的腦部。可是這展轉傳播**過程**，我們腦部無從知曉其細節，且其傳遞到腦部的資料已非 A 的最原始資料了，是故必然失真。甚至於可以懷疑 A 是否真的有存在。但無論如何，信號資料是必定存在吾人腦部的，而對應映出的 A’ **相**與 L 虛線段所表示的**距離相**之虛妄境界。〝**距離**〞亦是符號的化身。淨化的結果就如【圖 2-5】：因為 A 是不能直接被腦部知其真正的面目，故以較踏實的觀點來說，就是僅腦部有存在資料符號才產生虛妄的 A’ 相與虛線段 L 所表示的**虛妄距離**相。因此一切外界的相之被我們“認為”存在的主要因素是：因我們腦部有存在**資料信息**。是故，**當下(此時此地)腦部有存在資料信息才是真實的**。也就是只有『當下的信息』是真實的(只有當下心，心外沒有境的底本質)。

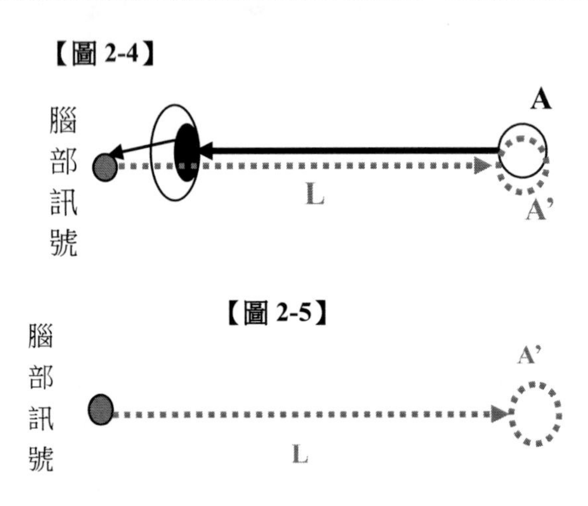

【圖 2-4】

【圖 2-5】

在第 0 章談的時空連續區，有〝同時〞、〝異時〞、〝同地〞、〝異地〞『那麼的整齊有序』的時空結構，也都是一些『當下的信息』概念而已，哪是真實？

在【圖 2-5】中，因為 A’ 與虛線段 L 都是被意識所認為存於外，但事實上是不一定能確定它的存在與否。故用虛線表示之。距離 L 再長，在腦袋裡還是信息而已，哪來真正長短大小之意義？

我們對“外”境象無法觸及其底本質，對“內”卻也見不到自己，所能者僅親覺受的相之外，對自己與外境皆觸及不到，那麼覺受者是誰？

到此我們結論是：既然“外”界境相若是虛幻，那就沒有可相對的“內”界境相了，亦就是腦部無法被定位在“外”或在“內”了！且亦是虛幻的！那麼這符號所存在的地方，就不能稱在“內”或在“外”，也沒有“**中間**”意義了！因此不去管這信號存於何處，畢竟已經沒有“內”、“外”意義。但仍認為有這符號信息存在，故假名為存在於“心”，或像其他類似名詞“如”。

因為這些親自覺受的相(像)，是自己親證的，以我們在信認的層級來說，是超越信認的層次了。而其所謂相的源頭之真實底質，可說永遠沒有的答案。

天生就盲目的人，跟他說您現在所見到的是“**暗**”的，是“**黑**”色的，事實上他還是不懂“**暗**”與“**黑**”。因為他不會用**視覺**去**覺受**“**暗**”，他用的是聽覺或觸覺“去覺受“暗”，再怎麼也體會不出“暗”感覺，但他承認正常人比他有先知之明。他憑聽覺、觸覺、嗅覺、味覺，認定有外境界。天生就盲目且聾的人，他僅能憑觸覺、嗅覺、味覺，認定有外境界，但是這外境界還是要藉著**腦中**有存在**對應**的**資料符號(信息)**的認知。但是我們以唯物觀的物理學人會這樣的認定：腦中有存在對應的資料符號，是由外面真實境界傳遞進來的，故總認定有個實質外境(雖不能知其真正的原始面目)作為信息符號的源頭，且存在於外面的。

就實論實，我們不否認自己能知的心不存在吧！但一個事實是：始終都不能了解到實質外境的真面目是否存在，只能依當下信息來『信認』其存在。故衹要當下信息同，即等效於感覺的實在。

前面悟空的逃不了佛掌心與觀看動感電影，也都是製造相同的『感受信息符號』，其感覺就等效，而沒有絕對的實在。

廣義相對論的等效，是將四維的平度時空連續區暗中再多加一個幾何曲率以取代物質密度分佈(重力場)的表示法。讓物質與時空幾何統合為一，以連續區本身幾何曲率做等效於重力場的方法。以曲率幾何來消除需要解析因果的手段，就是素觀描述。

我們在第 0 章談的時空圖之觀察者的世界線可能是曲線，也可能是直線。【圖-0-1.1】與【圖-0-1.2】分別為以他人作參考平台，及以自身作參考靜止平台之自己的世界線是不一樣的。若是以他人作參考平台的相對非勻速率運動，看起來的世界線是曲線；若以自身作參考平台的世界線永遠是直線。事實上我們可以以同一個參考平台，觀測兩個不同質點其在時空圖(時空連續區)上的兩條世界線，但只要當有其中任何一質點世界線呈『曲線(有曲率)』的情況，即表示有一方是真正的處在非勻速度(有加速度)的感覺，但在一般時空圖中雖有曲線與直線分別，卻無法分辨何方是真正的有加速度的『感覺』。而『感覺』對意識言，是『親嚐親證』的。

如果我們在『有』加速度感覺者的一方之世界線的不同事件點加上不同的符號(就像在平面地圖上用濃淡顏色表地勢的高低)來表示有加速度的感覺狀態，即可解決此一有彎曲的世界線，卻無法分辨何方是真正感覺處在加速度的難題。基於只要『感受信息符號』相同，加速度的感覺就等效之原理，廣義相對論的彎曲時空連續區之內稟『曲率』就是用來等效『加速度感覺信息符號』，用幾何內稟曲率代表在時空連續區上每一事件位置的『加速度感覺的信息符號』，既然是曲率，就是使整體時空連續區呈有彎曲不平坦處。但這彎曲不平坦不是時空連續區自己內部方向的彎曲，卻是以另外的幾何性質方向的彎曲，這彎曲感覺符號，又只限定於四維(實際上必大於四維)的時空座標變數及所謂度規標示來表示彎曲的曲率，叫內稟曲率。以這種時空連續區本身的曲率，來取代無法分辨何方是處在加速度感覺的平度時空連續區彎曲世界線，就是一種等效的信息符號。

彎曲時空連續區幾何本身即表達含空間的物質密度分佈(曲率)、時、空及物件〝變動〞行為。時空幾何本身即是事件觀點的事實幾何，故最好不要再用類似〝膨脹〞之類的物件觀語言來混淆觀念。不談物質場的因，用時空幾何的曲率，取代『加速度』的因(引力)，即以整體幾何的『互相對應』取代『因果影響』。從事件觀看，時空的引力場可看成當下就地擁有，不是從彼時遠地〝影響〞過來的，是直接對應於就地的時空幾何內稟曲率。故兩物件間的引力不需用超距的傳遞影響看待。請記得:此處的就地的〝地〞是時空連續區上的一個事件，不是空間的〝地〞。

我們對一個物件的概念是可區隔於整體其它別個單位(物件)的獨立單位，但時空連續區以整體相對應性的觀點看，不可能有清楚的區隔。雖從整體中好似可識別成有一個個單位，卻沒有清楚的界線。因此就沒有精確的一個物件質點之個別獨立的世界線與個別獨立的質量，代以物質密度分佈(曲率)來模糊之。

常聽科普物理學人說:「時空連續區就像有彈性且會變形的地毯，當其上物質有變動時會〝改變〞時空連續區的曲率」。筆者覺得這是犯了把事實當成劇本的雙重時間語病，不知看倌們如何看法？請記得:連續區本身即是整體事實(過去、現在、未來、空間狀態)，事實怎能〝改變〞？

在第 3 章要談的作夢的幾何詮釋，就是基於這基礎：只要當下的『感受信息符號』相同，吾人的『感受』即會等效於『實在的人生』。

2-3　外境界的真或假無絕對

從眼睛成像的原理，可知外界的境像存在是真或是假，光靠眼睛視覺是不可靠的；同理，耳朵若是得外面境界資料亦是不可靠，身體的觸覺亦復如是。例如久坐一蒲團，當剛下坐時覺自己的臀部像凹了一大塊，若以鏡子照一下臀部，好讓眼睛看得到臀部，結果臀部樣子並沒有變，復以手摸之也不覺有凹之感覺。臀部的觸覺與手的觸覺兩不相符。觸覺怎麼會可靠呢？故，視覺、聽覺、嗅覺、味覺、觸覺都是一樣不可靠。依科學言，所有感覺知的外境都要經介質展轉傳導，因而失真。以這種嚴苛的標準來要求真實的境界，永不可能得到的。

"境相"不光指視覺之相，應是視覺、聽覺、嗅覺、味覺、觸覺之總合。不過，世俗是將這些感覺聯合起來與**經驗律**來鑑識所處的感覺世界時，若符合經驗律，我們一定確認為真。例如:前面的鏡中**虛像**是視覺感得到的，我們再以觸覺去檢驗卻空無，兩覺聯合的結論是**非真**，故稱為虛幻。前面的鏡前之物相，以觸覺摸之果真有其事，即稱之曰真實，因為這些經驗我們已經很多了，故最後的判決總以**經驗**來作最後的依據。不過有時連**經驗律**都不可靠。因為各種覺(如視覺、觸覺)的聯合還是以**信息**做辨別。

諸君總有過作夢經驗，在夢中我們可將視覺、聽覺、嗅覺、味覺、觸覺聯合起來與**夢中世界之經驗律**來鑑識所處的夢中世界，故在夢中的我們意識單位會確認為真實境；但醒過來時，您一定不是用**夢中**的意識單位依**夢中的經驗律**來鑑定，而是用清醒來的這個世界的意識單位**依清醒世界之經驗律**來鑑識所處的夢中世界，結果當然夢的世界之境相不符**清醒來的經驗律**，而稱夢的世界之境相是**腦**自己虛構的。在此更能點出**意識單位**的**獨立區隔性**。當我們處在夢中時，我們的腦中所認知的世界境界是由視覺、聽覺、嗅覺、味覺、觸覺聯合起來評鑑之，結果都是真實存在的世界，但醒過來後始覺其為虛幻。鏡中虛像固然是虛，但是我們底心中仍認為虛像之源頭還是來自外面境界有個**實質**東西。

睡夢時眼是閉，聽覺也近於停止，幾乎與外境隔離，卻能感知那麼真實境。可見夢中境相的形成之資料訊號，並非全來自外界的真實境。這再再的證實: 吾人腦中只要有存在資料訊號，並不去過問資料訊號來自真實世界與否？終究是因醒來後，用醒來世界的經驗律去驗證，方始知為假境界。人稱那是我們潛意識大腦的深層內部發出的符號信息給上意識，上意識據此符號信息而映出的境界，換句話說：符號信息總有個信息源頭。不過縱然您承認有個信號源頭使我們腦中意識誤解有個境(夢境)，所以您還是認為有個真實的外在世界的存在，而認為夢中世界是虛幻的。對清醒來的這個世界而言，夢境固然是虛幻，但是否有可能以其他世界的經驗律去驗證醒來世界的境呢？

宗教家常說：人見一杯水，魚視之為空氣，地獄之眾生見之為一團火，天人見之為一塊晶體琉璃。筆者度猜，唯識論所指的外境，並不是只是這『杯』東西(標的)，其外境相是以整體標的來論的，不是僅這一小範圍的局部(分別杯子與水的底質)。因為局部不能單獨存在，而是與所有其他相關聯在一起的。各生靈依自己不同心識結構來解譯其標的，是以整體底質為標的，所對映出不同境相。雖是只一杯水的**局部相**，但卻是以**整體底質**〝對映〞出的**相**，故一杯水雖看來是一局部相，卻是依該心識結構對應『整體底質』的相。然則，唯識論卻是否定外境的存在。

我們總認為有一杯水的**獨立底本質**，是獨立的一個**標的**，杯子有杯子的獨立底本質，水有水的獨立底本質，而各生靈的『靈覺知』好似解譯水的『個別』底本質，解譯杯子的『個別』底本質。若從信息的角度看，**水的底本質**與**杯子的底本質**是『合於一』的『信息』而已。且各生靈的『靈覺知』與合於一的底本質，也是合於一。以平常層次的語言來看，一杯水與一個有『靈覺知』的觀察者是有區隔的，但是我們前面**第 0 章**所談的『**當下信息**』，意指觀察者與標的是合為一的。這『一』是解譯者與信息合為一的，稱為相也好，稱為整體世界也好，都可用『靈覺知』來代表。

以相對等的眼光來看，當以**夢中經驗律**來驗證**醒來世界境界**時，是不是也認為醒世界亦假呢？只是：醒時能憶夢中事；夢境中時卻不知醒時覺。這源於意識單位區隔及層次包含性所致。

2-4　空間感覺的模糊化

吾人對境界的認知感受，不管境界的真假，之所以能感知覺受有境界，必定腦海中有存在此種對應的資料信息；否則大腦如何藉以判辨而產生它所感知的世界呢？換句話說：不管境界(世界或境界)的真假，都是藉腦海中必須有存在資料訊號，而有**對應**的幻相。由逆思考來說，一切外界境相可以不認為有存在，甚至於『內、外』之觀念都不是真有。只是有存在如是資料信息罷了！有如是信息，就對應如是境界的世界幻相。

看到一支橫尺，是橫尺與照射的光作用而創造了事件，橫尺上多個事件信息傳遞至眼睛，被**解譯**成多個事件〝同時〞並存於空間領域上，即被覺受成橫尺的空間距離(長度)的意義。我們能感覺**兩物件**間有個虛空的距離，既是虛空怎能感覺到其距離？原因是，能感覺到就是有存在的對應信息。這信息源就是事件，而不是有真實的虛空本身的底本質。

境相若是腦部根據**信息**所對應的幻相，則吾人自己身體亦是腦部根據信息的對應幻相；身體既是幻相，腦部是身體的一部分，不就也是幻嗎？

幻相的腦部又能存藏信息以對應幻相。幻相的內部與幻相的外界境 ，就全幻了，哪裡還有什麼 **“內、外”** 之觀念呢？哪兒有個“空間”之距離形相呢？哪兒有個“**大、小**”之虛空形相。虛空形相不也是信息對應的幻境嗎？在時空連續區中每個事件，就是相關於整個宇宙，那意即每一當下，就蘊含無窮的信息，而如何去解譯出當下的信息，就端看當下的解譯者之解譯規則而定。每一當下，也是有無限可能的信息**解譯規則**，這就是會有森羅萬象的主因，一切也都是信息而已！

第 3 章　夢的時間幾何模型

3-1　多維時間思想的起源

夢的現象，常發生在我們睡眠中，本來跟本書主要談論的**時流**扯不上關係。之所以會從數學及物理領域跨入**精神意識**，是筆者在高中時的物理課本中的一句話：『吾人從時間的 8 點與 9 點間，總無法逃過 8 點半』所牽引出來的。筆者當時對此句話的反應是：「身體是跑不掉，但精神意識應可辦到吧！」，此意即**時間**要有**二維度**以上的背景，而二維度以上的時間背景雛型，卻是在筆者的高中二年級之數學課程中之解析幾何的一個方程式裡所激發出來的。在此，就請容筆者趣談這一連串**實數**對應『空間』；**虛數**對應『時間』，及**多維時間**之連想及**意識**的相關故事。

記得在高中二年級下學期那年(民國五十七年)，筆者正剛剛在學解析幾何，當時課程曾經討論到圓的標準方程式：$X^2 + Y^2 + dX + eY + f = 0$，的各種情況。當討論到方程式係數時，如果 $d^2 + e^2 - 4f < 0$ 時，當時的東華書局出版的數學教科本寫著：『這是**無圖形**』，但我們當時的數學教師饒裕益老師強調說：『這也可以稱作〝**虛圓**〞』。〝**虛**〞這個字眼令我眼睛一亮，記得在初中的理化課裡討論到有關幾何光學時，曾經討論到**虛像**的形成，是由我們人的腦創造出來的，源於實光線的延伸之**虛假線**所聚匯而成，而不是由**實光線**聚匯而成的。但是此處饒老師所稱的“虛圓”一詞的由來，筆者自認為是因為圓的半徑為**虛數**，即$(d^2 + e^2 - 4f)$的開平方為虛數。因此，**虛圓**就應由**虛數**座標來表示，既然課本說是無圖形，當時好強的我，就決意偏偏要把它繪出虛圓來。於是自做聰明地想了一個主意：把實數座標與虛數座標對應的圖形分開來表示。例如：$(2 - 4i，3 + 2i)$ 這個有序複數對之座標點，可用兩組座標來表示成：$(2，3)$ 、$(-4i，2i)$，而其中的實數有序對 $(2，3)$，就以實部座標圖來描繪；虛數有序對$(-4i，2i)$，就用虛部座標圖來描繪，如【圖-3-0.1】所示。顯然 $(2 - 4i，3 + 2i)$ 這個複數座標點，僅是一點，卻用它分別在**實部區**與**虛部區**的投影來表示，故會讓人產生兩個點的錯覺。而事實上，如果純實數座標點，如 $(3+0i，2+0i)$ ，則可以如【圖-3-0.2】表示：它也是會被誤為兩個點，但實際上還是一個點。

如果純虛數座標點 ，如：$(0+3i，0+2i)$，就可以如【圖-3-0.3】表示：換言之，純實數座標點的虛部座標圖必定在**原點**的位置；而純虛數座標點的實部座標圖必定也在它**原點**的位置。

【圖-3-0.1】

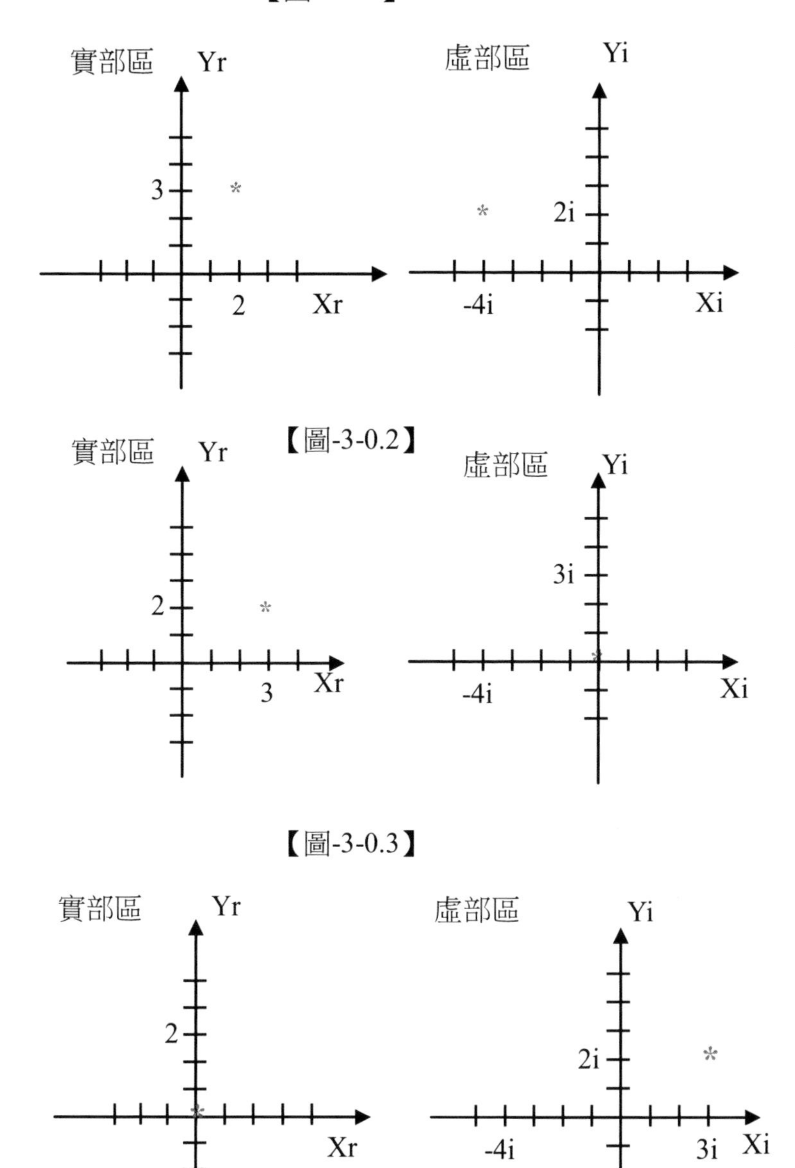

【圖-3-0.2】

【圖-3-0.3】

這樣把實部座標圖與虛部座標圖分開來描繪是不得已的，因為想繪出一虛圓，實在沒其它辦法。若回想以前教科書上的作圖法，何以能單獨繪出實圓呢？探其原因只不過是我們平常繪出實圓的圖形時，是把虛部區忽略了。以複數觀點看，**實數**與**虛數**是**對等**的。既然可忽略虛部，反過來也可忽略實部。若要繪**虛圓**，僅表示虛數區即可。因此，如果有一方程式：$X^2 + Y^2 = -1$ ， 並限定其中 X，Y 屬於**純虛數**，則其圖形之**實部區**為**原點**，而虛部是以**虛部區**原點做**圓心**，以 i 為**半徑**之**圓**， 亦即**虛圓**，我們可用描點方式來繪出它的複數圖形。

滿足方程式：$X^2 + Y^2 = -1$ ，的 X，Y 在虛數座標的第一象限的值列示如下：

{X=0i , Y=1i};{X=(1/2)i , Y=($3^{1/2}$/2)i};{X=($2^{1/2}$/2)i , Y=($2^{1/2}$/2)i};{X=($3^{1/2}$/2)i , Y=(1/2)i};{X=i , Y=0i}。其餘的值讀者可自行推演。(上面把 X，Y 的值域限制於純虛數的範圍是必要的，否則圖形無依據，而且求出的 X，Y 它們的對應值，變成雜亂的複數值，很難理出頭緒)此**虛圓**如【圖-3-0.4】所示：

【圖-3-0.4】半徑為 i 的虛圓

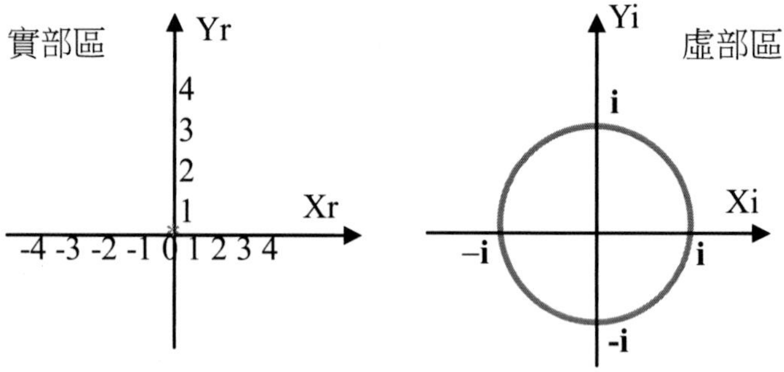

一個令人注意的是，明明是二維的座標系，卻需實部區與虛部區的分開，而用了四個座標軸。換言之，複數座標系的一維，實際上就是要用二維空間才能表示它的圖。那麼二維複數座標系，實際上就是要用四維空間才能表示。因為我們的認知物理空間僅三維，故不得不把實部與虛部的座標圖分開，以實部與虛部個別的射影圖來表示。若僅一維複數座標，就不需分開了，因為只需要二維空間就能表示這圖形了。

上面的想法令我當時幼稚的心靈起了無限的興奮，心想要是好好的發展這種圖示法，應可表示更多以前無法表示的方程式圖形，於是試著描繪一次線性方程式，不想卻遇到很多麻煩，例如：座標系的維數大於 1 時，且 X，Y 不是純虛數或不是純實數在作圖時，對同一複數座標點，就需分為實部與虛部的兩個點來表示，讓看圖的人如何去把實數座標圖與虛數座標圖連貫起來？這是一項大問題。像如此的座標系統的作圖規則，確實不好用，難怪數學家不採用此複數座標。但是這種複數座標的觀念並不是一無是處，當複數座標的維數等於 1 時，就成高斯的複數平面，而此處虛部區、實部區的分開作圖法只是一種觀念的啟發，並不是想利用此作圖法來作解決數學上的問題，因此就此打住，卻把興趣轉移至複數座標與實際物理空間有如何的對應關係。

一維複數座標，很顯然的對應到二維空間，如高斯的複數平面。那麼二維複數座標就對應到**四維**空間、三維複數座標就對應到**六維**空間。像這種**四維**、**六維**的實數混合虛數的複數空間倒底是什麼樣的東西呢？有它隱含的物理意義嗎？例如：用笛卡兒座標(4，2，5) 這樣**實數**的有序組，即表示一物件點在**三維**物理空間上的**一定點**。但若以(4+2i，2+i，5+3i)這樣**複數**的有序組又表示甚麼的物理空間的點呢？

筆者首先想到的是：數系的擴展與幾何的擴展。數的最原先發展為**自然數**，依次為**整數**、**分數**、**有理數**、**實數**、**複數**。而幾何空間的擴展依次為**點**、**線**、**面**、**體**。在**三維**的**物理空間體**，我們可以用**實數**的**有序組**來表示**三維**的**物理空間**上的任何一定點。那**虛數**的**有序組**來表示**什麼的點**呢？

若用上述筆者自己對複數座標的表示圖法(實部與虛部分開法)，那麼三維複數座標，就對應到六維空間，而虛部之圖形又代表什麼意義的物理空間呢？且六維空間又遠超過平日吾人所認知的三度空間之維數了，那不是更不可思意議嗎？即使是一維複數座標，可以用二維的平面座標圖表示出來，但它的虛部座標又是代表什麼意義的物理空間呢？整個**複數座標**又是代表什麼意義的物理空間呢？

我們之所以把實部與虛部分開是因超出三維度，無法合併畫出圖形，但是一維複數座標，其維度實際是二維度，因低於我們所認知的三維度空間，故可以繪出其表徵的圖形。然而這些由**實部**與**虛部**合併之圖形之物理意義的空間是什麼？卻成為筆者最想要探究的問題。

首先由幾何的擴展開始吧！如果我們把幾何學上的點，物件化，並把它移動的話，其**軌跡**便成為**線狀**。而**線**的移動，其軌跡就成**面狀**，**面**的移動其軌跡就成**體狀**，體的移動又能成什麼呢？依吾人的平日直覺，不管把**體狀**的東西做任何的移動，其軌跡仍是為**體狀**。再怎麼移動都一樣。

話說回來，把思考焦點擺在點的移動上，若把點無論朝任何的方向移動，其軌跡皆為線狀。然而把一條直線作移動，其移動方向若依其**本身**方向(即在此線的方向上) 作平移，其軌跡就不是面狀了，仍是為線狀。

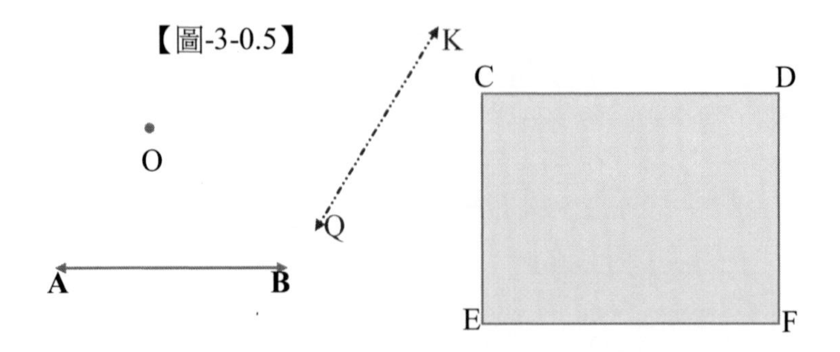

同理，一平面的移動方向若依其本身方向(即在此平面上)移動，其軌跡就不是體了，仍是為面狀。同理，可推論：體的移動方向，無論朝什麼的方向，皆是落在體本身的方向上。因此，體無論朝什麼的方向移動，其軌跡仍是為體。如(圖-3-0.5)圖示：在(圖-3-0.5)中的點 O，朝空間的任何方向移動之，顯然其軌跡呈現為線形，因為點本身不具任何方向。

而圖中的 A ↔ B 線，它本身就具有 A ↔ B 方向，要是把 A ↔ B 線沿著其本身的 A ↔ B 方向來作平移，則其軌跡仍然呈現為線形而不是平面狀。要是把 A↔ B 線沿著 K↔ Q 方向來作平移，其軌跡乃呈現為平面狀而不再是線形了。

把平面狀的矩形□C D E F 不管是依 C↔D 、 E↔F 、C↔F、C↔E、D↔E 、、、等等方向來作平移，(因為那都是沿著矩形□C D E F 本身具有的方向來作平移)，其軌跡仍呈現為平面狀而不是體狀。像如此依幾何本身具有的方向作平移的方式，筆者特稱之為**幾何假移動**，就如：矩形□C D E F 依 C↔ D 方向作平移。

要是把平面狀的矩形□C D E F 依**垂直**於紙面的方向作平移，其軌跡就呈現為體狀而不再是平面狀了。像如此沿著非其本身方向作平移的方式，筆者特稱之為**幾何真移動**，如：矩形□C D E F 依垂直於紙面的方向作平移。

然而，體狀的幾何圖形，將之以在空間任何方向的移動，其軌跡之所以仍舊是體狀，其原因是平移的方向都是落在空間本身具有的方向範圍之內，故是假移動。因此我們得到一個結論：

我們無法得到比三維度空間**更高維度**的空間，除非找到異於目前吾人所認知的**空間體本身方向**之外的**第四度方向**。換句話說：以三維度空間體的幾何做**假移動**方式是無法擴展幾何維度。

如何找到**異於空間體(三維度)本身**具有的方向呢？晚飯後，思維被纏住，漫不經心地走出屋外到庭院來。初秋有幾分涼意，仰望天空，疏稀的烏雲一朵朵輕輕地飄過，突來一陣冷風呼嘯拂過三合院前的架空電力線，而"呼呼"作響。心靜下來時，卻好似聽到遠方的高空飄來"嗡嗡"的空音，突然讓我驚悟出那是"**光陰**"消逝的聲音、、、。**時光**隨著烏雲無間斷地飄去！這使我頓時悟到：**異於空間**方式的**方向**之存在，這方向就是『**時間方向**』。什麼是時間方向呢？您能用手指給我看嗎？不！不是用手指的，用手指的仍是在**空間**體(三維度)**本身**的方向上，而是要您閉上眼睛去回憶過去，去反向追想未來的那種**非視覺**方向。

高中一年級上學期(民國五十五年)的數學教科書是新數學的幾何，它定義了：所有的點集合就是空間。請注意"所有的" 用詞，那義指我們能以想像得到的所有佔有空間的**物件**點。這些點可都是視覺所含蓋的空間方向，而我們要的不是視覺所含蓋的**物件**點，那即是**時間**方向。之前談的時空連續區的點是**事件**點。

【圖-3-0.6】

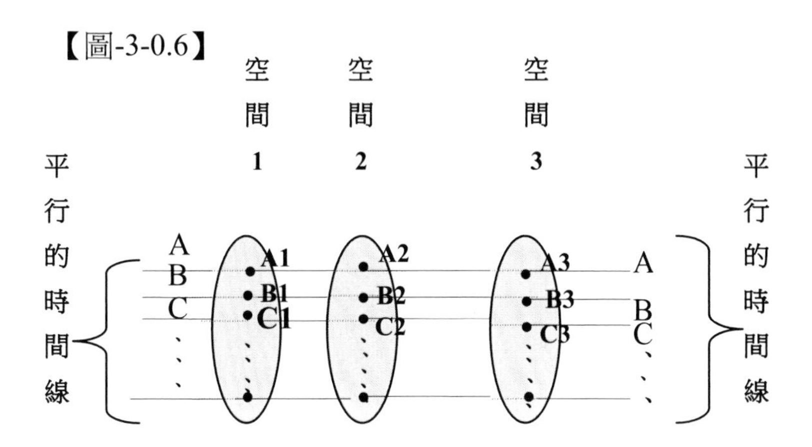

雖依數學教科書的定義，空間是包含一切的**物件點**，是無限的，但是若考慮了時間，那麼每個不同瞬間時刻，不就有不同瞬間時刻的空間嗎？即具有無限**物件點**的空間，看似唯一存在，不可能有存在**兩個以上**的空間了，卻因考慮了**時間**因素，就可擁有更多個含有無限『**事件點**』的空間了！參考 【圖-3-0.6】，試想：每一個瞬間時刻就有一唯一的空間與此瞬間時刻對應，於是每一不同瞬間時刻就有不同瞬間時刻的空間，那麼由所有的每一瞬間對應的空間之集合的區域是怎麼稱呼呢？

想起當年初中國文課本中的註釋裡，南淮子對『**宇宙**』的定義：古往今來謂之『**宙**』，上下四方謂之『**宇**』。那麼『**宇宙**』就是由無窮的過去至無窮的的將來之每一瞬間時刻的空間之集合。說明白一點：宇宙就是無窮一維時間與三維空間的四維度時空連續區，每一不同時刻就有不同時刻的空間。於是連想到把複數座標關聯到時空的連續區(宇宙)。若把實部區座標對應到空間座標，而虛部區座標對應到時間座標，似乎有巧妙的關係。筆者心裡頭想：我們已習慣於對空間物體形狀有看得見的具體感(事實上，空間眼睛也一樣看不到)，故用**實數**與**空間**對應自是合於習慣，也合於**直覺**。而時間在我們觀念中總覺是**抽象**的東西(只不過可以感覺得到而已)，非但看不到，且有**不停流動感**，更讓人有難以把握的〝**虛幻**〞感。所以當考慮**時間**與**空間**相融在一起的**時空連續區**時，用**虛數區**與**時間**『對應』以別於空間，自是恰當。這裡很明顯可領會得到，空間與時間皆含有**距離**的意義，但卻是**不同**性質的。利用實數與虛數來作為區別，且以複數來表示時空連續區的手段，那真是再也巧妙不過了！如果仔細看這樣的宇宙模型，是把僅用物件點集合的三維空間觀念再開展出有一維時間的的另外不同開合方式而已！而之前物件觀點僅重視空間觀念。

既然已找到異於空間體本身方向的方向(時間方向)，就可藉由**複數座標**來描述出宇宙(四維時空連續區)中的任一事件點(物理學把四維時空連續區上的點稱做事件)。從這裡您領會到物件點與事件點的差異了吧！

異於三度空間本身方向的方向，例如時間方向就是其一了，這時空連續區也只不過四維而已，可是面對需六維空時連續區才能對應到三維的複數有序座標，僅一維時間顯然不足於讓『空與時有對稱之美』。於是妄想將三維空間體作時間式的方向移動，此時可把空間類比為一點，以時間式的方向做多方向移動，就可產生無限維度的時間了。於是多維度的時間終於可以想像得通了。同理把一空間點做空間式的多維度移動，其軌跡亦成**數學**的多維歐几里德空間。於是複數座標的實部區就對應到比較實在的**空間**，而把虛部區對應到比較虛幻的**時間**，如此三維複數座標的物理意義幾乎將明矣！即對應到三維空間與三維時間的連續區。而我們會僅有“一維”時間感，問題只在於我們意識的結構形式的認知罷了。

虛圓是要有二維以上的虛空間(時間)為背景的，但〝虛數〞應該與對應實空間的實數**有所區別**，一時讓筆者連想到以多維**時間**對應**虛數空間**(時間領域)，以多維**空間**對應**實數空間**(空間領域)。這是筆者有多維時間概念的最出念頭，而這無意中連想成的複數**時空連續區**竟然是對應到『特殊相對論』的時空結構。這一點是最讓筆者感到**驚訝的巧合**！

以上這一連串的連接故事，以現在看起來，覺得當時真的很幼稚。

不過從這故事的演變下來，也可對時間的幾何性質做個旁證。同時可明白**這大千世界可用不同方式的開合來分析**。如此下來，已然把本章筆者要談的**夢模型**所需的多維時間(幾何性時間)背景幾乎已籌備好了，剩下的是看我們的主角意識單位的造化。

3-2　意識單位對時間方向的唯一感

在高中的物理課本中討論到時間的問題時，提到：**吾人總無法從 8 點到 9 點間,逃過 8 點半**。這句話驚醒了當時的筆者,而思考著:“時間”，為什麼我們總逃不出它的魔掌心呢？又加上複數座標的時與空維度數本應一致，但實際物理上卻不一致(空間是三維；時間是一維)？雖然多維度的時間終於可以想像得通了，但是為什麼我人對時間總是僅**一維**的感覺呢？一時使筆者陷入一連串的連想與思考、、、，筆者私下突發此奇想：在吾人活著的這一生中，或說這一世中，無論如何，總覺自己的時間方向是“古往今來”的這唯一方向。似乎只要有知覺、有意識存在的時刻，其時間方向就是只有這方向，也從不去懷疑有其他方向的可能，所以不可能逃出它的魔掌心。但是，突然間，卻有這麼的一想：如果此一生終結了，那也只是此一生的事，若另外還有存在的另一生，祇不過另外個一生的時間方向不同於“這”個『一生』，那麼時間不就可能有“多維”的背景了嗎？用說的聽不懂，畫個圖來瞭解看看，請參考【圖 3-1.1】所示。

(請留神注意：【圖 3-1.1】**不是**時空連續區的圖，是**純時間領域**的圖)這是個**二維時間**的連續區，圖中粗紅筆標的線段代表在該時間點是有意識單位存在的意識線，若無粗紅筆標的，表示沒有意識單位存在於該時間位置上。請駐足細看圖示，才再繼續下文吧！

由圖可看出時間線甲、時間線乙、時間線丙，這三線的方向皆不同。設若某甲人，生於 1905 年，死於 1969 年。甲人在此其有生之年(即 A—B 區間時間位置上的意識(**意識單位**),必然只能感覺到的時間方向唯有 A↔B 直線的唯一方向;但若假設此甲人也在 A↔D 直線的方向上的 A—D 區間時間位置上又有一生存在(即有意識存在)，則在 A—D 區間的意識必然也只能感覺到的時間方向唯有 A↔D 線的唯一方向。同理,假設此甲人也在 B↔C 直線的方向上的 B—C 區間時間位置上又有一生存在(即有意識存在)，則在 B—C 區間的意識必然也只能感覺到其時間方向唯有 B↔C 線的唯一方向了。

【圖 3-1.1】**純時間領域的圖**

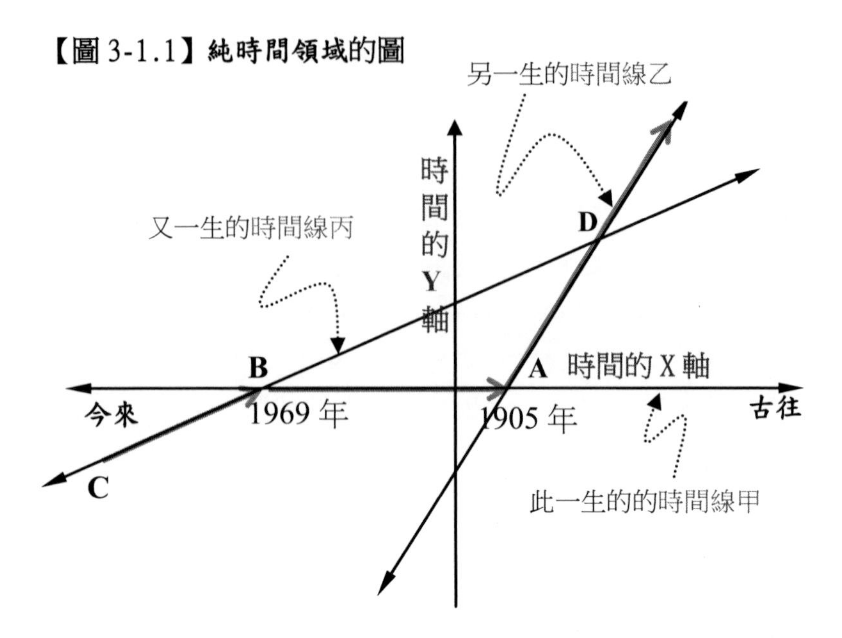

因此，由【圖 3-1.1】的圖示，讓我們幾乎可想像到：在該位置的意識只能認知該位置的時間線方向，在該生該世位置的意識僅能認知該生該世位置的時間方向了！其他的一生一世的時間方向，對他而言，就無法想像。這一觀念的浮現，就是**意識單位**的**獨立區隔性**了！同一個甲人，卻因位在**不同的時間方向與位置**，而致其**意識單位**間呈**互不相知**之狀態。

初中時曾從三哥的口中聽到：『空間上相異兩點，就決定了一直線』，使筆者連想到：如果我將三哥的說法改為『一直線段，就決定了一直線方向』，不就是決定了一個時間方向了！也就是說：一群在時間領域的意識單位，若群聚成一直線段，則在這上面的意識單位的時間方向感，不就被此直線段決定了嗎？但是，若從各意識單位觀點看，其所感覺的時間方向還是決定於各意識單位的個別靈魂向性之指向。也就是說，各意識單位對時間方向的感覺，是決定在各個別意識單位的意識結構。意識的最小〝區隔〞單位就是意識單位。

也由上面的圖，更可發現一個意識的基本結構上之觀念，那即是：一個**意識念頭**具有其**單獨存在**的特性。一般我們會認為整個從生到死的時間，都是同一個意識(物件化的意識)。這樣的認為固然沒錯，但是每個瞬間，卻有獨立的意識念頭。因此，在上圖中，在不同時間位置的意識，(實際上應稱為在不同時間位置上的意識念頭)。每個意識念頭可以有不同的認知、不同感受、、、，〝不同〞時間方向(不同靈魂向性之指向)感。更甚者一個意識單位的就是一個獨立的意識『境界』。這個觀念是我們整個思想的重心。由上的連想提示：吾人身體似乎無法逃離時間的魔掌，那麼我們的 "精神意識"應該可以吧！小說中不是常有神仙的靈識出竅嗎？**但是**，一般所說的靈識出竅與此處用時間的方向觀念來〝出竅〞有很大的差別。古代所說的靈識出竅，是空間意義的“到別處去”，但還是有個時間在“**流**” 呀！且暗中假設“時流”的方向跟我們一般人一樣，僅靈識離開身體到別處去，過的時間還是在同樣的方向裡(把靈識當成物件觀念)。但我們此處**時間**變成是**幾何**了，不但“時流”的方向不一樣，且時間不再有“流” 的意義了！是用事件觀點。

根據一般民間說法：靈識離開身體到別處去，是僅純純的靈識，不具任何形象，於空間自由飄移。像這樣的說法，筆者無能力體證，筆者所提的是，如上面的圖(**這一生、另一生、又一生**)中，是時間方向**不同**的意識**伴著身體**的觀念，並沒有純意識離開了身體的觀念，而是時空位置不同了，連時間方向也不一樣了！但是在該時間位置仍有其對應的身體的存在於該時空位置上(如【圖 3-1.1】中的 A—D 區間，不但有意識存在，也伴有其身體在，不是只有精神意識而沒有身體的身心分離之觀念)，請分辨清楚。

如果時流的方向非僅是正方向與負方向的不同，即隱含時間有二維度以上的背景。但是如果時間流的方向仍然一樣，則可能靈識只不過是落在同樣的宇宙中與身體不同的空間位置而已，時間還是共同的一維度方向。

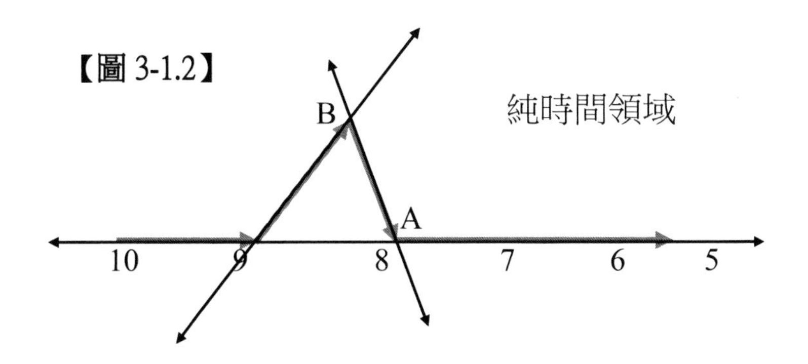

我們再以【圖 3-1.2】強調時間方向有二維度以上的不同之世界之意

識單位對時間方向的認知。設有一人的意識分佈如【圖 3-1.2】示。

我們來反觀平常的這宇宙中的意識分佈。因為 5—8、9—10 的意識線形狀都是直線段，而在這直線段上面的**意識單位**的時間感覺僅我們平常的這 7↔8 的時間方向而已，怎麼想也無法想像有其它方向，要是落在 9—B(或 A—B)之間的粗紅線段之意識也一樣作如此的運作，祂們將把 9↔B(或 A↔B)方向看成是祂們唯一的時間方向了。那麼這些意識就有祂們自己獨立的時間方向了，他們不會去承認有我們平日所感覺的時間方向。作如此的推論很合乎**對等**的原則，(【圖 3-1.2】以純時間側圖領域的構思所畫出的時間線，把空間部份縮成點符號，這是**信息的等效**原理)。

從【圖 3-1.2】來看，圖中的 B 點不就在 8 點與 9 點間"**逃過**"了 8 點半了嗎？如果我們以自身的處境的時間是以直線段表示，那麼去設想其它的處境，我們也會傾向把其它方向的意識線修飾成直線段，這樣就可讓我們更能設身處境的推演未知的世界，而模型也更簡單化。

這裡所謂 B 點逃出了 8 點半，並不是僅精神不在 8 點半上，而是 B 點的時間位置上，也有此人在 B 點時間位置上所獨立對應的身體(境相)存在，這並沒什麼好奇怪的，猶如此人在 7 點時間位置上，有 7 點時間所獨立對應的身體(境相)一樣。就連靈魂向性方向，也因其所在的時間位置不同也可能有獨立不同的靈魂向性**方向**指向，因此在 9—B 的意識單位也有自己的靈魂向性方向，其方向假設是 9→B，這與一般的 8→7 的靈魂向性方向有顯然的不同。

二維以上時間領域的影響與相關

【圖 3-1.2】中，5—8、9—10 的意識對 9—B(或 A—B)之間的粗線段上之意識單位的存在，是獨立各自區隔(你有你的時間方向，我有我的時間方向)並不互相認知，以我們的物件觀點來想，難道真的不互相影響嗎？若用事件觀點來看，本就有『整體相關』，只是這相關是以怎麼的規則來解譯(詮釋)。『整體相關』是一籠統渾混的名相，我們會好奇的來想探究其間之相關性質。

回想在一在維時間領域裡，物件觀點的所謂『影響』，都是以『先後秩序』來考量，『先』發生的事件 E1 才有可能影響『後』發生的事件 E2，而『先後秩序』的依循卻是以其『靈魂向性』的方向來判斷，而在【圖 3-1.2】中是呈二維的時間領域，事件發生的『先後秩序』看起來是比在一維時間領域裡要雜亂多了，但若硬要有『先後秩序』的觀念，卻是依循其『靈魂向性』的方向來判斷卻有勉強的感覺。

3-3　『曾火筆連續區』的概念

其實對『大千世界』的開合方式可隨吾人隨意想像，但都要假設成有與其相對應的意識結構形式。

如果把『大千世界』開展成有二維以上時間與『固定三維』空間的連續區。筆者稱此種結構的連續區為『曾火筆連續區』，做為對先父的追思，筆者常以〝㊋〞 簡表之。此種概念的連續區是與以含有『時間相』的意識結構形式相對應的，此種㊋的『多維時間的空時連續區』特性是，都與具有靈魂向性的意識結構形式相對應的。因此我們表示於其上的意識單位的分佈方式(意識線)都呈『線段狀』，而不是呈『面狀』或其他狀。有〝變動〞的時間相就是與具有靈魂向性的意識結構形式相對應的。

為了能同時把時空皆展開來代表多維時間的空時連續區，我們還是要動用空間與時間連續區的圖。為了能在現實的三維空間中表示，也只能著重在時間面向的開展之開合方式而已。由二維以上時間與三維空間組成的連續區，在此也僅能以二維時間與一維空間組成的連續區為代表。

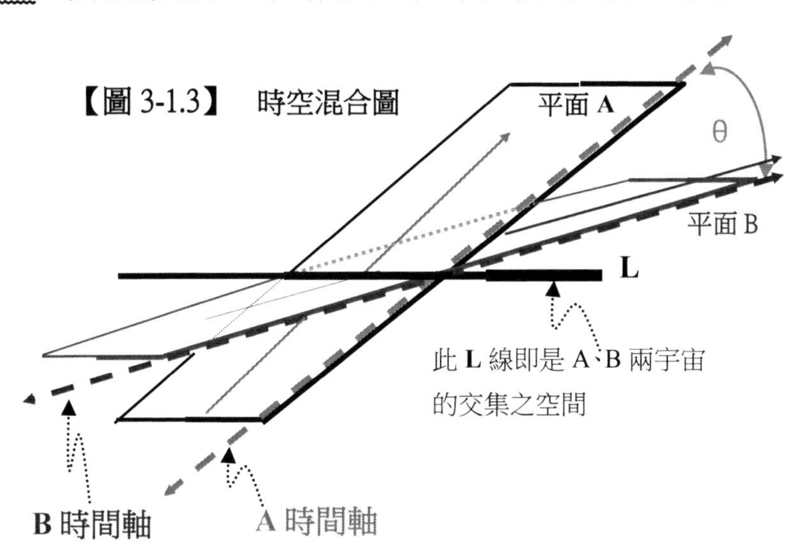

如果我們把『宇宙』定位為一維時間與三維空間的連續區，於是若把三維空間合隱，於是整個『宇宙』就僅開展一維時間來代表，即古往今來的時間。在此為了強調二維時間，把『一維時間與一維空間組成的連續區的一個平面來代表一個宇宙，以【圖 3-1.3】來表示。這就是蘊含『多數』

宇宙概念了。此圖是注重在時間的幾何關係之開展;而合隱空間幾何關係。

在多維時間的空時連續區中，我們也可設想成:不同的時間方向，就是另一個不同的一維時間與三維空間的連續區，也就是不同的宇宙了，兩個不同宇宙，若有個交集，其交集是一個三維的時空連續區(如:三維空間)，因為交集的維度數總要不大於原有的維度數。【圖 3-1.3】之重點即在表明兩個時間方向不平行的兩個宇宙 A 與 B，其交集是一個空間(三維空間)。圖中的平面 A 與平面 B，分別代表兩個宇宙分別都是由一維時間及三維空間所組成的連續區(宇宙)。而整個圖就代表含多數個『宇宙』的概念。圖示之重點在開展時間之間關係；空間之間關係被合隱。

3-4　　時流串

由意識單位的層次包含性(也是靈魂向性的因素而有)及意識單位的區隔性，我們可以這樣的述說：一個意識單位，只要能單向的獲得其他意識單位的靈信息，就會伴隨著時流的感覺。

在一串具有層次包含性的意識單位間，一個意識單位若有單向獲得其他意識單位的信息，就能感覺自己擁有一過去經驗事實的時流串。且認定其他各意識單位就是〝自己〞過去的親嚐親證。

【圖 3.1.4】

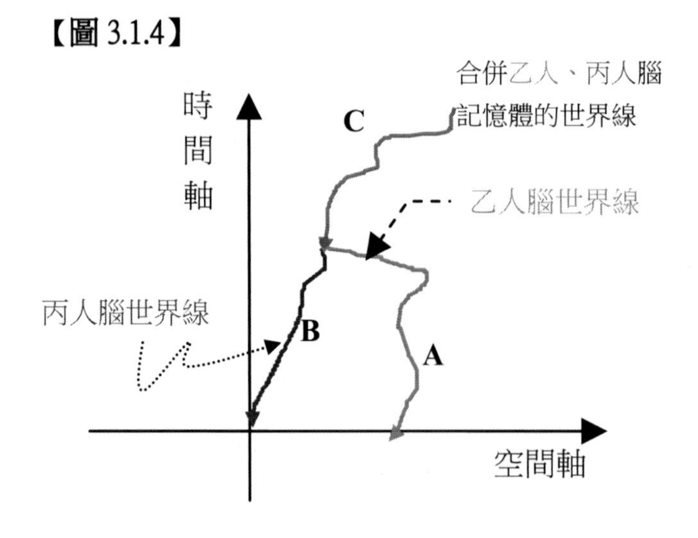

從前面一開始，我們一直強調意識符號，有與意識單位等同的意義，把我們所遭受的、感覺到的、起個念頭的、、、種種，皆化成是意識符號

與意識中心之結合，來代替我們所認為真實存在的實體，不管是實體、是虛幻，皆成意識符號與意識中心之結合的一個事件所成集合，這些事件集合，在時空圖中就是世界線也算是有開展空間的意識線。

如果我們要用時空圖【圖 3.1.4】來表示不同兩個人的世界線，若假設此兩人意識從不消失，則這不同的兩個人的世界線(也是意識線)，就是道道地地的兩串不同的時流串。(請留意，圖中之各段時流串的箭頭指向，代表此時流串的過去方向)。要是吾人的生理醫學有夠發達，能將此兩人的腦袋中之記憶體，合而併成同一個人所屬，那麼在這時空圖上的這兩串不同的時流串，將是變成同一個人的經驗呢？或被視為不同一人呢？能分辨嗎？在 A 串的意識，與在 B 串的意識，本來是個別獨立的兩個人之意識，經過把兩人的腦袋中之記憶體，合而併成同一個人所屬後的 C 串的意識，勢必都能含有 A、B 兩串的意識經歷。這倒是件蠻有趣的議題。這些狀況若你是位很會幻想的小說家，可藉此原理去發揮虛擬故事，寫出書來，或許可賺一筆錢。但不要忘記筆者給你的靈感之恩呢！哈哈！

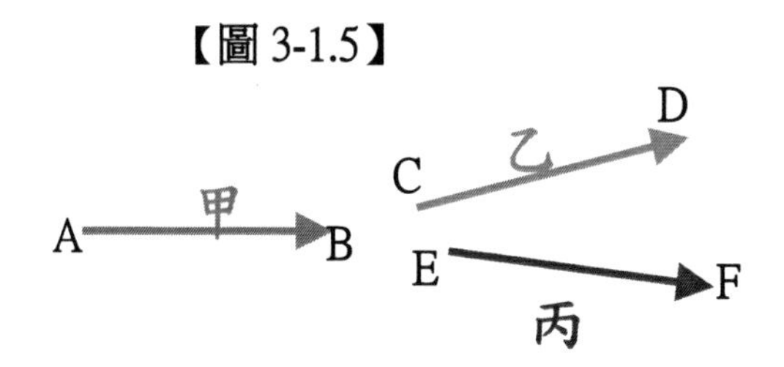

依上節的結論，令我們連想到一個問題：【圖 3.1.5】三個時流串，甲、乙、丙。當然每個時流串就是一系列的意識單位的集合，亦即所謂的一系列的感受經驗。您也可稱之為過去的人生事實。

【圖 3-1.6】

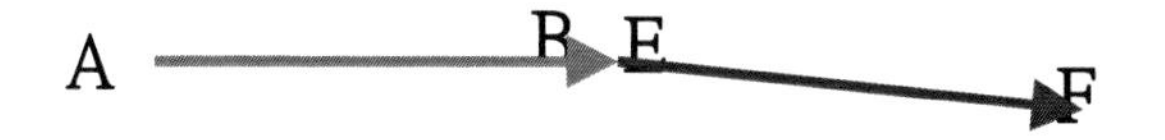

現在將時流串甲的 B 點與時流串丙的 E 點連接起來，就變成【圖 3.1.6】。於是 A－B 與 E－F 兩時流串乃合成為一新的時流串 A－E－F(或 A－B－F)，也就是說 A－B 上的各意識單位，就可把 E－F 上的各意識單位看成他們自己的過去。換句話說，A－B 上的各意識單位有能力憶知 E－F 上的各意識單位之感受。而 A－B 上的各意識單位，就能感到一股時流由 F→ E → A。如果現在，再把時流串乙又連接上來，但不是串接，而是與時流串丙先並接之後再串接時流串甲。於是形成【圖 3.1.7】：

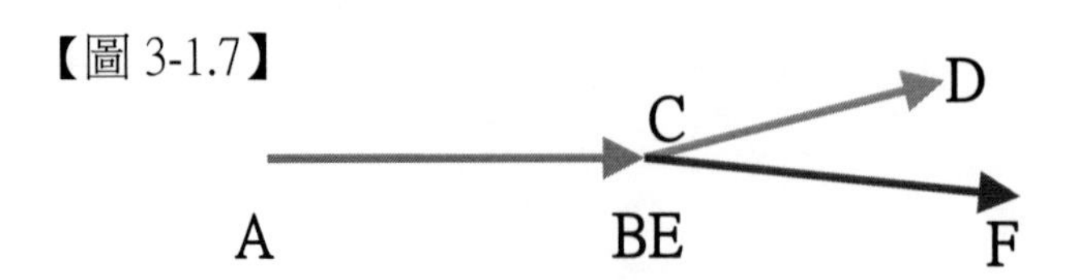

【圖 3.1.7】A—B 上的各意識單位卻碰到雙重的兩串不同的過去時流串，那不就令 A—B 上的各意識單位迷惑了嗎？因為這樣的連接，雖然在 C — D，及 E — F 上的各意識單位能如常的感覺時流，但在 A — B 上的各意識單位可就無法分辨 D、F 這兩事件的先後次序(請參看上圖)，甚至於感覺二維時間的存在(因能感覺雙重的兩串不同的過去時流串)，這是不符我們常識的一維時間的認知，不過此種兩串不同的過去時流串在 A—B 上的各意識單位看來是重疊呢？或是分歧的兩個時間方向呢？這問題就是我們極力要去尋求解答的問題。無論如何， A—B 上的各意識單位總感覺自己是**唯一繼承**前一層(C — D，及 E — F)，而不會感覺有同輩份的兄弟**平行繼承**前一層意識單位。

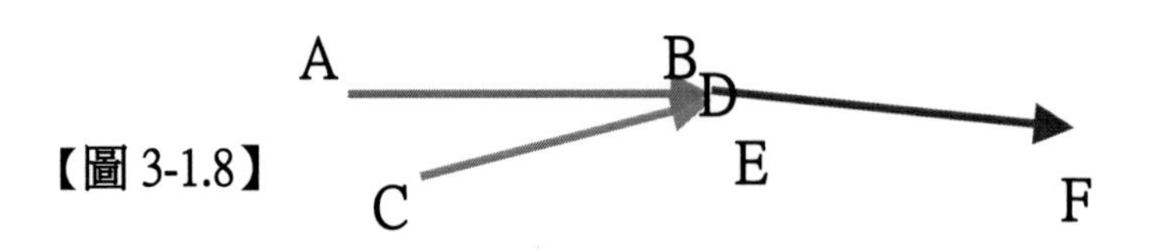

至於如【圖 3.1.8】的連接，則 E－F 上的各意識單位乃成為 C－D 與 A－B 上的各意識單位之共同的過去時流串，雖是如此，但 C－D 與 A－B 上的各意識單位，因各自成一個獨立世界互不相干，各自有各自的獨立世界，與我們平常的經驗認知，應該不至於會有什麼奇特的感覺。E－F 上的各意識單位，也是自己的獨立感覺，並不知 C－D 與 A－B 上的各意識單位之感受，且不理會自己竟成為 C－D 與 A－B 上的各意識單位之共同的過去時流串。這段的啟示，請各位看官好好仔細推敲、揣摩、體會意識單位〝莫名〞的覺其時流，與獨立區隔性！

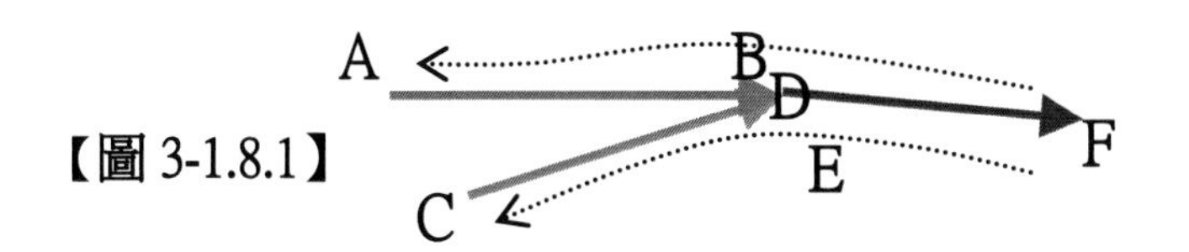

【圖 3-1.8.1】

【圖 3-1.8.1】就是【圖 3-1.8】，你會覺得當下你 A 是唯一繼承上一瞬間的你 D，其實不是只有當下你 A，唯一繼承上一瞬間的你 D，或許還有另外的瞬間的你 C，是繼承上一瞬間的你 D。 意識單位 A，覺自己時間流是順著 F→D(B)→A 一脈相承來，但是不知另有一個你 C，竟也覺得自己時間流是順著 F→D(B)→C 一脈相承而來。時流串竟分岔了。這就是會讓筆者連想到『一切有靈覺知者，皆同〝我〞為一』的因素。有心的讀者，請好好細思！

意識單位總覺自己是一脈相承的唯一繼承，這就是時間會被感覺是一維度的因素。

3-5　『作夢』的時間幾何詮釋

3-5.1　靈魂向性的向量模擬

筆者高中時的物理課本中討論到時間的問題時，書本提到：「吾人總無法從 8 點到 9 點間, 逃過 8 點半」，那是我們認為的身體無法逃出，而精神意識呢？我們可否將第一章所介紹的意識線之圖形繪在㊋連續區(多維時間背景領域)來看其如何，那就如【圖 3-1.9】，而這圖是以純時間領域(合隱空間)看的，空間圖像被合隱成意識單位的符號內容，就不再顯出來。

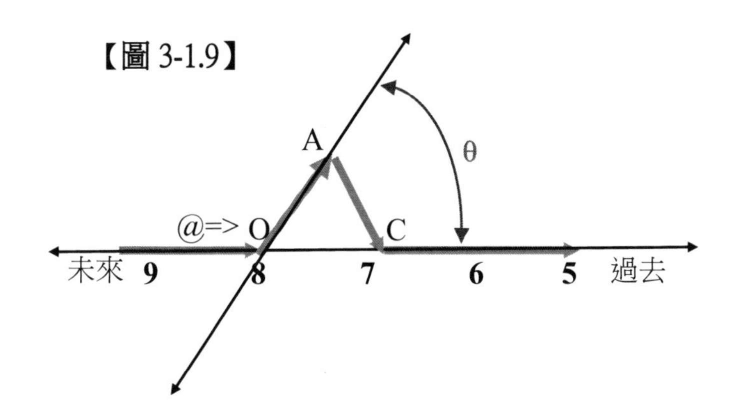

【圖 3-1.9】

【圖 3-1.9】之紅色(粗線)的線段是表示同一個人的意識單位之分佈於㊋連續區(多維時間背景領域)中，如此就可顯示出在 O — A 或者 A —C 上此人的精神意識能在 7 點 到 8 點間,逃過 7 點半。圖中具有箭頭之紅色(粗線)線段表示在該時間區段內每個位置上具有意識單位，且其意識單位的靈魂向性指向為箭頭所指的方向。

在筆者繪出上面的圖形後，直覺反應是：9—8 之間的意識單位之『靈魂向性』能否"衝上"O→A 的方向上去呢？

在高中一年級下學期，開始學三角函數，只知那是數學的把戲，最多的認知也只認為那是用於幾何上。到了高中三年級，物理課程與數學課程開始學向量，且把向量的觀念以三角函數方式用於物理的解析上，尤其用於力的分解上給予筆者的印象特別深。(以下的數學比擬是譬喻性的，若您對高中數學向量不熟悉，可直接跳過本節，直接跳至 3-5.3 節[按圖索驥，說夢話]繼續看)

例如【圖 3.1.10】中：當一方木塊被一沿著 A → B 水平方向的推力 F 作用使其沿著斜坡板 A→ C 方向移動。作用力 F 可分解為在 A→ C 方向的分向量大小為 F cos(θ)，及垂直於 A→ C 方向的分向量 F sin(θ)兩個分向量。

【圖 3-1.10】

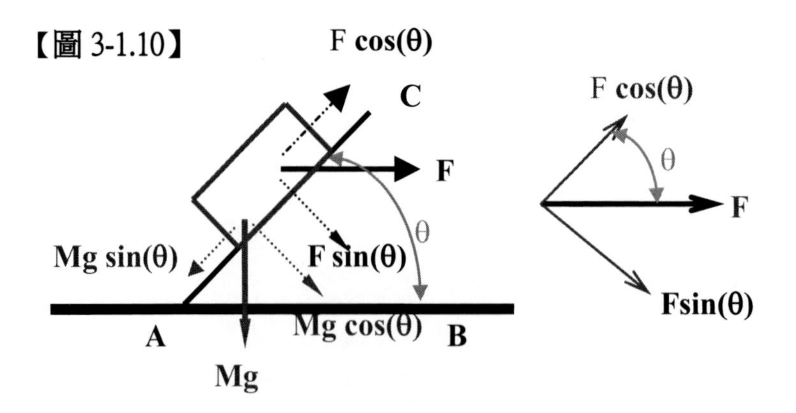

同理，如果假設方木塊重量為 Mg ，Mg 也可分解為在 C→A 方向的分向量大小為 Mg sin(θ)，與垂直於 A→ C 方向的分向量大小為 Mg cos(θ)，其方向如圖示。因 Mg cos(θ)與 F sin(θ)，皆為垂直於斜板，故都為無效分向量，僅考慮在 A— C 方向的分向量 F cos(θ)與 Mg sin(θ)，因為此兩分向量方向相反，僅當 F cos(θ)大於或等於 Mg sin(θ)時，方塊才能沿著 A→ C 方向往上移動。

這是向量的解析法。剛剛學了分向量的使用，又恰好正疑惑於類似斜坡狀況的靈魂向性之於偏斜方向作用，於是產生下面的連想：在時間幾何化的觀念中，自然就會把靈魂向性類比成物理向量，那麼一個向量可以分解成**分向量**，只要靈魂向性的分向量能有效作用到的地方，是否“**憶知**”的作用便可達到該地方呢？

一個問題是：靈魂向性是否合乎一種向量的要件？這在 1-3.2 的章節裡已提過，故這點倒是沒問題。到此，筆者就將靈魂向性類比成具有物理向量的特性，把它應用到前面的【圖 3-1.9】上。我們重繪如【圖 3-1.12】：於是在 8 點位置上之意識單位靈魂向性方向假設為@=> 的指向(即 8→7 的方向)，那麼 8 點位置上意識單位之靈魂向性在 O→A 方向的**分向量**將如何呢？

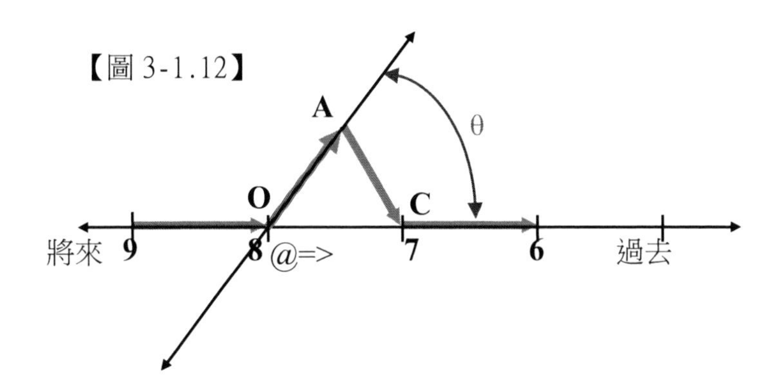

假若在 8 點位置上之意識單位靈魂向性的向量大小為 §，則其在 O→A 方向上的分向量大小為 §cos(θ)，於是當θ > 90°的情況，分量 §cos(θ) < 0 ，那麼 §cos(θ) 的值為負；當θ小於 90°的情況 ，則 cos(θ) 大於 0，於是 §cos(θ) 的值為正，但 cos(θ) 必然不大於 1。於是 §cos(θ) 必然小於或等於 § 。如果我們作如是的假設：當某一意識單位 O 的靈魂向性之分向量作用於另一意識單位 A 上，如果這靈魂向性之分向量的值是**正**的話，就有能力〝憶知〞A 意識單位的感受。依此假設，若 §cos(θ)大於 0，則在 9→ 8 時間線段上的意識單位皆有能力〝憶知〞O→ A 時間線段上的意識單位的感受。只是§cos(θ) 必然小於§，這意謂著：在 9→8 時間線段上的意識單位對於〝憶知〞O →A 時間線段上的意識單位的感受之能力必然小於對 7→ 6 時間線段上的意識單位的感受之能力。這又代表什

麼？這代表在 9→8 時間線段上的意識單位對回憶 O→A 時間線段上的意識單位的感受之印象程度比對回憶 7→ 6 時間線段上的意識單位的感受之印象程度要糢糊。

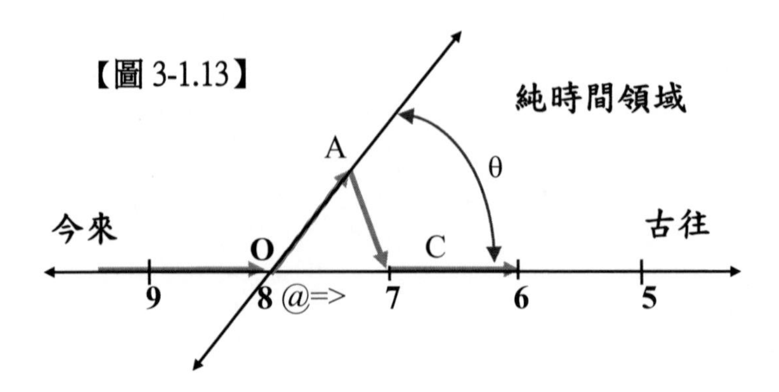

我們先前所領悟的意識特性之一的靈魂向性，若在二維以上的多維時間背景領域裡可類比成數學的向量特性，那它又延伸出那些可能的作用現象呢？現在讓我們以【圖 3-1.13】為例或參考第 266 頁彩色圖【圖 3-1.12】，試著用前面所擁有的心得，來解讀圖的含意。

假如時間線上有粗筆(紅色)標的線段代表存在著意識單位，沒有粗筆標的線段代表不存在著意識單位。又粗筆線段的箭頭方向是指該意識單位群的靈魂向性之指向。

上面圖的 O 點是界於古往今來與 O↔A 兩時間線的交會點，那麼在古往今來時間線上 O (8) 點稍後的意識單位(在 8—9 間)能否得知 O—A 線段上的意識單位之感受呢？若把 8 時稍後的意識單位(8—9 間)靈魂向性譬喻如物理學(或數學)上的向量看，則因為 8—9 間的意識單位向量對 O—A 線段上有正分向量，則應可得憶知 O—A 線段上的意識單位之感受，只是分向量總是小於本量，即 $\cos(\theta)$ 總是小於 1。因此 8—9 間的意識單位對 O—A 線段上的意識單位之感受印象會較對 7—6 線段上的意識單位之感受印象要來的模糊。如果 $\cos(\theta)$ 小於或等於 0 的狀況(**負**值)，則 8—9 間的意識單位對 O—A 線段上的意識單位的遭遇**根本就一無所知**。

另外 8—9 間的意識單位所覺時間的過去總是落在 8→7 的過去方向上， 因此 8—9 間的意識單位對 O—A 線段上的意識單位，認定的位置必然落在 8→7 的過去方向上，這可以如下 (圖 3-1.14)及(**圖 3-1.15**)說明。

3-5.2　相之像位置說明

意識單位的靈魂向性指向與一維時間感的特性，使不同時間方向的意識單位之像位置總是落在"過去"的一維時間方向上。即落在觀察者意識單位的靈魂向性的指向上，如【圖 3-1.14】：

【圖 3-1.14】

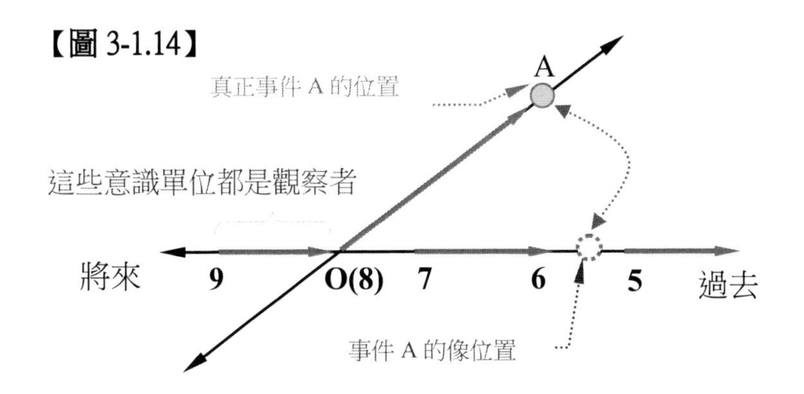

位在 9 一 O (8)的意識單位能獲得 O 一 A 間的意識感受相，也可以獲得 7 一 6 間的意識感受相。由於一維時間感的特性，使意識單位感覺 A 一 O 間的意識感受相之像位置，與 7 一 6 間的意識感受相之像位置都落在 O→7→6 的方向上(因為 9 一 O(8)區間的意識單位的靈魂向性的指向朝向 O→7→6 的方向)。這情形很像星星的光經過太陽旁，因受太陽引力影響而彎曲，使眼睛看的星星之像移了位置，如(圖 3-1.15)。

【圖 3-1.15】

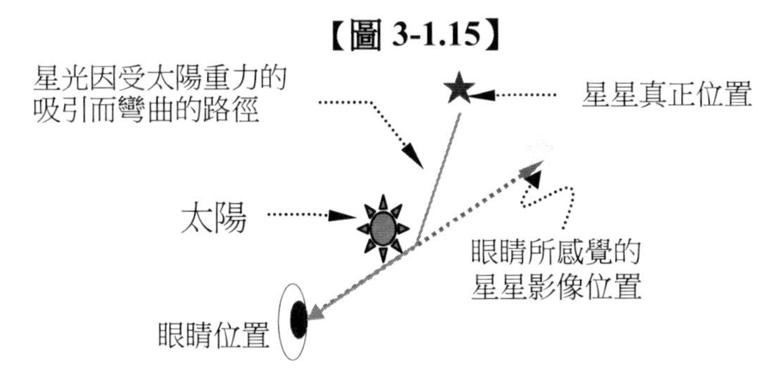

3-5.3　按圖索驥，說夢話

好！依著上面的理路，我們現在看著【圖 3-1.13】，試著去描述其上的意識單位之感覺，並把它翻譯成一般物件觀之感覺。

要詮釋(圖 3-1.13)，我們無論由任一段的紅(粗線)線段的箭頭點開始解譯，或是任一段的粗筆線段的箭頭點的反端點開始解譯都可以，例如(圖 3-1.13)中從 9 → 8 方向解譯也不會改變每個意識單位所藏的感受內容，甚至於『解譯者本身』會感到是『〝未來〞竟然是影響〝過去〞』的矛盾感，但是一點也不矛盾，而是緣起的整體相關之緣故。不過為了我們已熟悉平常認知的古往今來時間線方向(也就是標有阿拉伯數字的時間線)之故，我們就照著標有時間數字的時間線上的數字由小而大的順序來翻譯其上的意識單位之感覺。(最好參考第 266 頁彩色圖【圖 3-1.9】)

由圖看來，此人的意識線是由線段組成，凡是標有紅(粗線)色的位置，即代表此人的意識存在於該時間的位置上，那麼由時間線的右邊開始，我們說：此人在 5 ~ 6 點期間沒有意識，至 6 點時才有了意識，精神意識旺盛一直持續至 7 點時，又陷入無意識狀態，直至 8 點時又清醒過來。就在這 8(O)點清醒過來後的時刻，〝**突然**〞感覺到自己在 8 點之前，剛剛經歷一串時流經驗事實，而這串剛剛經歷的事實之內容，竟然與 7 ~ 6 的這段意識清醒的經歷事實不連續(自然律不相符合)。因為這一串剛剛經歷的事實之內容，是位在 O~ A 這段意識的經驗內容。兩串經歷的事實，它們的靈魂向性方向根本就不同，自然其內容(自然律)就不連貫。在 9 ~ 8 這段意識單位之時間方向感是與 7 ~ 6 的這段意識之時間方向感一致的，因此 9 ~ 8 這段意識單位會把 O~ A 這段意識的經驗，感覺成是落在與 7 ~ 6 的這段意識之時間方向上，這樣就有兩串經歷的事實重疊於過去的方向上。雖有兩串經歷的事實重疊於過去的方向，但是仍可辨識到剛剛經歷的這一串時流經驗事實(O~ A 這段意識的經驗)給 8 點時的意識之印象程度較為模糊，因為不在其本身的〝正方向〞上，這就像我們眼睛看正前方的景象總比用眼睛的餘光看側偏方的景象更清楚的道理一樣。(這裡是以數學向量來譬喻而已，故不要被數學嚇唬到)

要特別強調的是：我們描述到 8 點清醒過來後的時候，〝**突然**〞感覺到自己在 8 點之前，剛剛經歷一串時流經驗事實，這裡由圖形看好像是有個〝突然〞轉折的感覺(突然擁有 O ~ A 這段意識的經驗)，但是以各個意識單位的立場來感覺，9 ~ 8 這段意識單位群仍然是把 O ~ A 這段意識的經驗，感覺為自己的經驗，因此還是〝連續感〞，不會是〝突然〞感，反而 8—9 間的意識單位會感覺自己是由 A→O 這一時流經歷串變過來的，只不過是情境大不同，這是因為靈魂向性指向不同而有不同的自然律所致，因此會感覺，同樣的自己，『過去』卻是置身於兩個(O→7→6 及 O→A)不同的世界情境裡。這是一個什麼的意識現象呢？蠻有趣的推論結果。您有經驗過此種雙重過去時流串的意識現象嗎？在我們的生活體驗中，能體驗到如此兩股不同往事的經驗是什麼現象感覺呢？

【圖 3-1.14】

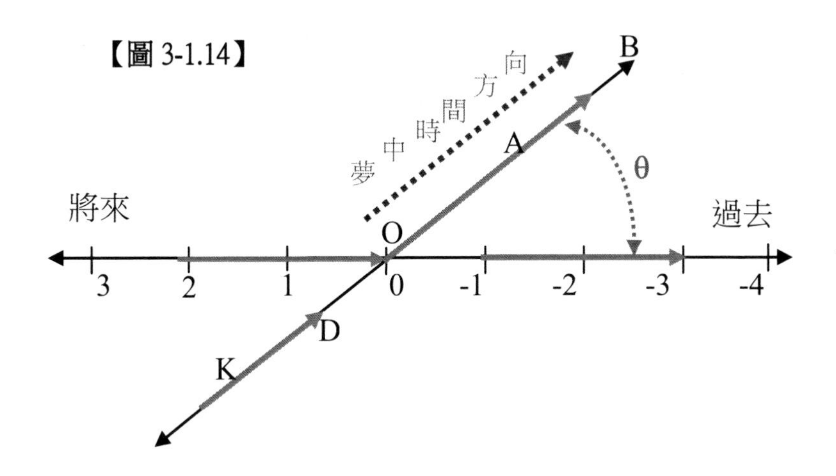

筆者一再的思索也無法想像到兩股不同的時流經驗，就在準備大學聯考的壓力下，昏沉欲睡地趴在桌上‧‧‧‧一時迷濛醒來時，發覺好似剛剛做了一場夢，突然靈機一覺：作夢的境界與平常的境遇不就是兩股不同的時流經驗嗎？同一個自己，卻是經歷置身於兩個不同的世界情境裡的經驗，因此筆者就立刻針對『夢』的特性與上述推論的結果現象作一些簡單的比對。

由於從意識線的分佈在曾火筆連續區上的各種情況，也可跟夢的一些特性相呼應。在此我們重新另外再繪個圖如【圖 3-.1.14】(參考第 267 頁彩色圖【圖 3-1. 14】)所示，並舉幾個較明顯的特性來說明。

(1). 夢中當時的自己感覺與平常的感覺一樣的逼真與親身參與感，不會是自己僅是置身於外的觀察者。如果只是觀察者，則對圖示會有〝突然〞獲得另外的一串事實經歷感。

前面已說過凡是能被自己(指意識單位)所能憶知的其他意識單位，會被當下自己感覺是置身他處的自己遭遇，也就是說會被感覺是自己過去的親身感受。說得俗一點：回憶得到過去的往事，就是我們的意識單位之靈魂向性所能及的地方之意識單位的感受。我們不會因回憶到自己的感受是〝過去事〞，而認為那個遭遇不是自己親自感受。相反的，我們因回憶不到過去自己的遭遇，而認為那個過去之事實非自己所為。例如有人說，你的前世是帝王，你會從心直下的相信嗎？當然不相信。原因是：自己回憶不到那當帝王的過去親經驗。請隨時提醒自己，此處所謂的〝回憶〞、〝過去〞，都是主觀的相對名詞。如果可能，你也可說：回憶〝未來〞。或有人說：你睡覺時打鼾打得好大聲。你會相信嗎？當然也不相信，原因是：自己回憶不到自己的親自感受打鼾的情況，無法親身覺受到。我們的意識單位之靈魂向性所能及的地方，不僅是平常我們所認知的過去時間方向上之意識單位的感受，在其他時間方向上之意識單位也可被知曉，一旦被知曉，就會把被知曉的意識單位當成是**自己**過去的**親自**感受，因此雖然位在其他時間方向上之意識單位感受，也一樣的**真實**、一樣的**逼真**，會認為確實是過去**自己親身的**遭遇(**與萬物合一**)，是自己而不是**置身事外**僅當個旁觀的觀察者而已！如(圖 3-1.14)示：

假設有一甲人從過去-3 時、-2 時一直保持清醒的活動，至-1 時開始入睡，直到 0 時醒來。因此在 0 時與 -1 時的時間線上，是不存在**意識單位**(沒有粗筆標)。在這圖上粗筆標處均表**存在**有意識單位，而其箭頭所指的方向即為該時間線上的意識單位之靈魂向性的方向，虛粗線箭頭所指的方向僅指強調平行於 A → B 時間方向為作夢情節的時間方向，以表示異於所謂〝古往今來〞的時間方向。當甲人在 0 時醒來，感覺作了一場夢，而夢中情節內容就是 0→A→B 射線上的意識單位之感受，因此作夢情節並不佔用 0 時與-1 時之間的時間。而由於吾人意識單位有時間方向唯一感的特性，而把作夢情節判定為落在 0 時與－1 時之間的時間上，因為這方向就是醒來的意識單位之靈魂向性方向的原故。又恰好在 0 時與-1 時之間的時間上並無意識單位的存在，所以作如此的判斷自是正常。由此可見：夢境所做所為是我們自己親身所做、親身遭遇的真實事件，不是幻想所能及的。但是請放心，做夢境中的事，你不必去負責。因為要負責的雖然就是你，但卻不是這個世界(這宇宙)的你去負責，而是夢境中的你之後繼者去負責承擔。若以上圖來說，您在 0 —A 間做的事，是要在 0—D—K 間的您去負責承擔的。不會要 0—1—2 間的您去負責承擔的。

雖說夢境中做的事，不是這個世界的你要去負責，但是從緣起法的角度看，法法相關，不管是在同一時間方向，或是不同時間方向上的兩事件，總是有相關的，其相關程度如何？就看個緣的解讀方式而定，沒有絕對的。因此這夢中行為，有些會相關(影響)到平常這世界的你之思考、情緒、行為、甚至於你的遭遇。反之，平日的做為、心思，也會相關(影響)到夢中世界的你之遭遇。這就是孔老夫子所說的：『**日有所思，夜有所夢**』。

在此要特別強調的一個觀念：意識線上的每一點(意識單位)，從物理上說，皆是代表同一個人，從**相對論**看也就是所謂的『**同地**』，也就是發生在同一地點。**同地**而**不同時間**的諸事件會互不『**相關**』嗎？但不要太介意它，知道是緣起法的相關就是了！重點在當下自己『心的趨向』，如此自然就是會關連到〝過去〞,〝將來〞的『此地』及『同時的四周』環境。這樣雖不能說是改變『過去』,『將來』，及『同時的四周』環境，但也盡了對這『整體相關』應有的緣份。

那麼『夢境中的你』到底跟『這個世界的你』有什麼不同呢？同樣都是你，卻是隨時間位置的不同，就有不同的你。這個世界的你是佔在 2—1— 0 這段時間線的方向位置上，而夢境中的你卻佔在 O—A —B 這時間線的方向位置上。這樣的說法，如果光考慮同一方向的時間位置的平常的這個『古往今來』的時間世界裏，其意義就好比今天的你與昨天的你一樣的不同，只不過是此處涉及的是關連到不祇是一維度的時間觀念。在這大千的世界裡，同一個你自己的意識單位或許分佈在不同的時間位置上，甚至分佈在〝同時〞的不同的空間位置上，但這〝當下〞的你卻渾然不知。〝同時〞的你、我、他、豬、狗的意識單位，或〝不同時〞的你、我、他、豬、狗的意識單位，也可看成是你的意識單位。此即筆者『一切生靈同我為一』的感觸，只是意識單位的區隔而有不同。不管是什麼境界的生靈，任選其一都可視為你自己的〝我〞。難怪不管是什麼的意識單位，都有個〝我〞在。

我們的一般觀念只會接受〝**不同時**〞的你、我、他、豬、狗的意識單位可以是自己的同一〝我〞(靈魂轉世說)，但要你去接受〝**同時**〞的你、我、他、豬、狗的意識單位可能是自己的同一〝我〞，就比較難了，這是因**物件觀點**所致：同一物件的中心不能〝同時〞佔據兩個不同位置以上的空間 (即同一人在同一時間，不能有兩個以上的本尊存在的觀念)。若拋開物件觀點，就可能很容易接納『一切生靈的心質，都是自己的心質』的觀念了，如此就像佛教上常稱頌無量化身的 觀世音菩薩，可同時化成億萬百千化身，以救度苦難中的眾生。從相對論，或靈魂向性及多維時間的觀點看，〝同時〞或〝先後〞的意義已被模糊化了！

『同一體』的觀念界定，在以物件觀點看，是以『空間位置』的重疊為要件，不過以事件觀點的整體性，是不分別部分的空間與時間，若要分別，可從性質、面向來界定『同一或不同一』。

在平常的這個世界裡，不會認為明天的我、昨天的我，不是我。而在二維時間領域裡，這樣的感覺就顯得特別明顯，這是肇因於時間先後的失序(在一維時間領域裡，先後秩序的順序可較明確的劃分，但在二維維時間領域裡，如何去分辨次序呢？)，這給了我們較難接受的觀點。

在先前我們不也提過：凡是能被自己(指意識單位)所能〝憶知〞的

其他意識單位，會被自己感覺是**自己**的**不同時刻之意識**。如果相反的情況：凡是不能被自己(指意識單位)所能〝憶知〞的其他意識單位，就不會被自己感覺是自己的意識。這意謂著所謂別人的意識，就是不能被自己(指意識單位)所能〝憶知〞的其他意識單位。那麼明日的自己之意識也就不是自己的了嗎？顯然此種說法已有所不妥，因此不能被自己(指意識單位)所能〝憶知〞的其他意識單位，也可能是自己所不知的自己。因此以“能知道與不能知道”來判別你、我、他的準則實不可靠。同一心質的自己，由於意識單位的『區隔性』，而有此時我，彼時我，此地我，彼地我，甚至於其他任一境界的任一意識單位的〝我〞之區別。

省：在這虛無漂渺的大千世界裡，許多自己親身的遭遇，當下的自己不能全然的了知。哪個是我本尊？・・・似乎每個皆可看成我**自己**。空間上的你、我、他本來就無法分別的意識單位群。

光同一時間方向的自己都不能全然的了解(例如：當下自己無法得知明日的自己)，更不用說位在不同時間方向的自己(例如像此處夢模型：夢中的世界的未知部分)了！這種『納入其他時間方向上的意識為自己』的連想，讓筆者最感驚奇。如【圖 3-.1.14】中，若從-1 跳到 0 卻〝突然〞跑出 B—A—O 這一自己的經驗串，這是旁觀者的認為，但是以意識本身自我感覺卻不然，好似本然就心連心的自己，而有延續 B→A→O 的感覺。這是致使筆者有『**一切靈覺知者，同我為一**』的感觸。因為這中間的〝**知**〞，說不上〝**費時間去傳遞信息**〞。**此時此地本具**存在著**彼時彼地信息**。

(2)、做夢都在睡覺時發生，但卻覺夢中的情節之時間可能比實際睡覺時間長。

記得『黃粱一夢』的這句成語嗎？您能體會到它深層的哲理嗎？試讓我們查看沈既濟在**枕中記**上的記載：「唐時盧生於邯鄲逆旅遇道者呂翁，生自嘆貧困，翁探囊中枕授之，曰：『枕此，當令子榮適如意。』時主人蒸黃粱，生夢入枕中，娶崔氏女，女容麗而產甚殷，生舉進士，累官至節度使，大破戎虜，為相十年，子五人皆仕宦，孫十餘人，其姻媾皆天下望族，年逾八十而卒。及醒，黃粱尚未熟，怪曰：『豈其夢寐耶？』翁笑曰：『人世事，亦猶是矣。』。

另一則『**南柯一夢**』，出自唐李公佐南柯記：『淳于棼，家廣陵，宅南有古槐，枝幹修永。棼日醉臥，夢至大槐安國，妻公主，為南柯太守二十年，生五男二女，備極榮顯，後與敵戰而敗，公主亦卒，被遣歸。既醒，見家擁篲於庭，斜日未隱，餘樽猶平，因尋槐下穴，所謂南柯郡者，槐南枝下道門之蟻穴也。棼感南柯之浮虛，悟人世之倏忽，遂棲心道門。』

對此兩則小說故事的啟示，一般人都把它解釋為：人生的生離死別與榮華富貴的無常，都只是虛幻的一場夢。是的，這只是其中的一丁點含義，而最主要的哲理是點明：時間的不存在，時間距離只是意識的一種覺的符號，與吾人對顏色、冷熱、、、一樣的是一種覺的符號而已，沒有所謂真距離，沒有真先後，更不是『流』，也不是『靜止』的。而是意識單位間之『相對等並存關係』。筆者想再加上一些較淺俗的意見：夢是另一不同時間方向的人生。人生本就是夢。兩者在『質』上沒有區別。它的重點是：作夢的過程並不在當下的時間方向上。故作夢的內容時間感覺是很長很長(像故事中的夢境感覺似乎是長達二十年，甚至長至七、八十年)，實際上睡眠的時間卻沒感覺上的那麼長。因為不同方向的路徑根本就是獨立的內容長度，怎麼能比較呢？如果把時間僅限於一維度的參數觀念，而想去理解如此的現象，既不用幾何圖形表示出來，卻又沒辦法用語言文字去說明清楚，只能創造新名詞，說一些似是而非的觀念，只有徒增聽者的迷惑與模糊感。倘若使用二維時間的背景觀念，一張簡單的幾何圖形就勝過千言萬語的說明。

另外參考【圖 3-1.14】，對於時間的長短感覺，筆者曾於先前一再表示過：兩事件間，對某一觀察者(意識單位)而言，只要它認定其間所存在的意識單位數目有多少，就是多少，其它的觀察者，也無法與它作個標準的比較。因此，很可能您所感覺的瞬間，一位臨終的人感覺卻如過一生般的長呢！因為觀察者不同而已！常常聽說人臨死前，會看見其過去一生所做所為及遭遇的每一細節。也許就是如此吧！

到此還是請讀者大德去領會：時間既不是『靜止』，也不是『流』，的那個中滋味！

前面已提過，當一夢的終站常緊伴著清醒，而未清醒的時段裡，被誤認為必定是被夢所迷惑，故把夢中情節判為在睡眠時作的(經歷過的)，佔據了睡眠時間。(這說法既是真亦不真。真的是，確實吾人的腦中記憶部分必然要有動作；假的是，沒有強有力的証據，証明睡眠時，吾人的意識確實清醒。) 如(圖 3-1.14)示：當 0 → A → B 射線段比介於 0 時與 -1 時之間的時間長度長時，就會引起我們的奇怪(這不就是黃粱一夢、南柯一夢的寫照？)。因為在此情況下就會覺得作夢佔據的時間比實際睡眠時間長。在我們平常的夢裡，雖沒像故事中的誇張，但一般作夢從什麼細節開始，都會令我們覺得遠得無法記得。在我們這生中，您還能記得自己剛剛來到這世界時的細節嗎？不說如此，即使就在剛剛從睡夢中醒來，也許還搞不清楚那個細節是在夢，那個細節是醒來，甚至於搞不清楚自己真正要入睡前的最後知覺細節是什麼。因此這種夢境情節的時間似乎比實際睡眠時間長的現象，顯然不符合常理。怎麼會如此呢？是我們的感覺不可靠？或是作夢並不是佔用睡眠的時間？是的，真的就像我們此處的模型之狀況嗎？若不用我們此處的模型去理解的話，就是以一維時間領域的物件觀點，用生理學或心理學來解釋，就是再創造一個新名詞來解釋它，即所謂**夢的壓縮**作用。不過，若採用我們的模型，由幾何圖形一看，就覺得本來就是這樣，沒有什奇怪的。我們的這夢模型僅是把以往習慣的觀念——我們遭遇僅限制**一維**的時間背景觀念，改換成**多維**時間背景罷了！我們不去管先後次序，不去管時間背景僅限於一維度的觀念。

試親身體認看看！我們每一瞬間當下，去回憶自己什麼時候開始有意識知覺，什麼時候來到這世界？您能記得嗎？筆者自己覺得：根本就記不得從什麼時候開始認知這世界呢！如果夢中世界是另一個不同時間方向的自己獨立的一生，其中的意識也會記不得從什麼時候開始認知他的那個世界呢！因此在二維以上的時間背景中，時間長短的比較就沒那麼拘束了！事實上，時間長短的決定觀念，我們已在先前之時間距離的假說之章節裡點明：絕對時間的真存在是無意義的。

就事論事，從我們這個世界的生理來論，在睡覺中而醒來能覺有夢境，意即腦中記憶體裡必然要存有夢境中之內容的**對應**信息在，這些信息依我們這世界的自然律，是不可能**憑空**而存在，必定也要有**對應**的產生信息的行動事件，因此在此睡眠中，腦部記憶體，會有動作**產生信息**，好讓醒來後之意識能由其中信息，感覺有作夢的經歷。**眼球活動期**可能就是做產生信息的動作期。如果夢就是我們的意識在其他時間方向的覺受事實，卻也必在一般的時間方向的生理有對應的反應，這讓我們體會到緣起法的『法法相關、整體相對應存在』。雖從多維時間圖中，外表看來的不同兩事件間似乎時間距離得很遠，但卻是『同一地點』，難道不會有相對應的內容的關連在嗎？

至於為何做夢大多在睡覺時發生呢？容以後的印像程度的對比再論之。

在上面的圖中，若從圖來了解，好似時間流，流到-1時，人就無意識了，可是時間流一流到0時，卻突然間冒出一串另外的自己剛剛經歷過的時流串0—A—B，似乎**憑空而得**，但卻感覺自己親身經歷(**自己竟融入在其他時空位置**)。另外在K —D— 0 這上面的你的意識單位不覺自己有所謂醒來，但卻被2—1— 0 上的你感覺是一場虛假的夢。請認真去模擬品味這是怎樣的感覺？同樣的自己，卻有很奇怪的組合。因為粗線部份代表同一個人的意識單位的存在，雖時間位置不一樣，但可看成空間上是同一地點(因為意識線上的每一點均指同一個人的意識，依相對論為同地)，因為是以你自己為參考座標。

(3)、夢境的情節給醒來的意識覺得印象模糊

請參考 (圖 3-1.14)，由圖示可看出清醒的意識(界於 0 時與 2 時之間的意識)的靈魂向性之分向量作用於 0→A→B 射線段上的意識單位大小為§cos(θ)，其值必然小於§，其意即在界於 0 時與 2 時之間的意識的靈魂向性之分向量作用於 0→A→B 射線段，小於作用於 0→-1→ -2 射線段上的意識單位，也就是說界於 0 時與 2 時之間的清醒意識對 0→A→B 射線段上的意識單位的感受印像程度比對 0→-1→ -2 射線段上的意識單位的感受印像程度要來得淺，也就是比較模糊。

這種意識單位對〝憶知〞印象的清晰與模糊的道理，猶如我們在空間的視界一樣，在我們眼睛所正視的正方向〞之標的物，我們必定看得比位在偏斜方向之標的物要**更清晰**，因為在**偏斜方向**之**標的物**的影像只是以我們眼睛的**餘光**來看，不是用**正面的視線**來正看的。

我們作夢中的情節對清醒意識而言，是不是會感到印象很模糊呢？由我們的模型看來，那也是極自然的事了。如果當夢醒時立刻把夢中的情節仔細地回味再回味，也許會幫助記憶。但要真的記得很清楚，恐怕不簡單。可是夢的**逼真**，常令人迷醉。如果不是夢中的情節與醒來的世界之經驗事實不符(不連續)，或是對夢中經歷的印象程度更深於平日的古往今來時間線上的經歷，恐會有一番是夢或是真的混淆。例如古往今來時間線上的睡眠時段之意識是較模糊的，此睡眠時段之經歷情節很可能被夢中的情節給掩蓋。這就是總覺得做 夢大多在睡覺時才有的主因。

如果θ 值太大，使得§cos(θ)值小於或等於 0，則雖然有 0→A→B 射線段上有意識單位的存在，但在 0→-1→ -2 射線段上的意識單位也不能知悉其存在。這一點給我們有很強烈的啟示：意識是以意識單位做基本單位，這些意識單位，祂們分佈在這大千世界的**不同時空位置**，但都可看成是**同一意識體**(如同一人)，只是同一意識體的這些意識單位間卻**不一定能互相『知了』**，那麼在『同時』的不同空間位置的兩個意識單位，也可看成是同一意識體，只是其意識單位分佈的時空位置不同而已。例如：您與我，或我與前面的一頭牛，也可看是同一意識體的不同意識單位。昨日的您與現在的我，現在的您與昨日的我，也都可看成是同一意識體，只是意識單位在不同的時空位置之分別而已！這樣的想法好似把不同的東西給

打碎成最小的單位後，再混合在一起，再重新組合成一群族一群族地。

在此筆者尚要提醒的一件事，關係到夢中事的情節，給予醒來的意識總是模糊，失去了很多原本的質。那就是有關信息的深層意義。信息不是絕對的，外界境的本質我們無法直接理解，意識本身的結構也關係了信息的質，兩者(外界境與意識)的融合表現在意識單位上，不同的兩境界之靈魂向性**方向**固然不相同，他們的各別對外界信息的解譯必然不盡相同，能相通的信息僅限於共同交集的成份，其餘部分因自己沒有解譯這些成份的功能，於是不是把原本的刪去，就是以自己的獨特的功能組合上去，結果當然把原本的**相扭曲失真**。

(4). 夢境與平常的實境有一明顯的轉折點，也就是即將清醒前的幾秒鐘的夢境，與睡覺前或醒後的環境、情節，並不一致。

由圖示看來，0 — B線段 與 -1— -2—-3 線段上的這些意識單位的時間方向(靈魂向性方向)根本就不同，所感覺的境界 之自然律豈能相同？

這裡筆者連想起佛教的唯識論裡，曾討論到一比喻：以我們人間的眼光所看到的**河水**，在魚類看來是**空氣**，在鬼域的鬼卒看來卻是**血水**，天人看到的是**琉璃**。這就是意識結構不同，解譯(對應) 境界的方式就不同。不同的靈魂向性(不同意識結構)的方向不同，所解讀境界的方式就不同。

(5)、感官六識於夢境終站與剛醒世界之覺受**情境**之**交集**

吾人醒來的世界中的感官有六種覺(視覺、聽覺、嗅覺、味覺、觸覺、意覺) 來覺受各種境象，如果夢境就是存在異於平常清醒世界時間方向上的意識單位之覺受經歷事實，雖說在不同時間方向的意識有**不同**的**自然律**的境象，但在兩不同時間方向卻又很鄰近的不同意識單位，總有比較類似的覺受，這樣才有**一體連續**的意義。那麼在夢境之近於醒來的境象感受與剛醒世界之覺受之間有感官覺受上的類似嗎？我們可來探討。這例子最顯著的是做一場惡夢，當夢境中遇一緊張的處境時心裡的緊張，與剛醒時必也心跳快速相對應。若作一場的美夢，剛醒時仍會回味其溫馨的感覺，這是**意覺**的**交集**境象。為什麼**意覺**會最明顯呢？那是在剛醒的世界裡之感官中，**意覺**是**最先**醒來的原故，也是與夢境世界的意識單位**最鄰近的覺識**。如果在夢中即將清醒時，夢中的我們自己是處在**思考**的狀態下，常忽略其他**外境**的覺受時，而這期間醒來，我們腦中之思考的內容，一般是會幾乎近於夢中所思考的內容相近。這是意覺**最先醒**的常有現象，而會分不清自己的**思考狀態**是處在**夢中**狀態下做思考呢？或是處在**醒來**的狀態下在思考？至於其他五個感官覺，就不一定了！但是仍可找到許多例子。例如：

筆者曾在服役軍營裡，睡夢中見兩隻蝴蝶在面前飛舞，而剛剛醒來的意識卻看到兩張壁上圖畫，在牆上飛舞，漸漸地變成僅一張圖靜靜的貼在牆壁上。可見在這例子裡，兩個境界的交集在相同的視覺功能上，而因剛剛醒來開啟的覺識除了意覺外，緊接著是視覺，且是漸漸開啟的，故這種類似交集也限於剛剛醒的幾秒間。如此例子有:如見一片雪地，醒來是太陽照射眼睛。

在聽覺上的例子，筆者曾夢自己在書房裡看書，卻聽到外面下著不大不小的細雨，那雨聲〝晰舒！晰舒！〞聽在耳裡，漸漸醒來，眼睛未張開，意識仍追逐著這聲音，靜聽之卻是屋外的小火雞與小雞群在雜叫的**混合聲**。

在觸覺上，例如：筆者自己親身的經驗，於夢中發現自己身體相當輕盈的在步上階梯，就像是在很小的重力場裡，或像在水中被水的浮力，扶持著整個身體，雙手輕輕往下一晃，身體隨即飄起，那種全身被**扶持**著飄起的感覺實令人著迷。但隨著慢慢地醒來，卻發現雙手被靠在身旁的棉被的**雙緣**扶持著，那種被扶持的感覺不只是觸覺感，連手臂內的血管的**舒暢**感覺都感覺出來，這被扶持的感覺，就是兩境界**觸覺識**的連續。當時才察覺到自己眼睛還閉著時，才想要張開眼睛，階梯不見了，醒來的我們自然會認為夢中所感覺的自己身體是虛假的感覺。又如夢中覺自己**緊抱**著老婆，醒來卻發覺**抱**的是自己反手抱住自己的後腦袋(因為睡覺前用反手交疊當枕頭)。這其中的覺識交集是抱的**觸覺**感。其他如嗅覺或味覺的連續性，筆者卻很少有此類似感。若讀者有此類似經驗，請分享出來。

以上所提及的只是覺受部分的交集，至於意欲(作)方面，是否也有類似交集呢？當然我們也可找到很多的例子。例如：夢中夢見自己意欲要踢腳，果然腳一踢，醒來真的是踢到床板上。夢中因覺受一驚，身子為之一震而醒，醒來也發現驚動睡在旁的人。又如男性青少年時，當夢見心儀的女性時，因性的興奮而洩精，醒來卻也發現夢洩了。這些例子的前提是，醒來這世界的生理功能也配合醒來，才有可能。若醒來這世界的生理功能沒配合醒來，則夢中的欲行，不會表現到醒來的世界之身體動作。

請讀者注意，在上面的各圖皆是以**同一人**(同一空間點)為原則，而不同時間的意識分佈，雖表面看來，各意識單位在時間位置上似乎分離**很遠**，但空間距離卻是**零**。且時間距的界定因不在同宇宙內，其時間距離也是虛的。兩事件間的因果，不是因外表上的距離能分隔的，而是取決於意識架構的決定。況且我們在第一章裡所引進的意識線或意識單位時，一再強調：意識線僅是計及**現顯**的，尚有檯面上看不到的潛意識之對應的關連。因此夢中所發生的事件，對平常清醒的世界之身體也會有相對應的變化，就如醒來覺得有作夢，必定當睡覺中，在平常清醒的世界之腦部記憶體區會製造一些信息，以提供讓醒來後的意識**能回憶**起夢中內容。或是身體某部分會覺受一些感覺來配合夢中內容，或是像男性在夢中見色情，醒來見洩精亦是如此。這也是緣起法的整體性配合，部分就是相關全體，『法不孤起、法法相關、相映』，缺一部分，即非整體。

就因作夢的特性與我們由多維時間的意識單位間相〝**憶知**〞的推測結果之現象很相近，才激起筆者對在多維時間的意識單位的幻想興趣。

做夢中的情境是一個世界，醒來時的情境又是一個世界，只是醒來的這世界的自己，能得知夢中世界的自己事而已。常聞此一說，『**昨日迷，今日悟**』，哦！其實沒有什麼悟，沒有什麼醒來，只不過今日的自己能『**憶知**』昨日**自己**的遭遇而已。試想看看，『昨日之我』也一樣是不能**憶知**『今日之我』，這猶如**今日之不知明日**也！故依此類推，今日仍是在迷中啊！因為不知明日事呀！在這世界自以為清醒的當下自己，您不曾懷疑也可能會被在別個世界的自己覺得是一場夢嗎？照如此一層層的懷疑下去，有個最高層次的一個時刻意識，是最清醒的自己嗎？或是**互相平等相對**呢？夢中跟醒來，感覺上是有時間的前、後次序關係，即夢在**先**，醒在**後**。但是，如果時間的背景也像空間般的二維度以上，則夢中跟醒來的**時間次序**關係勢必呈時間意義的**幾何相對等**關係囉？！“同時”，“先、後”的相對性　，勢必模糊成沒意義了！

3-5.4　『執持』與『同心質』及『您我他的區別』

以上所述之夢的時間幾何模型，讓筆者質疑：『此當下的〝我〞是誰？』，似乎同一個自己，卻被分裂開來成許多的分身，分佈到不同的時空領域，但每個分身皆是有〝我〞的『靈覺知』在，在這些分身中，大部份中是無法互通有無(完全隔開)的，有的是單向的通，尚未有發現雙向通者。而好似能雙向通者，卻變成〝你〞、〝我〞、〝他〞了 (但這個通只是外在信息通，非內在靈信息的通)，反而覺得那不是我自己，竟成不同的人了！似乎這些分別，皆是與意識結構形式相對應的問題。

我們所關心的生死問題在這觀念的薰染下，好像〝我〞本就散佈於各境界，沒有所謂生死的問題了！但是，筆者還是請讀者大德們重視生死問題，因為從物件觀點來說，古今都是重視此一大事，且此為單行道，不能忽視之。從純幾何觀點看，只有『靈覺知』是〝活現〞的，其餘的就沒有『生滅』的問題了！記住：幾何觀點只是對意識無以計數的可能開合方式中之一形式而已！靈魂輪迴說也是一種可能的意識結構形式之一，故雖不能親證得，也不能斷然否定其存在性。

如果作夢中的世界也是有身體的存在，那個身體也與我們平常認為是清醒世界的身體是不一樣，心也是另一種不同結構的意識單位群，可是在夢中的當下我們還是認為那是自己的心，自己的身，不是虛幻的身。但卻有不同認知的自然律。

過去的自己，我們會認定是自己，因為我們知道我們自己過去的心念，夢中世界的自己，也是因為清醒世界的意識能知道夢中世界的心念，我們才會去認定夢中世界的人是自己。那為什麼對在清醒世界的您的兄弟，您卻不認為那是您自己呢？ 原因是您不能知道您清醒世界的兄弟之心念。相信未來的人能知道我此時的心念，祂就會覺得現在我就是他的先前時間的自己，這是很妙的意識性質。

『少壯不努力，老大徒傷悲』這是勸當下的我們要為一個能憶知我們自己此刻心念的人著想的，而這個人就是將來的自己，也是幻想中的人，且肯定這位幻想中的人，會知道我們自己此刻的心念。為著未來自己著想與為一位陌生人著想有何差別呢？說真的，為一位陌生人著想，或者為我們肯定未來的自己能知道現在自己的心念，所以願意為這位幻想中的人著想，此刻會自私，都還是此刻的念之差別而已，都是為幻想中的人著想。您知否？為一位幻想中的人著想，就是同理心，但是在這同理心還有層次之差別。

前世今生，若以此觀念來想像，您會信輪迴，也會懷疑輪迴，但同一『心質』是我們不變的信念。輪迴說當然是依有時間〝流〞相來說的，今生死後，來生轉生為天人或又轉生為豬狗。這樣的說法是依時間有先後的不同，而可存在同樣一個心質的“我”；相對等的，依空間的不同，也可存在同樣一個主體“我”的觀點就更平等觀了！“我”的存在，不只是不同時間才可存在同一個“我”，今生此時站在我旁邊的這個人即是一個“我”，不必等我死後才准許另一個“我”的存在。這就是筆者想要讓讀者有這空間與時間的對等觀的主張，這其間的差別是意識單位的區隔而已。以整體意識結構言，就自然超越你、我、他之分別與不分別了。

自受刀傷覺會痛，見一隻豬將被刀宰殺時，雖自己沒直接覺痛，但心卻會**痛得發抖**，是表示那當下的心執在同一心質感；若此時只想豬肉的美味，您心不覺會痛，是表示那當下的心去執在另外一不同相(欲享受美味)了！大部份人總是執在為著繼承自己的人(例如:明日的自己)、為著繼承自己的肉體基因的人(例如:自己的兒孫)、為著繼承自己的思想的人(例如:自己徒兒徒孫)而努力作為。會感恩著自己之源的人(例如:昨日的自己)、自己肉體基因之源的人(例如:自己的父母)、自己的思想之源的人(例如:自己的師長)。繼承者即是能記憶者，或就是信息的接受者。

為著被執著的人、事物努力作為，如果此時心執同一心質，不管有否來世的自己，總不願讓來世具有同理心的人承受痛苦。假如設想來世人(下一世代的人)是自己，那就會有無限個的自己，此時有同理心，更不會願意讓來世的自己承受痛苦，這是執同心質。在現世看著同樣都懷著〝我〞的他人即將被刀刺傷，您會為他緊張，執〝同心質〞也！見一仇人恨欲殺之，當然在那當下執著於〝恨〞了！為什麼會有不同的執著，筆者無能答。

3-6 腦部的虛動作與另類時間方向意識之等效性

我們一般**物件觀點**的認知是:作夢是睡覺時，自己意識感官對外界的環境雖關閉了，可是腦海裡的活動還是一直持續著，會自行依一些過去或最近的經驗來重新編織一串**信息**送給意識感知的單位去覺受及反應。在覺受部分是沒問題，但在對外反應(**作為**)部份，也僅止於腦部的欲念，並沒真正地傳達到外部的手腳身體器官來作動作，故外面清醒的人看不出作夢者的夢中動作。因此清醒的人認為夢者夢中的行為是夢者自己腦部虛假的幻覺，不是真正的經歷事實。但是，作夢卻是**親嚐親證**的感覺事實經歷，只是醒後夢中情境的發展，並不能與醒後的世界之情境(**自然律**)一致與連續，於是醒來者只得承認夢中之經歷非事實，是虛假的。當然，這是我們習慣的物件觀點的模型。

如果我們用事件觀點的不同時間方向來理解，自然知道這是純粹以所謂〝清醒〞世界的立場來了解的想法。可是以我們多維時間背景的模型來看，會認為夢境是真實的事件，是很自然的現象，而其結果對〝清醒〞世界是有同樣的感受效果。

我們可嘗試用新的思考模式來理解我們的意識世界，因此我們換個語言說: 作夢的經歷事實，是我們不同於這平常〝清醒〞世界的時間方向上的人生經歷，它是我們另外的人生真實經歷，而不是虛的。但到底何者是真實？因為這是**信息的等效性**，可以不必去強分別，這只是開啟另一扇門給人們多重觀點來認識事象。或許看官會認為這是筆者自己的幻思，不過筆者只是藉此來強調**信息等效**的觀念，而提供另類的思維而已！不是要讀者強執此模型為**實在**。

3-7 有絕對的夢境？或絕對的清醒世界嗎？

前面把無形的時間，以空間上的直線表達，固然是為方便而設，但卻虛幻。把時間的多維化，是用來方便延伸思考，當然更是虛幻。

吾人會覺時間感的存在，在此我們也要再點出，如果沒有具有意識的觀察者，一切法都無法被認定存在，一切法盡是在一心中，所以時間距與空間距在一心中也是虛幻。

我們雖然把時間幾何化以便擴展我們的思維，以表達時間可以有多維度的可能，至於是否真的有那樣的直線形狀、角度，並不重要，因為即使是有，也仍是意識結構架構下的產物，以這樣的模型來解釋夢境世界與清醒世界之關係，最主要的目的是來強調：夢境世界與清醒世界是具同等性，不是夢境世界是虛幻，清醒世界才是真實的，這樣的區別是看我們的立場是站在哪裡？立場站在清醒世界，就說夢境世界是虛幻，立場站在夢境世界，我們所認為清醒世界，就被認定成虛幻，這可用 【圖 3-3.1】強調出來。(時間數線不必一定是直線，也不必一定是曲線，這些形象只是來表徵各事件間可依一定規則來識別而已)。

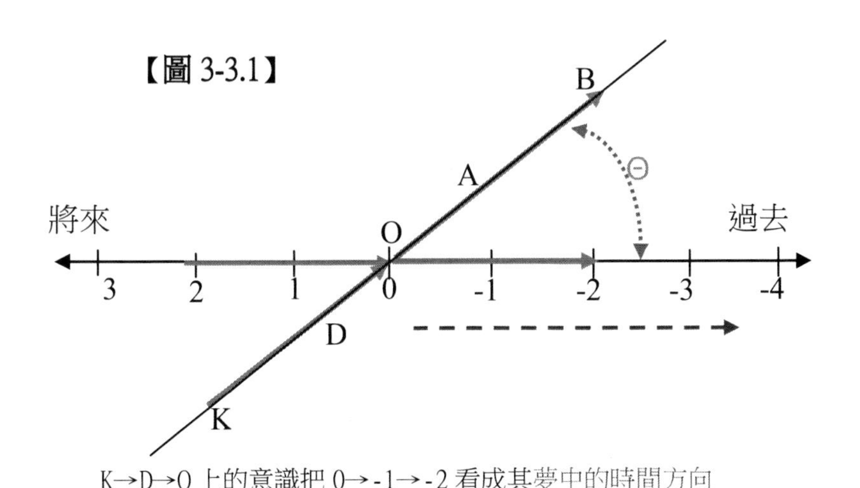

K→D→0 上的意識把 0→-1→-2 看成其夢中的時間方向

【圖 3-3.1】是我們把前面的(圖 3-1.14)中在 K→D 射線上的意識線(紅色部分)延長至 0 點，且把 0→-1 間補滿意識單位，如此一來，本來是夢中世界的意識單位(在 K→D→0 上)的意識單位 O(0) ，就可連接 0→-1→-2 上的意識線段，在 cos(θ)大於 0 的情況下，在 K→D→0 上的意識單位就可糢糊的感知 0→-1→-2 的意識線之意識單位感受。如此一來，不就 0→-1→-2 的意識感受境，卻成為 K→D→0 上的意識單位之夢境世界嗎？以客觀之觀點看，有絕對的是夢幻境，或絕對的清醒世界嗎？

古人有『**人生如夢**』之嘆，但在此處以夢模型的角度看來是，**人生本就是夢，夢本就是另外的一個人生**，有真假之區別嗎？

如(圖 3.3-1)的意識線之分佈，很顯然地 0→A→B 這一段意識線段可能被 2→1 意識線段感覺是自己一段往昔好熟悉的情境，可是在真實的過去經驗裡(如 0→-1→-2→-3 的意識線)卻找不到有此情境，這種似真似假的經驗，相信讀者必有的夢境經驗，自然不必太驚奇。也許修行的高僧們深入禪定的境界，當出定時能訴說自己親見一場 佛陀的『靈山一會』，雖這一世未曾見此一幕，但在禪定的境界裡，有如在不同的意識結構形式中，能見此場景。

前面曾提及宗教上常舉的例子：『人見一杯水，魚類視之為一團空氣，地獄之眾生見之為一團火，天人見之為一塊晶體琉璃』。好似外境可分別一個個個別的『標的』，即『一杯水』就是只是這『杯』東西(標的)，其它的又是另外『標的』了，但若從上面**夢的時間模型**看，僅一個個意識單位所含的**意識信息**而已，並沒什麼一個個**個別**的『標的』。每個意識單位即含整體外境信息，是以整體相來論的，不是僅這一小範圍的局部(僅一杯水)。因為局部不能單獨存在，而是與所有其他相關聯在一起的。各眾生靈依自己不同心識結構來解譯其標的，是以**整體底質**為對象，所對映出不同境相。雖是只一杯水的局部相，但卻是以整體底質〝對映〞出的，故一杯水雖看來是一局部相，卻是依該心識結構對應『整體底質』的相。會有一個個**個別**意識單位，也是針對同一**整體**的一種開合方式所呈現的樣子而已！

我們總有個夢是虛，醒來境是真實的底觀念，不過由我們前面介紹的夢的模型後，這種絕對的真與虛幻的觀念會讓我們更覺不可靠。會讓我們深刻的感到醒來境與夢境是同樣的**平等**無法分辨真偽的對等。

吾人之意識線分佈在多維度的時間背景中，其形狀隨我人自己去想像畫出的，一件讓筆者自己覺得奇怪的是，為何筆者所繪的這些意識單位的分佈都被畫成**線段狀**，而不是**面狀**呢？這導因於筆者習慣用**具有靈魂向性**的意識結構形式來思維，這也是較接近我們一般的一維時間的意識結構形式，對我們當下而言較**有意義**，因此筆者把具有**靈魂向性**的**意識結構形式之多維時間**的**空時連續區**名為 『**曾火筆連續區**』做為對先父的追思。

意識單位的分佈若是呈線段狀，則各意識單位就會依線段之秩序形成時序感；反之若意識單位分佈成一連續面狀，那麼各意識單位間之〝憶知〞的結構可能很亂。因此可推知靈魂向性並不是普遍於所有形式的意識結構。

由於這種意識結構都是筆者個人的突發奇想而來的，也沒有任何可能來證明這些**模型**與**真實**的**相似程度**，因此筆者不會執著這些模型，也因意識結構是無底深淵的複雜，不想再去多加想像。而藉此**夢模型**能體認到『信息的等效』，以及能擴展我們思維的領域。

3-8　物件觀點的夢模型

前面由意識線的『事件』觀念及多維時間的觀念模型，所無心推論得的意識現象——類似夢，是筆者自導自演出的一種想法，無論這模型是多麼精彩誘人，到底還是要回到我們平常所信認的這一維時間的現實生活世界之『物件』觀念來探討。我們不能閉門造車的不管是否與現實面(物件觀點)相吻合，而**自編自演自賞**。也就是說不能不去檢討是否與我們平常所認為的真實世界的已知現象、常理、規則**接軌**。

因為不管以物件觀點或事件觀點，都是解釋同一現象世界，結論都要能互相會通。故我們以下將用『物件』觀念，來理解意識的一些現象。我們用的是意識方塊圖來做為檢討意識現實面的基礎。

但在此我們還是要再強調一句老話：所有能讓我們感覺到的境相，不管是所謂的真實現象，或是所謂的幻象，在那個『當下』必然是在我們的意識中心有一相對應的意識信息符號之存在。不管此信息符號來源是源自何處(例如：源自所謂的真實的外在世界，或來自自己內心中起來的念頭，或是自己的幻想，或是不知哪來的魔鬼給予的恐境)，在我們的意識中心必有一相對應的意識信息符號之存在的這個信念，是我們這思想的最基本的前提。

意識方塊圖

從物件觀點(時間有流的先後觀點)看，吾人的意識功能構造，筆者大類將其分成下面幾個方塊所組成：

< 1 >意識中心：

此中心純為一個有意識的觀察者，它不發命令，也不作評論，只有覺知，其他都不做。即信號僅進入，而透通出來。他本身不去影響信息。

筆者私以為：吾人若靜下來，內心獨自的自我對話，您可發覺似乎有兩股力量在互相談話。也就是問話者與答話者。但在此兩者的中間似乎更存有一位靜默的旁聽者，它不發命令，也不作評論，僅在聽我們內心的兩股力量自我對話(不知讀者有否感覺到此一內心經驗，請自己試試！)。筆者自以為這位靜默的旁聽者即為意識中心。我們之能覺知的中心。

< 2>判斷指揮中心：

此中心純為一個盲目的邏輯判斷與發命令指揮，也能由記憶中學習，但是它沒有意識。其大部分一舉一動、運算結果，會流過意識中心，故意識中心可觀察得到，尤如電腦般，能發佈命令、能辨別信號。信號進去，再流出來都會受到改變。

吾人內心的自我對話，問話者與答話者到底是誰？應是判斷指揮中心。它的邏輯判斷與指揮之過程，有些我們的意識中心仍無法得知，但有些可被意識中心知道。

<3>潛意識(改扮中心)：

此中心分成兩部分：其一能從記憶中心取得資料並加改變成物相的改扮中心。另一部分能具有判斷指揮的能力之潛伏判斷指揮中心，其運作過程，意識中心無法觀察得到。它好像是判斷指揮中心的背景助手。它與判斷指揮中心溝通時，意識中心都無法觀察得到，何況它自己內部的作業，意識中心更無法覺知到。

<4>記憶中心：

此中心在儲存經驗的信息。意識中心所能知道過去的感受，其資訊必取自此中心。設若無此中心，意識中心就無時流感覺，因為無法回憶來與現狀比較。

<5>外界周邊：

如吾人身體、感覺器官、隨意器官、不隨意器官。

當我們作任何行為，包括：思想、觀察、下命令決定行動，或行動中，、、、等等行動，皆會涉及意識的信息流通於這些方塊中，只不過其間的流程不同而已，底下我們就以意識的信息流通於這五個方塊之流程，來理解吾人平常行為與感覺，下面就是試圖解釋我們平常行為與感覺。

【圖 3.6.4】

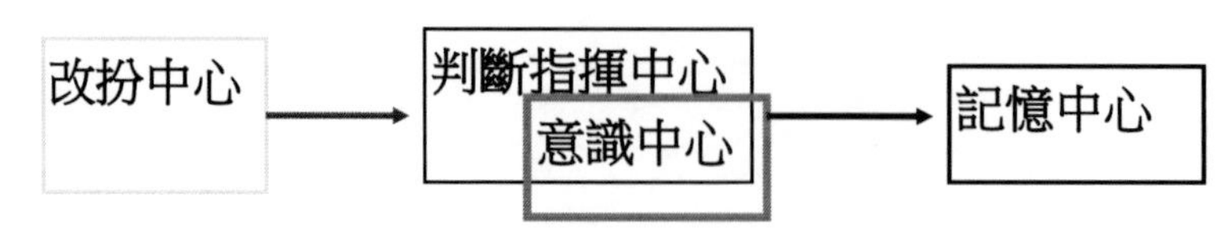

由於意識中心通常與判斷指揮中心一起作用，因此兩者被合稱為上意識。在下面的方塊圖中，就把此兩者連在一起。
(圖 3.6.4)為作夢示意流程。

受的部分：
上意識接受來自改扮中心的假外境信息。當我們做夢時，外界周邊器官是休息狀態,不接受命令或信息,因此五個方塊中心就少掉了外界周邊器官。

當潛意識(改扮中心)製造一些假的外界信息，送給判斷指揮中心與意識中心，使其誤以為是真的外界事件，但經意識中心感覺後，仍然原封不動的把此假外界信息送至記憶中心，如此醒來後的意識才能再由記憶中心獲得曾經有一場虛幻的夢經歷。若不送到記憶中心，則雖然做了很長的夢，醒來後的判斷指揮中心與意識中心絕對不知曾做過一場夢。或是另外一種流程(圖 3.6.5)，

【圖 3.6.5】

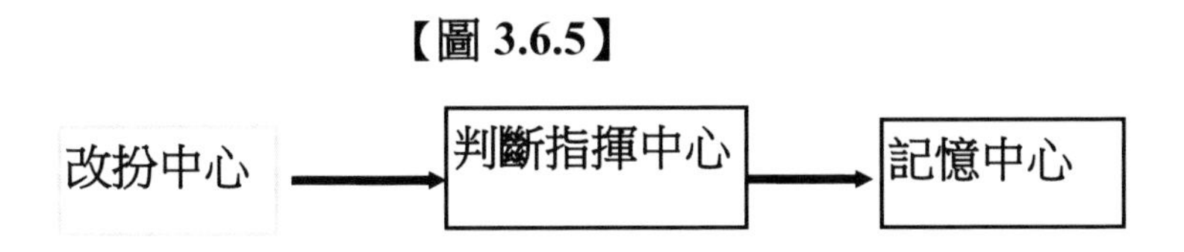

可不必經過意識中心覺知，僅透過判斷指揮中心後，直接進入記憶中心。潛意識(改扮中心)製造一些假的外界信息，並不送給判斷指揮中心或意識中心，而直接送到記憶中心去。當醒來後的意識中心由記憶中心獲得這些假的外界信息時，會誤以為是自己剛剛經歷過的遭遇。但與現實世界比較不符，而警覺到那是虛。也可能有如(圖 3.6.6)的的信息流程：

【圖 3.6.6】

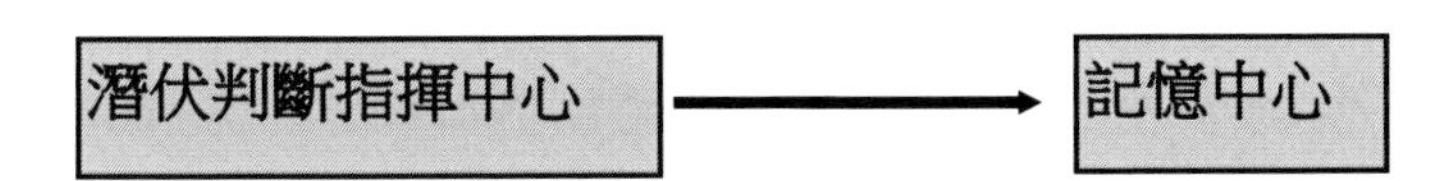

如此的流程，根本就是潛意識自己自編、自導、自演之後，將此自演的過程資料，直接傳入記憶中心。待醒來後的上意識從記憶中心讀取資料後，就誤以為自己曾有過經歷了潛意識所演的一場過去。
作的部分：(圖 3.6.7)或(圖 3.6.8)所示，當夢中的判斷指揮中

心反應假的外界信息時，送出指揮命令，但因外界周邊的動作器官並未開起(或溝通管受阻)，故送出的指揮命令是虛發，乃直接就送到記憶中心儲存，以使醒來後的意識也能知道自己曾對外界器官發出命令，以反應虛假的外境。

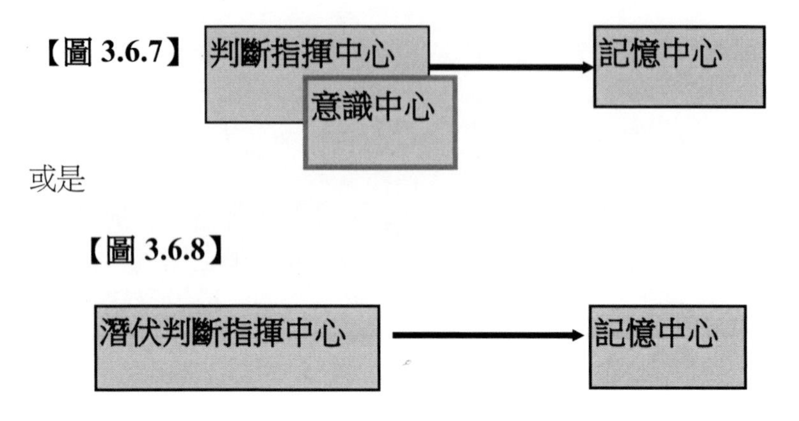

【圖 3.6.7】

或是

【圖 3.6.8】

(圖 3.6.9)或(圖 3.6.10) 發出的命令並不是判斷指揮中心發的，而是潛意識(改扮中心)發出的。而發出的命令也沒讓上意識去判斷、覺知，就直接送至記憶中心儲存，當上意識清醒後從記憶中心提取資訊，就誤以為是判斷指揮中心曾發出的命令。

以上所舉的各方塊皆是以意識功能上的不同所做的開展，但解析上卻是用『時流先後』的觀念所做的流程圖來說明，是以在物件觀點中做的模型，不過這樣較接近於我們平常的思維觀點。筆者不是心理學家，對意識心理學是門外漢，故這裡的意識物件觀點的模型，也請不必太計較，這只是供做大略的比較而已！

前面諸章所談的意識模型，不管是以物件觀點或事件觀點，皆建築在有時間或空間的背景上，例如談靈魂向性雖是已經合隱了空間背景，但卻開展成有時間背景，如此才能談時間不對稱，談時間的流，談時間的不同位置。這似乎時間或空間的背景是獨立存在於意識之外的一範疇，意識是立於以時空為背景(舞台)上的真正存在者。但從意識的結構來說，時空背景，也是對應到諸多意識結構形式中之一而已，故可以沒有時空背景，但是要連意識單位也隱沒，筆者覺得很難想像。故，意識單位可以沒有時空背景，所以意識單位不必然是建立於事件上。

第 4 章　想像超越時空相意識結構之開合

本書是以時間為主題，而時間『流』卻深深地與〝活〞意識綁在一起，故仍需對意識的皮相結構做些討論。然而意識是一門實修親證的學問，絕非紙上談兵的事，一介凡夫的筆者更是沒有能力，也沒有資格談實修實證境界。在本章裡，筆者只是想以個人之前對時空的認知，為意識略做『皮相』上的連想，也試圖連想超越時空相的意識結構之一些開合模型。模型因僅止於『皮相』，故只能在像意識單位、靈魂向性這類粗陋表層特性的外圍繞，其它深層實質的親嚐實證就不敢奢談，故以遵守『素觀』為原則。但既是開合模型，絕非真實，故請讀者不要太執著它。

意識單位為意識的區隔(界)性下了顯明的註腳，也由於這特性致『同一人』有不同的各種意識狀態(境界)存在，包含一時一時的不同心念，也包括各種境界的生靈的不同意識狀態，這些都是意識的區隔(界)特性。靈魂向性雖可能僅是意識結構眾多形式中之一而已，但卻激發筆者興起整體意識結構概念之初動機，因此意識雖有意識單位的區隔性，卻是有組織的『同一』結構性。意識單位主談區隔；而整體意識結構卻談一的整體性。

我們曾經在第 3 章中無意間引出的夢之時間幾何模型，尤其連想到存在於其他時間方向上的意識單位，都可能是自己本尊的意識，讓筆者對〝我〞的〝本尊〞——真正的自己，感覺更加模糊，一時有「一切靈覺知者，同我為一」的感觸。但也由此種多維時間概念，連想到可能有其他不同形式的意識結構，而有各種異類境界的生靈的不同意識境界的連想。

4-1　超越時空相的意識結構列舉

4-1.1　列舉有時間相的同一人之意識結構開合圖示

在第 1 章裡談的意識線，曾提及可用直線，也可用曲線來表示，但不管用直線或用曲線表示，如【圖-4-1.1】及【圖-4-1.2】所示，均可表達同一甲人的不同意識單位之間的有序性與區隔(別)性，這是『開展』時間相的事件觀點表示法。但若用『合隱』時間相的物件觀點看〝同一人〞，就比較不強調區別性，當然更談不上有序性，僅強調〝同一人〞，則可如【圖-4-1.3】來表示。

【圖-4-1.3】原本僅一個中心點而已，用來表開展(強調)〝同一甲人〞之特性，而『合隱』掉時間相的〝區隔〞特性。故圖中僅一個粗紅點而已，用來表示『一』。不過為了讓讀者不要忘掉被合隱的時間相〝區隔性〞，特別以方向的不同來強調被合隱的部分(不同處)。方向是用箭頭來表示，但圖中箭頭的長短沒有意義。圖示箭頭不同方向，是表示不同意識單位的狀態存在於〝同一人〞上，也就是所謂的〝同體〞(重疊於空間的一處)卻多相。無論如何，這三種圖示皆表示對同一人意識的不同『開合』方式。若在這三種圖中再加個同樣形式的一個乙人圖示，那麼圖示就變成有甲人與乙人的不同人之空間相。這啟示著我們：意識可有無限種的『開合』方式(模型)，形式沒有固定。

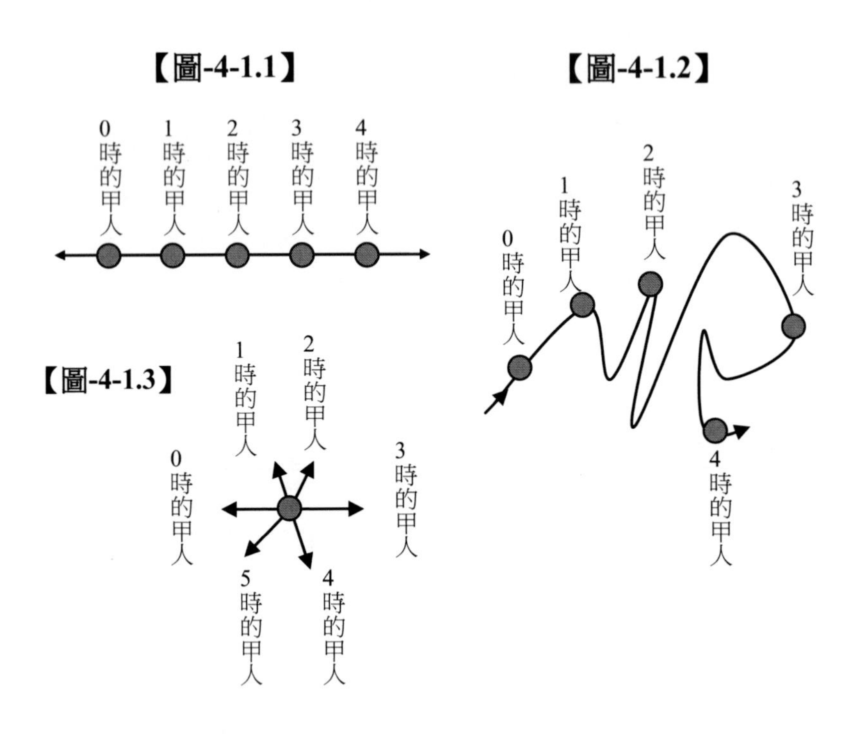

【圖-4-1.3】僅表同一個人的〝同體〞，這樣的同體，從物件觀點來看是極其自然，不足怪也！但若說『一切有靈覺知者，同我為一』這就比較難領受了！事實上，一切有靈覺知者(您、我、他、、、)，因為共同都有靈覺知，皆可稱是同一心質。

一般談的『同體』，似乎僅針對『空間相』重疊之謂，而不在乎『時間相』的不同。例如在時空連續區中，所謂同一世界線上的各事件，是指含『特殊互相類似』的物質特性，其空間相可能重疊，但時間相並不重疊。說同體，說區隔，若在超越時空(如信息、虛空間)觀念下，此兩者之意義，會令人感到模糊。也難有清楚的世界線了！世界線只是隨解譯者而有的模糊概念而已，難說出有或無存在著世界線。筆者私以為這同體，或區隔皆來自於解析者所做的面向不同的開合形式而有的名詞。

物件有底本質，故有自己的世界線；但純時間與空間就沒有自己的世界線了！因此稱時空不具底本質。也就是真空的點，不是絕對空間點。

若以『靈覺知』這同質性做強調來開展，而合隱其他異質性，那就該如在後面的【圖 4-1.6】的圖示，僅是一個點。其實它是比【圖-4-1.3】更超越的層次(超越時空相)來表示的。

4-1.2　列舉超越時空相的意識結構之開合圖示

在第 1 章裡開始介入意識感受符號與時間數線的對應，乃構成意識線。從靈魂向性的特性，發現一個個獨立的意識單位，雖獨立各自區隔，卻也不約而同的在時間線上，一個個呈相同的靈魂向性的方向指向。因此看似獨立區隔，卻又好像在一致的〝命令〞下，呈現相同的指向。這可看出這些一個個獨立的意識單位並不是一盤散砂，而是在『同一』種形式、有組織的意識結構所規範。這也讓筆者興起超越時空相的整體意識結構概念之連想。不過，一個獨立的意識單位就是對應獨立唯一的意識結構形式。

由於靈魂向性指向有以『負向』的形式存在的『可能』，因此才把靈魂向性的『議題』，定位在建立或顛覆時間先後觀念的思想。那麼若在有兩種不同意識結構形式中，就不能稱:甲結構先呈現之後，再呈現乙結構的這種『先後』觀念了！於是只能稱，多重結構形式是『並存』的。這『並存』意即非但不計空間的距離差別，更不計時間的先後差別，一律對等視之為並存在。而多重不同意識結構形式並存，只因意識單位的〝區隔性〞，其意識單位間不必然能相〝知〞。這就是超越時空相的意識結構概念。

靈魂向性並不一定是意識的『普遍結構特性』(例如，假若存在有不具時空相的其他生靈)，因為靈魂向性是建立在有時間距離為背景的特殊基礎上。筆者之所以用意識結構的形式取代靈魂向性的意識特性，就是表示靈魂向性的意識特性，只不過是眾多意識結構形式滄海中之一粟而已。而不管任何形式的意識結構，其意識的最基本隔離(識別)單位，我們還是稱之為『意識單位』，即意識基本區隔的單位。所謂的〝無情眾生〞(如植物)我們不知其有否靈覺知，但與我們當下意識總有個某些性質之不同的〝區隔〞在。幾乎一切境界都有意識的〝區隔〞單位。既然意識單位是基本區隔單位，故每個意識單位就對應唯一無二的意識結構形式，但總在一整體意識結構所規範。故，意識單位談區隔；意識結構卻談整體性規範。

當連想到意識結構形式可能有多種的形式時，許多我們自以為是的某種『牢固概念』就可能只是與某種意識結構形式對應而已，而不是絕對唯一的。這意義是，某種哲學上的根本立基之信認概念(如邏輯的理則，或數學的公理及較平常的自然律)都會有不同的對應。因此，不管筆者對本書的觀念再如何地篤定信認，也絕不能稱是絕對的。

若以整體來看，多種形式的意識結構是並存在的，這些個別結構形式只能算是整體總結構之一形式而已，其間的複合交錯形式，是說不清也述不盡的。因此整體的總架構我們也就永遠無法表述，只能留給我們自己各取某個面向去想像，所能舉的都是取其中某個面向作分析而給予其對應的名稱，我們稱之為子結構。而其整體的總結構就是再怎麼摸，也不敢肯定摸的就是觸及到祂的本質。

同樣是我(同一個人)，在時間為 8 時的意識單位與時間為 9 時的意識單位，其各自的意識結構形式就各自不同；在清醒中的意識單位，與在做夢中的意識單位的意識結構形式也各自不同。

『時間為 8 時的意識單位，與時間為 9 時的意識單位』，在這樣的描述中好似兩意識單位間有時間位置之不同，時空連續區好似『整齊有序』的結構，但是時間位置這樣的『整齊有序』只是個境相，是各自意識單位之意識結構之對應境相(境界)而已！

在似乎各自獨立的對應境相(境界)中，卻有相似的性質，而被歸納於同一族群，或就被稱為同一個人的不同意識單位，或被稱為在同一個時空點的不同性質之意識單位(境界)，例如:靈魂向性指向不同。

因為超越時空相(時空的模糊化)，所以可將個個獨立的意識單位(境界)，以各種各樣的圖示方式表之，例如以合隱時空的觀念，做開放式的開合。

我們列舉三種方式之圖示【圖 4-1.4】、【圖 4-1.5】、【圖 4-1.6】來表達這種開放式的模糊時空(不是只模糊空間)觀念之意識結構的幾種開合方式，而這三種方式是可互容的：也就是說，雖不同的開合表示，但卻皆針對共同一總意識結構。【圖 4-1.4】及【圖 4-1.6】皆無時間相與空間相(超越時空相)的開合方式表示法；【圖 4-1.5】為有時空相的開合方式，因為有螞蟻 A 與甲人的空間不同相。【圖 4-1.4】是強調意識單位的開合方式，毫無拘束的各自獨立境界的存在，我們分析者不去理會其間的相關規則，每個意識單位皆『平等並存』。

所謂物理學的自然律，就是歸納這些獨立的事件相(意識單位)間的相關規則。

【圖 4-1.5】中表示我們分析者去歸納【圖 4-1.4 】中的部分意識

單位間的相關規則性，所形成的模型或形式。

【圖 4-1.6】中的中心點表各意識單位間的『質性』是共同唯一的，各箭頭**不同**方向表各**不同**意識單位的**唯一性**之意識結構形式，各箭頭沒有長短意義，甚至於被縮至近於0，繪出長短，為示人而已！圖意主旨在表達：帶有各**不同方向**的**唯一點**。

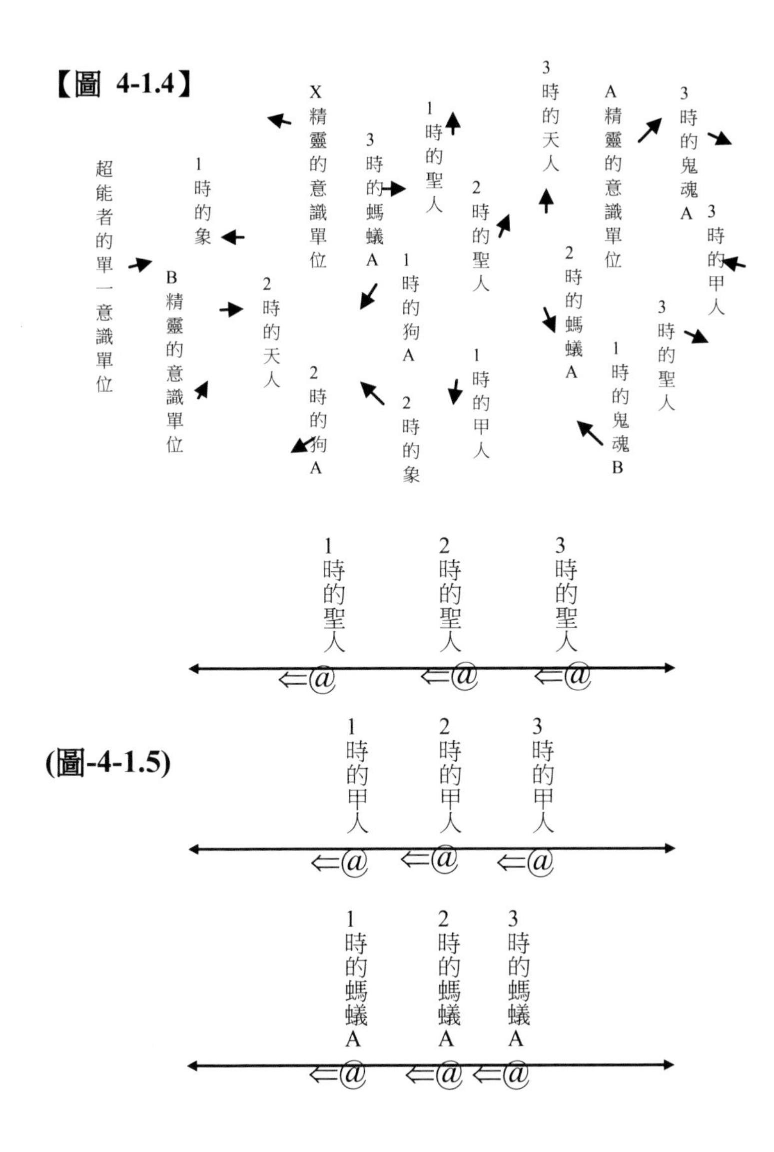

【圖 4-1.4】

(圖-4-1.5)

這種開放式的表示法都在模糊時空結構觀念，從【圖 4-1.6】中就示出：似乎同一個時空點，但卻有多重不同的多個意識單位存在。甚至於這重疊點根本沒有時空觀念。也由此讓我們對事件與意識單位有明顯的區別觀念。事件是在有時空相的觀念下而有的，而意識單位卻只在乎『意識』的獨立唯一區隔單位。若另類的意識結構形式所對應的境相沒有時空相，就沒有事件的意義，但要連意識單位的意義都不存在，卻是很難以想像的事。所以意識單位在筆者的認知上，是幾乎遍及所有之意識結構形式。

【圖 4-1.6】

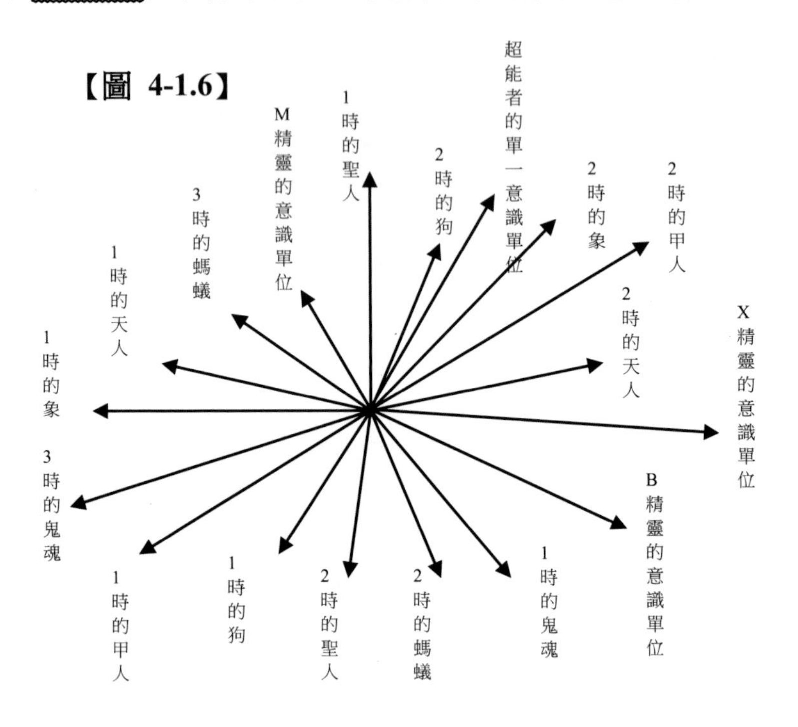

過去的觀念總是認為意識單位是置於事件上(以事件為平台)，但現在卻可僅持有意識單位的觀念，而拋掉事件的觀念(超越時空相)。時空似乎只是分析者所創造出的參數工具而已！

以上三種圖示皆可看成是依合隱空間的觀念的開放式的意識結構所含蓋。此三種圖示表示其總整體的概念為開放式的結構，但每一種圖示法就代表一種對這大千世界(宇宙人生)的不同開合方式。之前我們所畫的時間的數線，沒有一定要用直線，用直線只是在表達在其上的各意識單位間具有某些共同的意識結構性質的開合方式而已。在【圖 4-1.6】中，先前所繪的意識單位、意識線、時空連續區、、、皆被合隱不顯，此處竟有鬼魂、精靈類的異質性境界之單一意識單位亦示其中。其主要強調的是，共同有靈覺知(意識)的存在。有靈覺知(意識)的存在是所有意識單位共同的質性，以圖示的中心點來表示共同點。不同意識結構形式的意識單位，其對應的境相也就有不同，什麼有情與無情的東西，皆與其意識單位之意識結構形式呈對應。但請注意，【圖 4-1.1~6】各圖示中，皆以意識單位做基的單位，並不是以同類意識性質的『組群』做基的單位。故，一個意識單位即代表對應一唯一獨立的基本意識結構形式、一基本意識境界。

筆者的概念是這樣：用想的，有作為的都是屬**物件觀**的說法；意識結構(本具)是屬超越的說法。意識結構是以超越時空的觀點說的。常聞說:『心能轉境』，在此義下的『心』，筆者若以意識結構(心、物、理，的合一)的觀點來說，會把它解譯為:心與境是直接對應(是從超越時空相說的，不談有為或無為，心與境是〝一致〞的)，境沒有〝能轉〞或〝不能轉〞的問題。〝山崩〞直接就對應意識結構的形式；但若筆者要把它解譯成：我要用心力使〝山崩〞，在此義下的『心』即心意志，是用心力想的(是從有**時間相**說的)，其要用〝想〞的讓〝山崩〞，是以物件觀點(有先後的時間相觀念)說的，帶有機率性(所想的未必能成就。有可能成就，也可能不成就)的說法，不是直接對應，故要〝山崩〞，不見得山一定會崩，所以這是做心力的作，是有作為的。

總說：一個意識單位就是『對應』獨一無二的意識結構形式。意識單位、境相與意識結構形式(心、物、理相牽涉)這些概念，在筆者的解譯裡，皆非以時空為背景的概念。

4-2 同異

從上節的各種開合的圖示中就約可意會到宇宙人生的各事物間常是亦異、亦同，不可強分辨。這也是用開合分析法必然會有的特性，也是整體相對應性必然的結果。

唯心論是主張一切『外境象』都是此心所現的幻象，此即表達心境合於一。這是說明『同』的觀念，此處『外境象』是虛義。但卻有人依此理論擴張推演為:『你死了，你的個別世界就跟著消失！甲人死了，甲人的個別世界就跟著消失！大家都死了，則大家的個別世界就不存在！即整個外在世界也消失了！』，這裡你、甲人、大家，也是虛的區別義。因為都是合於一心中的自分別。若不這麼說，甲人的個別世界與乙人的個別世界就存在著有實分別，但甲人與乙人雖是合一於一心中，但仍有分別。即『同中亦是有異；異中亦是有同』。

4-3 意識結構形式(心)與境相的『對應並存』

筆者在剛學物理學時，對宇宙人生，是持唯物的觀點，但後來又受唯識論的薰陶，卻又有了改變。物理學是合隱靈覺知，開展『信息境相』間的關連規則(自然律)；唯識論卻合隱『信息境相』，而開展靈覺知。此兩者或多或少皆含有時間背景相，故筆者在此想以超越時空相的『開合』方式去重新作思考。

在筆者的認知裡，我人的確是有『靈覺知(心)』，而有『靈覺知』常是脫離不了其『對應』的『境相(覺知的相)』(筆者無法想像有清清楚楚的活覺知，但卻沒有覺知相的那種所謂『無念』境界)，因此這就如我們這標題所指的『對應並存』。

一般在分析這宇宙人生時，常用物質與精神的分類法之『開合』方式。我人的『肉體』當然是被歸為物質，即物有底本質，也是境相的底本質。但是，心物為同一回事是筆者的信念。

我人與礦物有很明顯的差別，就是我人『能』覺受萬象，或『能』識別境相，這種『能』被歸屬精神(心)。雖說精神與物質有別，精神對空間義是較模糊的，但其因仍有涉及時間之〝流變〞，就會讓我們感到精神也是會有〝變化〞的，若還是在這意含下，筆者就會把祂列為抽象的物件觀，但若能連時空相也超越了，那才是趨近於筆者所意向的『心質』。

精神的能覺受，在物理分析上就是被歸為『觀察者』的角色，而物質就被歸為『被觀察者』的角色(被觀的標的)。當心(精神)觀察物質時就有『覺受』，為了要**分析**就把這無法描述的『覺受』立個名詞稱為『覺受相』，這是我們一般的物件觀點。

覺受相是信息與心當下『合一』的相，沒有信認的層次問題，也不是有觀察者與被觀察者的分離義。因為『被觀察者』的真實底本質，永遠無法被『觀察者』得到，得到的是相關於被觀察者的對應信息與觀察者(心)合一的覺受相(當下信息)。(一般人會把覺受相就認為是被觀察的〝標的〞，也認為是底本質，這樣就有觀察者與被觀察者的分離義)。但筆者覺得『覺受』是直接『對應』當下心(意識結構的形式)，沒有強調是分離或合一。

4-3.1 與心對應的『境相』—『覺受相』及『信認概念』

我們所稱的『境』，對其義的開合方式有無限多種，因此其意義並不很明確，故非絕對的。筆者想用『覺受相』與『理』來取代一般所稱的『境』。

〝覺受〞本是直接親證的，無法描述作分析，但因要分析，〝覺受〞卻變成名詞，稱為『覺受相』。筆者認為我們的『靈覺知』總是伴隨著『覺知的相』，很難想像此兩者(『靈覺知』與『覺受相』)能單獨存在，故稱兩者之間為一種『對應』。『覺知的覺受』是當下『覺受』，是親嚐親證的，親証自明，不假外求的，即使那情境是佛神仙或魔鬼精靈所創造出的，但覺受到的，必然是自己覺，不會是佛神仙或魔鬼精靈取代你去覺受的。

『理』就是用來分析歸納眾多『覺受相』的道理，如：理則、數學、邏輯，更延伸成如：自然定律與概念模型。『理』是意識〝信認〞而有的，非如『覺受相』的親嚐親證。故其另一稱叫『信認概念』。其實『境相的真實底質(被觀察的標的) 』也就是屬於『信認概念』。『信認概念』筆者還將它分成先天的對應『理』，與由先天『理』及『覺受相』合混延伸概念(屬後天的)。

先天的『信認概念』是我們人類發展理論模型的最原始理則，如哲學的邏輯、數學等最根基的『信認概念』；再其次的『信認』層級是經驗覺受相與先天信念所合和延生的觀念模型(如〝消失〞、〝生起〞、〝永恆〞、〝暫時〞、〝已經〞、〝還沒〞、〝改變〞、自然律、、、，或是經驗統計出的規則)。先天的信認概念，如邏輯、數學公理或定義，這些雖非親嚐親證，但都不要經驗證明，就被『信認』為絕對的〝真〞。如:定義 (Definition)或公理。

後天的信認概念，例如：由先天的信認與經驗合和的延伸而有的自然律，這些都要『經驗』證明才被信認的。意識的先天信認概念就是構成我們歸納出自然律所根據之哲學根基理則，依此做理則歸納、演繹而推演以建立許許多多延伸理論模型(或自然律)，做為我們處事的依據，而能製作出如：時鐘、弓、刀、飛機、衛星、大砲、車、船、電腦、、、等等工具，及制定出規矩、制度來輔助我們群體社會生活應用規範。而後天一切理論都是先天的信認概念的延伸物，包括本書所談的一切模型皆屬之。這些哲學根基理則的信認概念，雖非『當下』能親嚐親證，但我們皆無條件的『信認』為絕對〝真〞。再藉這些根基理則的『延伸模型』，卻是與我們這類意識架構下的現象世界有〝高或然率〞的與相符，讓我們對這根基理則更為鞏固地信認。

人們認為：『覺受相是有無限多樣的，不定的，但其必對應到唯一的底本質才存在』。這底本質就是所謂的『真實的客觀外在境』的底本質(被觀察的真實標的)。因為認為有個底本質，故被歸屬於物質。這底本質的概念之『存在』是由『信認』而有的存在，不是親嚐親證的那種直下自證自明的覺受。

4-3.2 先天的信認概念(根基理則)非絕對

我們『信認』的概念中，總有個被觀察的客觀外在世界實質標的之存在，客觀外在世界其對心而言，被認為是『被觀』的角色，心因觀察外在世界實質標的而有對應覺受(相)，這覺受是親嚐親證，不証自明。例如我們六個覺識：視覺、聽覺、嗅覺、味覺、觸覺、意覺等之覺相皆是。我人的心除了有對應覺相外尚有先天對應的信認概念，由先天對應的信認概念與對應覺相(經驗)所衍生出的後天信認概念，就是我們心所認為的外在世界(底本質與規則理)。這外在世界也是與我們當下心的一種對應，總稱為對應境相，或稱為對應境。

為什麼境相、覺受、覺相、信認概念之前總加個『對應』呢？這代表境相、覺受、覺相、或者信認概念都不是絕對的。是隨該意識單位所屬的意識結構之形式所對應(相依並存)的。

對應信認概念有些是意識對應的先天基本信念，被視為公理、公設、定律、、、的叫做『根基理則』，像數學、邏輯理則、幾何、、、等等；有些是後天的，像物理定律、心理學原理、時間、空間、物質、能量、、、就是依經驗材料套在先天基本信念下所推演出的模型。模型不是親嘗親證的『自明』，但我們常因其符合現象世界的或然率高，而忘掉那只不過是模型，是信認概念而已，卻信認為『真實』。近代物理學指出:探究物之『真實』本質，是永不可能達究竟的，再怎麼精密儀器所探測出來的物質象，都是模型非真底質。例如:物理學上談的質子、中子、電子、夸克，您親眼看到了嗎？親身觸摸到了嗎？都是模型而已！

對應覺受相之所以真，是其直屬當下心與當下信息的合一。這一理旨，是本書的重要基本信念。你當下看到一個紅蘋果，這是你當下覺受的真；科學家跟你說，這個紅蘋果是由多少氫原子，多少氧原子，多少碳原子組成的，但你親眼看到分子、原子嗎？這些所謂的原子都是信認的模型概念而已，不是真底質，僅直下親覺受為『真』。你在夢中看到模糊的一個人，在那看到的當下還是你自己當下視覺相，醒來後的回憶象，卻是你的意覺相，意覺相是較偏於理相，但無論如何都是覺受(相)。其實信認概念模型，也是覺受相，因為那模型也是出現在您的覺受中，不可強區別。

我們的靈覺知，是自己親證得的存在，覺受(相)也是自己親證得的存在。依此基點，此兩者是對應並存的。

從意識當下言，以特定的面向來論，所有的認知概念皆對應到此當下的意識結構形式，例如:意識架構形式A，基於此意識架構形式A，我們有：數(序標與量)的概念、無限的概念、、、空間概念、時間概念，連續稠密概念，後繼元素概念、、、等等，這些概念，都是一種信認的概念與意識結構形式的對應。若有存在著意識架構形式B，其對應的先天信認的概念就不必然會與意識架構形式A所對應的先天信認的概念完全一致。因此先天信認的概念不是絕對的。

總之『境』或『境相』與『意識的結構形式』是一種『對應的並存』，是相依，不是絕對的通遍於各意識境界。

在上面所說的意識的信念，我們要強調的是，某種類的意識架構之形式，就與某種類的意識的信念成對應。請特別注意，這裡各種類的意識架構，是必有意識存在的，如:覺“冷”、覺“高興”、覺“紅色”、覺“高音”、覺“甜”、、、等等的覺受能力。在次層次談，外在客觀世界的有些物件是沒意識存在。意識的存在不光是有辨別功能就稱它為有意識，例如電腦不是也能辨識各種資訊，但卻無覺受。如: 火氣會往高處升，水會順低處流，春來花會開，冬來葉會謝，火、水、花、葉，雖都有辨別反應，但卻皆無覺受，這就是我們一直強調的意識『靈覺知的活性』之所在。但更要強調的是:『火氣會往高處升，水會順低處流，春來花會開，冬來葉會謝』，這些皆對應到我們當下此類的意識架構形式所描述的現象(自然律)，其他類的意識架構形式，所對應的描述現象，也許就不是如此。在高層次談，火、水、花、葉之相是與靈覺知對應存在的，沒有『有、無』意識存在的問題。

在有時間相的意識架構裡，一般的信念中，客觀外在世界的底本質似乎獨立於吾人的感官覺，不管有否生靈(靈覺知)的存在，它都依自然律的演化下去。客觀世界本身無感官覺，它所呈現的現象好似也無關意識的感覺。但是筆者要點出的是，我們所覺受的現象、甚至於時空，是與我們這類意識架構的一種對應。如果不是這類的意識架構，所對應的現象、時空或客觀世界就不是這種現象的演化方式，甚至於連〝演化〞這字眼都沒有意義。要特別點出的是，這另類的意識架構如果不像我們有時間與空間的觀念，則哪有某意識體〝死後〞，自然律依然會〝演化〞下去的『語言(說法)』呢？其對整體(不分時空的整個宇宙體的〝靈覺相〞，我們無法去想像。因為沒有時間相，哪來的〝死後〞、〝演化〞呢？) 覺受而言，因其感官覺就不是像我們一般的視覺、聞覺、嗅覺、味覺、觸覺了，必也跟我們有相當的不一樣感官覺。譬如:人與鬼的意識架構也許不一樣，其時間與空間的觀念也不一樣(聽說鬼似忽沒有空間的限制，且可分身多處，神出鬼沒的不規則)。故以你當下這意識架構形式，你會相信：不管你的生或死，這客觀的外在世界必然仍依循其自然律的演化而存在；但當下的你，更要相信：你會信認這外在世界終極底質〝永遠〞依循其自然律的演化的存在，只是與你當下的意識架構的一種對應，因為當下正〝活〞的你就是見到此現象，當下你就是信認此自然律的存在。不然怎麼對無限萬古第一因，你既信認其存在，但卻理不透(參不透〝無限〞的意義)呢？所要強調的，那只是一種信認概念而已！非親證自明的。在上面所說的意識的信念，我們要強調的是，某種類的意識架構之形式，就與某種類的意識的信念成對應。

4-4　超越時空觀點之『境相』與『心』對應的現顯

俗下的唯識論，常用物件觀的語言來談心與境，例如說：『如果甲人死了，則甲人的世界就消失』,『如果乙人死了，則乙人的世界就消失』,『如果全部生靈都死了，則全世界就消失』。『如果甲人死了，而乙人仍活的，則乙人所看到的甲人生前的身體與甲人死後的屍體皆是屬於乙人的世界器物，不是甲人的世界器物。因為都是乙人看到的，不是甲人看到的』。

但是要留意一點:真正甲人的死，卻也關聯到乙人的世界器物，這是意識整體結構的問題。『如果全部生靈都死了，則全世界就消失』，那由誰來鑑定(看到)世界是消失或者繼續遵循自然律的演化下去呢？

物件觀的唯物論當然主張『如果全部生靈都死了，則全世界仍存在，物件(物質)會繼續遵循自然律而演化下去，無關有否生靈的存在』。

『若全部生靈都死了，則全世界就消失了呢？或是仍存在著繼續遵循自然律的演化下去呢？』。這爭議，終因無有見證者，故這爭論為無結果。認為會消失的，是〝活的〞時候的唯識論者的信認概念』而已；會認為繼續存在而遵循自然律的演化下去的，是〝活的〞時候的唯物論者的信認概念而已！因此，無論何種的『信認概念』，都必須對應到〝活的〞時候的生靈所信認的。沒有〝活的〞時候的生靈，豈有這些信認概念呢？

上面兩者論調皆是以在有生滅的物件觀點者所說的話。『若全部生靈都死了，則全世界就消失了呢？或是仍存在著繼續遵循自然律的演化下去呢？』，這種『若、、、，則、、、』的假設性是在某局部、片斷下之語言形式，不直接面對整體現實。若以現前當下，直下覺受、直下親證、直下親明，豈須再找他者佐證呢？豈須信認呢？您覺得〝痛〞要找他者作證，才相信是自己的〝痛〞的感覺嗎？〝痛〞是直下覺受、直下親證、直下親明的，是不證自明的，非關『信認』或『不信認』。

從事件觀點來談，是以整體時間長河來說的，是『事實整體』，不談生滅、不談消失，其上皆是現顯的真實事件。且世界『相』必與具靈覺知的生靈成對應；故不談生靈，就不論世界『相』，那更不談生滅、不談消失。

您現當下是〝活〞的看本書，是當下直下覺受、直下親證、直下親明，需要問他者作證，才相信自己是〝活〞的嗎？既然當下直下親明〝活〞的，當下又『信認』:整體時間長河是所有生靈(〝活的〞)的集合，那還有死寂境界的意義嗎？有生滅問題嗎？有世界〝消失〞的問題嗎？所有大千世界皆是意識單位的集合。一個意識單位，有可能覺自己沒有靈覺知嗎？既然皆有靈覺知，還需再論〝死寂境界相〞嗎？

當超越時空相，就無事件的存在的意義，也不有物件觀點。則該當下的意識單位所對應的信認概念是與該意識單位的意識結構形式成直接對應。於是不同的意識結構形式，其間所擁有的信認概念，也不相同。

超越時空相，就不用談生滅了，因沒有時間相，如何說這時生，那時死呢？因沒有空間相，如何說此地有生靈，彼地無生靈呢？所談的就是本具的意識單位，這大千世界就是所有意識單位的集合。每個意識單位就是一個個別境界。各個境界間的關聯，就與其共同的意識結構形式對應。其結論也是：有世界『相』必存在著生靈；無生靈即無任何意義。

當超越時空相，整體的集合是『不生不滅』，所謂其上的各不同意識單位，皆同樣是整體的集合的分別相而已！您可將這分別相解譯成是重疊在一起的不同幻象，也不會有人能反對您，因為沒有空間相，就無所謂重疊或分離。

『事實』『現顯』覺受，不需用『如果、、、，則 、、、』或是『因為、、、，所以、、、』來想『改變』或論述它，因為此假設性語言是局部的、片斷的、是多餘的。心與境本就如如存在的『事實』。您『當下』在閱讀本書，您『當下』不是心存在嗎？ 境相(本書相)不是也存在啊！ 兩者本然就是『相對應』存在，為什麼還要再去用『如果、、、，則 、、、』(如果沒心，則沒境)或是『因為、、、，所以、、、』(因為有境，所以有心)，的多餘事呢？『心』與『境』不是『當下』皆現顯存在嗎？『當下』現顯事實，其本然的存在皆是『相對應』的現顯。故當下既自證存在，整體意識單位的集合，就不談唯物的死寂(沒有生靈的境相)相了。死寂相只是一種〝活〞的意識之信認概念而已！就以物件觀點論，過去人類尚未存在時期的種種世界相，或是人類滅絕後的種種世界相，只是『當下〝活〞』

的心意識所對應的信認概念(模型)，非直下親證。沒有生靈，即無見證者，那還談什麼滅絕相呢？一切模型境相皆與『當下〝活〞』心總是不能分開而單獨存在的。故一切境相(含想像的模型)，皆與『當下』活心對應存在著。何必再用『如果、、、則 、、、』的假設呢？

若以事件觀點論，就不會有宇宙〝誕生前〞、〝滅絕後〞的語言，只有『當下活存在』。在事件觀點的立場也聽不懂『生死』的詞語，也聽不懂『演化下去、宇宙膨脹』等等的詞彙。

不過在此筆者還是不忘提省讀者：生活在物件觀的我人，『信認概念』，或『理論模型』是給我人有依循的工具。沒依循、沒寄望，怎能算是過活？

若沒有『信認概念』，一切其他生靈只算是像電腦一樣只會運作，卻是死東西！因為『不信認』其他的生靈是具有靈覺知存在。即把『您』、『他』都看成不具有靈覺知的幻相而已！

從本書開頭就提及靈覺知的不生不滅觀點。這不生不滅一本具不是物件觀的時間〝絕對流〞的「永恒」。如果時間真的是在〝絕對流〞，那麼連現在當下正觀看本書的您，也難予自我肯定〝正存在〞。因為對恒古時間的〝絕對流〞，其所謂的「現在」(過去與未來的分界點)已經在我們想像中的**無限長**之**時間軸上面**流了無限久了！試想以我們活的時間區段，與**無限長**之**時間軸**的其他區段(我們出生之前或我們死後的區段)相比之下，我們活的時間區段就等同為 0，而那個會〝流〞的「現在」，早就該〝流過〞**時間軸**上我們活的〝狹窄〞時間區段了，或是〝還未流到〞我們活的時間區段內呢。也就是正觀看本書的當下是〝**消失**〞或〝還**未存在**〞才對。但事實上，我們就是覺得那個「現在」就是**恰恰好**地正來到正觀看本書的您這個**時間軸上的這個位置**。這從**機率**來講，幾乎為 0 的**太巧**了！何以如此？究其根源，就是每個意識單位都就時就地的**本具**靈覺知。故每個意識單位總覺得「現在」就是**恰巧**來到「**此當下**」！

就因為「**此當下**」是不生不滅，所以您的活是「正存在」，準沒錯！因此感覺**時間**〝流〞是**不需要**有**無限長**之**時間軸**領域供**時間**的「現在」來做〝絕對流〞。這就是**時間**的「感覺流」與「絕對流」意義之不同所在。

該時空位置具靈覺知，〝**我**〞就存在於該時空位置。因此，您體認到「**一切**靈覺知者同〝**我**〞**為一**」否？

常聽到「人生是虛幻」的感嘆，就連大談宇宙誕生的物理學家，也會嘆服時間是虛幻的！可是當下的「**覺性**」是幻嗎？若以現實的物理學立場來說，**時間軸**就是同一物件生靈的**意識單位**的集合，也是其**親覺受**的集合。時間怎是虛幻呢？

第5章　感性的片段偶拾語

由於本書的思想是筆者從年少至今，在生活的偶然想法中整理出來的，沒有井然有序的歸納，故有錯綜混雜的感覺，因此把過去或目前臨時興起之偶拾片段，以一則一則漫無系統地臚列於此處，其內容或重覆或凌亂，但願讀者能自行串會。因其內容用語多以跨物件觀與事件觀的語言，甚至於超越時空，屬於癡語，卻是較感性的，雖不嚴密，但較貼切平常一般的認知觀念。其實這裡很多用語都是藉用感覺信息的等效原理。

偶拾雜集

<其一>　信認 與 覺受

莊子與惠子游於濠梁之上。莊子曰：「儵魚出游從容，是魚之樂也。」。惠子曰：「子非魚，安知魚之樂？」。莊子曰：「子非我，安知我不知魚之樂？」。惠子曰「我非子，固不知子矣；子固非魚也，子之不知魚之樂，全矣！」。莊子曰：「請循其本。子曰「汝安知魚樂』云者，既已知吾知之而問我。我知之濠上也。」　這是談異同的問題，也是談覺受與信認。

我看到一朵紅色花，你看同一朵花，你也說是紅色的。**紅**的覺受是個人各自覺的，可說**獨立唯一**，世界上再也找不到同您相同的**覺受**。但我們卻能這由視覺性紅色能取得共同的默契。譬如我取一支紅色蠟筆，給您看然後對您說：「去旁邊取一張跟我蠟筆同顏色的紙」。而您拿的紙顏色也讓我**認同**，我就信認您我有**共同**覺受相。其實覺受相是與意識單位同樣是獨立唯一的。其是「飲水冷熱自知，無法道予他人」的，也是有唯一無二的意識結構形式與之對應。

「唯有一心，心外無物」，一切都看成是我當下的幻像，如此好似世界多麼孤寂呀，連我正在與你談話，也看成是自己對自己的自言自語，因為你也是我的幻化。如此真的令我人多麼無趣，這是談**同一**。只當信認：「您是有別於我的異」之條件下，才有這世界存在的意義。在這信認下才能說您我有**共同**相似的意識結構形式。故我看到一朵紅色花，您也必然是覺得相似紅色的義，否則我們怎能互相溝通同一義呢？魚雖非我，我信認其覺受樂，有否不可呢？你看:相對論談及「在不同慣性平台，卻皆看到有共同的光速」，這不就是共同意識結構形式的規範嗎？請留意同義不是同覺，覺是親證親嚐的，義是信認的。認為「過去還更有過去」是信認；

「感覺疼痛」是覺受。

〈其二〉 事實「本具」，不是可分析的「命運劇本」

「美國總統約翰・甘迺迪於 1963 年 11 月 22 日在美國達拉斯遇刺身亡」，這是個「事實」，也可稱是「本具」。有人稱是因為他對當時的蘇聯太強硬，宣稱:「若俄國不把安裝在古巴的飛彈基地撤除，將不惜開戰」，所以蘇聯派人暗殺他。或有人稱:「因為他得 罪了當時黑道，所以黑道派人暗殺他」。「因為・・・，所以 ・・・，」這種對一事件 A，來解釋事件 A 的「因」有無限多種方式。如果筆者調皮的話，說：「因為柯林頓在 1992 年當選美國總統，所以甘迺迪會在 1963 年被刺身亡」。如此說法也許你會認為筆者是是倒果為因。但筆者真正要表達的意思是，既為「事實」，就不管再怎麼合乎道理或不合道理的說因說果，都是**多餘**的，不會改變「事實」。時空連續區本身即是事實的直陳，「事實」是直陳的，不是談理論的；理論只是模型，是讓人有所依循的劇本。

筆者不懂廣義相對論的方程式，但可想而知其彎曲的時空連續區模型是隨代入邊界條件(Boundary condition)的不同而有不同的曲率，這時空連續區之不同，若以事件觀語言談，不能說是時空連續區被〝改變〞。若能被〝改變〞，那這彎曲的時空連續區只是宇宙的「命運劇本」模型而已！不是真正的宇宙事實。

這「事實」不是僅對過去的事實而言，對將來的真實事件也一樣，是存在於時間長河鍊上或空時連續區上，皆如如本具。故對「真實事件」而言，就不要想用「如果・・・， 則・・・，」的形式想去改變知道的事實。但是用「如果・・・， 則・・・，」，「因為・・・，所以 ・・・，」來解釋原因，可以從事實經驗中檢驗出高或然率的規則性(經驗律)，來幫助以物件觀點的我們編織〝未來的命運劇本〞。而依循經驗律的「因為・・・，所以 ・・・，」，「如果・・・， 則・・・，」所編作的劇本與事實相符的或然率是很高的。就因如此，才是我們處心積慮地有所作為之意義，否則不就隨任命運宰割(命定論)了嗎？ 那就有愧疚於你當下的「靈覺知」了！

自己不會有〝突然〞的存在感

在第 3 章中提到對作夢的情節從何時開始，我們會覺得很模糊，同樣對我們何時覺察自己被生出？何時開始存在於這世界？也會覺得很模糊。如果不是長輩跟您說原由，而要您親身體察自己何時開始存在於這世界，必定模糊不覺。有一件可肯定的是：您絕對不會覺察「自己〝突然的〞存在」，這就是筆者所省的不能〝**生起**〞的意義。當然也是不能〝**改變**〞、不能〝**消滅**〞、不能〝**恢復**〞，這就是「本具」、「不是生的，不能滅的」。您可以感覺自已的「境象」有〝突然的〞的變化，但絕不會覺察(感覺)「自己〝突然的〞存在」。這種領會就是「不生不滅(不是生的，也不會滅的)」的**自在**感—「本具」。

【圖-5-1】

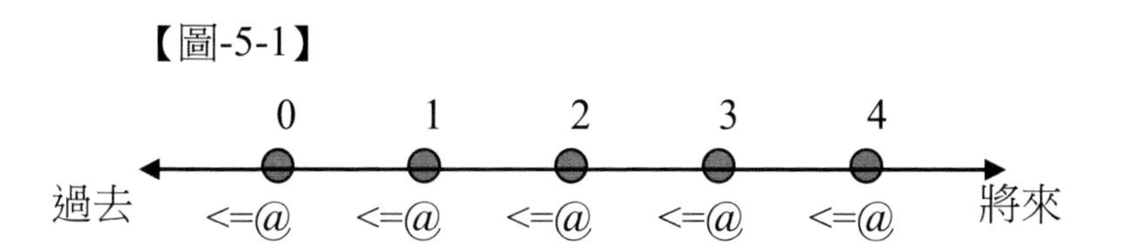

為什麼不可能會覺察到「自己〝突然的〞存在」。筆者有感於這是蘊含「心與境是同一、**並現**的對應存在」的意義。假若以靈魂向性觀點分析，如【圖-5-1】，您的第一個意識單位是在時間鍊上的 0 點〝開始〞有存在，那麼您的 0 點時間位置的那意識單位，因靈魂向性僅朝過去方向，可是過去方向上都沒有您的其他意識單位在，故您因沒有任何的**可回憶的事件經歷**，就不可能有**時間流**的感覺，於是自己的存在也僅是存在—「本具」的覺受相，但沒時間觀念，故不會有〝突然的〞存在感。而第二個意識單位(1 點時間位置)，才有過去方向上的事件(0 點時間位置)經歷可讓祂回憶，因此才真的有時間的流逝感，雖知自己存在，但不是「第一個」存在，所以也不會有〝突然的〞存在感。這意即**時流感**必伴隨著**意識**的存在，不可能**空**有時間流；但雖沒有時間流感的意識存在，也不可能僅存有意識卻沒有境相感。0 點時間位置的那意識單位雖無時間流逝感，卻也不是沒有境相感。

當一個人死亡時，假若還有靈識能回憶生前之事，也只能感覺其「境相」有〝突然的〞改變，但絕不會有自己〝突然的〞存在感。假若有個鬼靈的存在，因投胎出生為一個人，又假設它有**宿命通**，能知過去生的往事，則他的投胎為人，也只能感覺其**境相**有〝突然的〞改變，但也不會有自己〝突然的〞存在感。我們從睡夢中覺醒來，也不會有自己〝突然的〞存在感。意識單位的獨立存在於任何位置，不管在一維時間中，或是多維時間中，都不會有自己〝突然的〞存在感。這個結論是：**心**與**境相**是同一、同現的「本具」，境相可變易，自己的**靈覺知**總是一如。

在一維的時間領域裡，我們就可以幾何化的時間來體認到：自己的存在是「本具」、「不生不滅」的「事實」。整體宇宙間的事件，就是事實，一整體的「本具」、「不生不滅」的互緣，您為什麼要用「邏輯」的假設語句去分析，去舉出它「部分」事件間之「部分因果」關係呢？這「互緣」是整體性的「本具」、「不生不滅」。「本具」，其意義就是，不可否定「當下我正〝活〞」。

通常我們在談因與果的關係時，都假定此「果」的其他可能的「緣」**已具備**了，**剩最後一個**要提的緣就是變成它的**因**。故一般談因果都把其他緣給忽略了，只關心他所要談的那個緣。站在廣義的平等性的立場來說，只有互緣。這是筆者只談「互緣」，因對整體細微不清楚，就暫時不敢妄談「因果」的主要原因。

假若二維以上的時間背景有存在，那麼存在異於我們一般的古往今來之其他時間線上的意識單位，也一樣是「不會」覺察「自己〝突然的〞存在」。當我們要解譯幾何化的多維時間背景的意識單位時，其解譯的次序，可任意隨機去選，不必一定要在某一時間線上開始〝先〞解譯，甚至可任意隨機去〝先〞選某個意識單位來解譯，都不會破壞各意識單位的「本具」的〝覺受內容〞。總是生為自己：生為甲、生為乙、生為蛇、生為豬、、、，生於為任何境界。自己的存在、都不是突然的。將來的自己、現在的自己、過去的自己，是如是**這麼**的存在，您、我、他、都是如是**這麼**的存在，不會是突然的感覺到〝這是我〞。

您聽過蜜蜂產卵的事嗎？蜜蜂的卵被擺放在蜂巢格子上，註定後世的蜜蜂是否為蜂王，是屬空間方式的註定一個生命單位之事實命運，但是若以二維以上的時間背景存在的意識單位，何嘗不是被擺放在時間方式上的格子。(當然不是〝被註定〞也不是〝被擺放〞，而是緣起法的本具在)。這樣的省，讓我們幾乎無法分辨何者是〝自己本尊〞與〝他〞。故有感：時間與空間是幾何性的對等。從對等性看，空間上無法分辨，您、我、他，也無法從時間上分辨，將來的自己、現在的自己、過去的自己、或其他時間線上的自己何者是〝自己本尊〞？都有個〝我〞在呀！若再加上設身處境，「〝我〞之遍及一切」之感受會更強烈。不過筆者總要提醒您：回歸現實面，輕嚐即可。

<其三>　時間的〝流逝感〞不需〝現在〞指標

遙想東漢末年的「赤壁之戰」戰況的慘烈，而今卻消聲匿跡，一群風起雲湧的才子，也都歸於煙滅。是時間的指標離開他們呢？或是被時間之大浪給衝走了？由事件觀點上看，時間是個虛幻概念，並不是會作什麼所謂〝流〞或〝不流〞的，怎能衝得走祖先豪傑們呢？時間的存在，也只不過有**意識單位**的存在才有意義，意識單位不存在(即假想時空概念)，那有什麼時間的意義呢？沒有事件信息的**標的**，怎麼能顯出時間、空間呢？

「人生如夢」，在過日子總覺是「往者已矣！」的感慨。人生可貴，每個當下對全體宇宙都是有無比的份量，您以為：「三國時代的英雄豪傑們的時代已過去〝不再來了〞！儘管他們〝曾經〞存在過，但必竟〝已往〞矣！」。不過在閱過本書的事件觀點後，會覺得祖先英雄豪傑們與未來的我們千秋萬世的子孫們，都與當下的我們共同並存活在這全體宇宙的時間長河裏。您以為：「祖先們已被時間流〝沖走〞了！時間再怎麼〝流〞，也不可能再流到祖先們活著的時代」。不過不管這一〝現在指標〞是否指到三國時代的時間點，在三國時代祖先們活的時間位置上，時間「正在」那兒(的時空)流呢！祖先那個〝正在〞是存在的事實，不必指標〝再來〞指。您覺時間不可能再流到祖先們活的時代，但祖先時代的祖先們也覺得時間〝還沒流到〞我們認為「正在」生活的時代呢！而論談到子孫們的時代，子孫們的時代也覺得時間不可能〝再流到〞我們認為「正在」生活的時代。

在這時間長河裏的「每個時間位置的我們」都覺時間「正流到當下」，但是〝流〞不走每個時代當下的那種有個時間「正在流」的〝活〞感覺！

我們兒時的童心「正在」那兒，我們不必要指標再重回去，因為“指標”再重回去那兒，那兒的心就是「如其所份」的幼稚童心，自有那兒的心(也是你的心質、也是我的心質、也是狗的心質、、、)去覺受，指標不能改變祂那兒的童心的覺受內容，那兒的心也不消失於這時空連續區中，即祂是活在那時空的位置上的。兒孫會認為我們的時代「消失」了，時間不會再回到我們這時代。可是我們說**不要你回**，我們**本就在**當下，正覺得「正在活」呢？在那時空位置上，有那個跟我們「同一個心質」在那位置覺受其「正在」活呢！換個從空間角度想，難道遍佈不同空間上各個生靈的活，需要一個指標〝指〞才能「正在」活嗎？

時間本來就在「正流」與「倒流」中

這當下，即涵蘊著時間的「正流」與「倒流」的蘊藏義。那意思是時間流的指標可正方向移動，也可負方向移動，但都不會改變人生遭遇的真實事件串上的每個意識單位的覺受內容。

假設有個**時間指標**，當其朝**正**方向移的狀況下，我們兒時的童心是如是思、如是覺；當其朝**負**方向移的狀況下，我們兒時的童心也是如是思、如是覺，不會改變兒時的童心，總是如是思、如是覺。時間正流、反流，都一樣如是覺、如是思。常聽言說：「如果時光倒回至孩提時，我就再也不做那些懵懂事了，會向父母親懺悔」。以真實事件而論，你回至孩提時，你就是孩提時的情境，就是孩提時的心思，一樣做那些懵懂事，一樣不會向父母親懺悔，一樣讓父母生氣。筆者在此要表達的，就是一切事實「本具」，這是事件觀點的非關時間之〝流〞或〝不流〞的意義。

試著以時空「方向」的對調來覺受時流、非流

在本書之開頭第0章中即介紹了空時統合的連續區觀念，並以相對論的時空軸之旋轉來強調時間與空間的對等性，在空時統合的連續區中，時空只不過是「方向」上的不同而已，故時間與空間皆是含有幾何的性質。而一般我們的直覺觀念是空間「不會動」的，時間才會「流動」，現在我們既然有時空是同樣的事之觀念，那麼不妨把依著「時間方向」的意識線，轉個方向使平行於「空間方向」，則若依著空間方向的眼光看來，意識線上異時每個意識單位不就呈〝同時〞存在於不同時間的位置嗎？

若我們把時間領域想成是空間領域，於是把時間看成是一條沒有水在流的長河之河床，把祖先時代的人當成是位在長河的上游河床上，把我們「當下」生活的時代的人當成是位在長河的中游河床上，子孫們的時代是位長河的下游河床上，那麼在整條長河之河床上的各段生活的人是〝同時〞並存在河床上的各段上。這不就是每一段河床上的人都〝同時〞感覺他們的時間〝正在〞流的〝過活〞嗎？每一段河床上的人都覺其「當下」是在時間的〝現在最新〞位置上，只是每個「當下」是在河床上不同的位置而已！這〝正在流〞只是每段河床之人的感覺符號而已！會感覺時間呈〝單向的流〞，最主要的因素是，其上的人(指意識單位)是有「靈魂向性」而覺有「層次有序」感。故時間長河是一條靜止卻有流意的河。您可反復如此思維，將時間領域換成空間領域設想，又把空間領域的時間長河還成時間領域。或許可意會筆者所說的「本具」之自存在感。

時空本就是對等的，只不過意識的結構因素而感覺〝會流〞的領域就是時間。如果把「時間〝會流〞」的觀念拿掉，時間與空間是平等的，非但時間不是物件，空間也非物件。如此我們的存在是「不生不滅」，是

「本具」。不用說什麼「如果人生再重來一次，則我要、、、」。因為「人生的事實，不曾來，也不曾去」，您要它怎麼重來呢？它「本就具在」於該時空處的〝正在生活〞呢！ 不必〝重來〞，就地即〝正在活〞、〝正嚐人生味〞。

由此您是否覺悟到：各該時空處的生靈皆與我當下同一〝質〞的心靈〝正在生活〞呢？〝現在〞馬上變成〝過去〞，〝現在〞也馬上變成〝將來〞。〝過去〞的您，不也〝正在臆想著〞他的〝將來〞(當下的您) 嗎？其實大家都同在這長河上，從不〝消失〞，當然也不〝被生出〞的。

我們把時空方向對調的角度來看(1.8 章節)裡的【圖-1.4.11】，則整個時間線圖上的事件是〝同時〞存在的。即 O 點與 K 點及時間線圖上的任一點都是〝同時〞存在的，那麼你說當時間流到 K 點時是宇宙大滅絕。可是這滅絕點竟與 1950 年是〝同時〞存在的，也就是說宇宙滅絕點與 1950 年的你是〝同時〞存在的，1950 年的你會被宇宙大滅絕滅絕嗎？1950 年的你也照常覺得時間正流到 1950 年，1950 年的你也覺得將被流到未來去，但圖告訴 1950 年的你：「你從沒流過，活存在 1950 年的當下你，絕不會被滅絕」。若 1950 年的你想像 K 時點「後」的時間，因為那想像的位置是沒有生靈者，就沒有有生靈者來談論〝存在〞或〝不存在〞、來談論〝滅絕〞或〝仍然存在〞。而當下 1950 年的你的〝正活著〞卻不受滅絕的影響而「本具」地存在呀！

父親辭世時，在一輓聯上看到好似這樣一句：「君今此一千古別，下一會將何日月？」，再令筆者不禁鼻酸哽咽難止，不捨之情，內心迴盪不已！人與人之間相處之情，與父母、兄弟姊妹、夫妻、親戚、朋友的聚會相處，自是「互緣」。這「互緣」是不會被時間之〝流動〞衝走的，我們的「活」是不生不滅的存在於**整體**的**時間長河**(時空連續區)中，即使不去管靈魂的輪迴說，或是斷滅說法，光僅依**事件觀點**的**整體觀**之思想，即可信認這「互緣」是不生不滅的。我們很感到溫馨這「互緣」的點點滴滴、一情一景。人生聚散總難免，但體會到其「互緣」在這時間的長河中，我們的「活」的事實是不生不滅的，能體認這個，會讓人心覺溫暖驕傲。也因體會到這「活」是不生不滅的存在。要創生祂──「活」，祂卻是本具在，要滅祂，祂卻是唯一無二的存在，就不必去擔心這會失去，也不必欲求或擔心再多，我們都**盡人事地**「活」在每一「當下」，這就是我們有靈覺知的意義。而不是**極力**追求遙不可把握的假設(命運的劇本)下。

在早先的論述是用一維時間，與三維空間的連續區之觀念來談不生不滅，若用多維時間與多維空間的連續區之觀念來論，更可拋開時間〝**流**〞

的時空連續區觀念，而以超越的觀點，體會一整體的不生不滅。這一整體的每一事件「**本具**」存在。

雖然所謂的〝未來〞真實遭遇，我人「當下」無從確定的掌握，但是在生活的「當下」，就是親嚐親證自己的事實遭遇，我們可以為編織未來的遭遇劇本而有作為，其作為之點點滴滴都是「不生不滅」,「本具」啊！正視這點點滴滴的當下，珍惜作為的每一事之緣。人間相處，共患難、互**惡鬥**、互**欺瞞**、共競爭、共歡樂、共回憶往事、、、，不管是覺好或覺壞，處在這些緣，這些緣雖只是短暫，但確是「不生不滅」的之緣。

但願曾擁有，不求能長久

愛情小說常寫道：「但願曾擁有，不求能長久」，或又謂：「瞬間即永恆」。雖說其是以跨物件觀點與事件觀點之語言來表述，讓人覺得似是而非，但從其義即可知應八九不離十的省會到：「不生不滅」、「本具」的〝相應〞感。省會至此，我真想對與我當下相處有緣的每個人、事、物表達感恩其能相處的緣，雖說相處的當下有憎恨、有恐懼、有厭倦、有愛喜、有不捨、有悲、有歡、有離、有合、有期待、有失望、、、等等，在物件觀點上是無常的，但可確定的是：〝我〞是〝正活著〞的、以靈覺知的存在。雖是無常的，僅是短暫的存在於這世界，經幾百年後，後世人也根本不認識我們了，甚至宇宙大滅絕了，〝根本歸空〞。也許你想起會覺遺憾，不過仔細細思：與我們相處的每一情境皆如其所在的「活」存在於**時間長河**而〝沒死〞。任憑宇宙未開天未闢地前，任憑宇宙大滅絕後，我們當前每一情境皆「活」存在於這時間長河上的每個不同位置，卻是個本具的事實，非關天未開，地未闢，非關宇宙大滅絕。當想像到可能有**靈魂向性**倒指向的狀態，更覺沒有真正的時間〝會流〞，我們本具的事實，就沒有「被流走」的意義。那就是不必宇宙**重生**，我們當下就是「活的、以靈覺知的存在」。即使有宇宙重生的每個生靈，我們都可認為那是我自己的**再生**、是我的**分靈**，或是我自己的**化身**，只是對自己的信息「**不識得**」或〝**忘記了**〞・・・等等「區隔性」因素(同質卻多重區隔相)。

回憶往事雖有感傷，但在省得「本具」下，回憶反而會有感傷的溫馨淚呢！甚至於失憶了，全然忘掉過去，我們「本具」的存在，就是存在。無關乎記得或不記得，無關有否後人記得或不記得我們。就在「本具」的當下，如是地存在呀！

「〝我〞皆曾如是，只是不記得」

若將整個空時連續區皆以空間的幾何眼光看待，則本來在其上以物件觀看所謂同時異地或異時異地的各個生靈，不就都成〝同時存在〞嗎？時流感，亦復如是。並不是8點我變成9點我。兩個我是〝**並**〞**存在**。

所有生靈皆是有個〝我〞，同一個〝我〞字在心受。故雖說「但願〝我〞能曾親擁有」，可是若您此終生都不可能「親擁有」，但只要有在任何他處或其他不思議境界(如：其它境界鬼神、其它的某甲人、過去乙人、將來乙人、或眼前的情敵)的〝我〞能擁有，就蘊含〝**我本尊**〞曾經親擁有，因為在他處的〝我〞的擁有，都是以**同**你當下這樣的心質去面對這個〝我〞擁有！這擁有都是同你當下這樣的心質去面對的，只是當下你卻被「隔離」不知。這**等效**於探討指標皆曾經指到各境界。故，當模糊時空，僅以意識單位境界看，一切境界的恐懼、做惡、行善、悲、苦、喜、樂，清高與卑劣，〝你〞皆曾如是(曾在那時空這樣作過、曾在那時空這樣受過)，只是不記得(被區隔)。都是同一我、同一你的心質去面對、去接受那處境，只是被區隔成一個個〝我〞。

想到此，看到正遭遇恐懼、痛苦難熬之生靈，不覺為自己起了驚悚而戰慄。因為那即是我們自己處在另外境界的遭遇，若要以物件觀來說，就是象徵著我們自己的不知的未來境界，或象徵著我們自己已全然不記得(被區隔)的過去境界。說象徵，倒不如說即是。從意識結構說，更不分今昔，或來者，或彼此，及各境界。故你可說:「一切境界，〝我〞皆曾如是，只是不記得(被區隔)」。

境界不需時空的座標(時空的模糊)

昔時因對人生任何遭遇，總感到是瞬間無常，沒有長駐的「境相」，而說人生虛幻不實，若碰到難熬痛楚的時刻，打從心裡要時間快過，或壓抑自己，告訴自己說:忍耐一時的過渡暫態期，過了就能有長期穩定之日子。這樣把過渡暫態期專心慎重，而長時間穩定期做放蕩忽視，或是反過來想:反正在過渡期，就將就隨便點，正常期才慎重其事。但是，如果以幾何式的時間看待人生時，上面的慎重或隨便都只是常態的事相而已，每一時每一刻(意識單位)之存在都是等同的價值，這才是人生現實的意義，因為每一時每一刻在時間長河中，「存在」自是**非生出**的，也**不會滅去**的「本具」。不過若真的強調要你去把握，去珍惜，都是多餘的，因為每一緣，每一境相皆「如如本具」。

意識結構的多重形式之「並存在」及「本具」特性，會讓我們糢糊時間先後，糢糊時間之距離，糢糊空間相對距離。想到此，筆者又連想到佛經上的開頭語總是以「如是我聞，一時、、、」，這「如是」與「一時」總讓筆者連想到:「本具如是」及「時空的糢糊」，不去管時空的座標位置(事件)，當下的心(一個意識單位或一境界)即是。筆者對這「一時」的連想，並不是在我們一般觀念中的「古往今來之時間長河」上流動的某個座標時間點，而是在整體大千的某一個「當下境界」。「一個境界」只是一個**意識單位**之境界義，而不在意其存在的**事件**之**時空座標**位置。

若以本書之夢模型做比擬，也是超越一般「古往今來」的時空的一個「當下境界」。當下之覺知是絕對的，不假外求(是親證自明的)。你踢到一塊石頭覺得很痛，需要問他人自己的痛是「真」的嗎？或是問他人這是怎麼的感覺？此即是，如是境界即是。即便境相是佛給的虛幻石頭，但這〝**痛**〞還是你**親證親覺**，不是佛代替你去覺的。這〝痛〞的親證境界，是與時空的座標位置無關的「如是」、「一時」。

信認「真實遭遇」的存在，但靈覺知是〝活〞的

命運讓人感覺到似乎一切皆是「**死定數**」的無奈之苦；但在省悟到自己是有「靈覺知」時，才覺自己是「活」的，哪有「死定數」呢？猶如筆者曾看一張多圓輪的靜態圖，卻會感到圖中的圓輪在轉動，原因是:在看圖的我們是「活」的。如此一來，讀者會說靜態的才是實相，動態的是人腦的妄想錯覺相，不過筆者私以為還是要恢復到整體觀(含被看的圖及與其所緣的其他一切，即包含這個看圖的心)，即使是錯覺，也是心親嚐親證的覺受。

分析是為了應用，覺受是親嚐親證的。稱〝靜止〞，稱〝流動〞，就如山峰與山谷的相依互名詞，不管時間的「流」需不需要「時間的時間」，但在我們的〝親嚐親證感受〞上是不停的〝流〞，〝一去永不復返〞。分析只是另一個角度看事物，不是〝直覺〞的活性，所以是〝固死性〞。

會讓我們不捨的情、物，是把事相感覺(解譯)成物件(有底質)，而這感覺(解譯)也不是唯一，故可知:意識的結構形式種類之多重性。

會對某事物特別執著，何嘗不是意識的結構多重形式中之一的「定數」，何嘗不是「緣起」的「定數」。成事總是「緣起」的。

不去論多維時空或其他境界，僅以回歸現實的時空範疇言之，以事件觀點看這「時間長河」，找不到有流動的真義或標的，也不宜用〝流〞

或〝靜止〞這詞彙描述之。但在其上的每個「意識單位」就是有「靈覺知」就地〝活〞覺時間的〝流動〞感。故稱「時間長河」為「靜止之流」。

時間從站在**局外**分析上看是「非流動」(只是此時此刻的自己能擁有且覺知其他時間位置上的自己覺受感而已)的「死固定」，但我們的「活心」，是**置身於局中**。故不管怎麼分析，卻總是「**活**」的。

「不生不滅」，「本具」於時間長河，不是〝突然〞存在的。宇宙在時間的**開始點**與**滅絕點**，及我們當下的活存在，皆是「**本具**」的**並存**，沒有「以**先後**方式的**存在**」義。

「把握當下」是靈覺知的很好詮釋，這「**當下**」不要用短暫瞬間來看，就以**物件觀**待之，即是**自主**的活。而不是「本具」就一切隨天安排而無自主的心，那就有愧為「當下之靈覺知」了。未來遭遇雖是存在，但當下不知未來遭遇之內容，為何不在此當下積極作為來相關於其內容呢！

<其四>： 非〝逐步變化過來的〞

本書一再的闡述時間的「非流」觀點，但時間之「流」觀念本來就跟一般的「物件流動」是不一樣的，時間不是物件，故硬要以物件流動的方式來比喻它的流逝，自然矛盾重重。雖是矛盾重重，可是我們真的就是這樣感受它的流逝的力量(靈覺知的力量)。在生活中我們就依我們的覺受去處理時間即可，可不必硬要去把它**物件化**來分析它的流逝，而自亂自己的思維。有靈覺知的感受時間流逝，不是更慶幸嗎？管它是怎麼的流法，我們怕的是失去覺知(此不能活，彼也要能有活的子孫)，不是嗎？

用事件觀點的「幾何式之時間」，是要緩衝我們對於被時流驅趕的壓迫感，讓不安的心能平和，並加上一大保障：任你感覺被時間流逝的驅趕，但這時流絕對**流不走**當下你之活存在。

太陽已燒掉了幾億年(甚至無限年了)，理當早就燒完，讓世界冷凝死絕。但信認事件觀點的靈覺知的「本具」觀念，向你保證：你「當下的存在」，不受**時流**衝浪的驅趕至滅絕。因為時間根本沒有流或衝的事，當下哪會滅絕？當下的太陽哪來燒盡？依我們的信念是：太陽終究必毀滅，地球更難逃此厄運，人類終將滅絕，固是沒錯。可是這些毀滅，能毀滅你「當下」的存在嗎？ (其實「當下」，其義：即是，即意謂毀滅不了)，縱然在**此時此地**沒有你的存在，必也在**他時他地**存在**另外你**的〝我〞，甚至於就在所謂的「此時」的他地也存在一個你的〝我〞呢！只因意識單位的區隔性，把自己也看成外人了。

在西元 5112 年的人們，認為時間不會再回到西元 2012 年，認為 2012 年已經過去不復存在，但是西元 2012 年的人們正覺得自己是「正在」感受時流呢！時間根本就還沒來到西元 5112 年。可以確定的西元 2012 年的人說其正存在地過他們的「現在」生活。但是西元前 2112 年的人說其正存在地過他們的「現在」生活呢！時間根本就還沒來到西元 2012 年呢！筆者要告訴您的是：您正活著的**觀閱本書**，正如如自存在的活著呢！

我們的當下的「存在」不是「突然」的感覺。我們的境卻是在「本具」中不知覺的變。最近有網友寄給我一封長者描述的「流逝歲月的哲學」，筆者很讚嘆這位長者的話，雖其樂意大家廣為傳宣他的文章，但筆者為了對「智慧財產權」的尊重，還是僅擇其主要的內容述說如下：

我們一生當中，只有在小孩子的時候才會想：「我想快點長大。」；如果你現在小於 10 歲，你會非常興奮於自己一點一點的在長大(變老)。你幾歲？「我 4 歲半」。你絕不會說：「我 3 歲半」，你會很興奮的說：「我 4 歲半」，那表示「我快要 5 歲了」，這是個重點。 當你進入了青春期。你幾歲？「我快要 16 歲了」。其實你只有 13 歲。但是，嘿，「你快 16 歲了耶。」而且這是你生命中最了不起的一天。

然後你 21 歲了。即使這句話聽起來像個儀式。「是的，你已經 21 歲了。」，轉眼間你已經 30 歲了。「天啊，發生了什麼事。」，你想要轉個身，把這個事實丟到窗外。現在一點都不好玩了。「那裏出錯了？到底什麼改變了？」。你「已經過了」21 歲，轉眼「到了」30 歲。而且馬上被「推向」40 歲。哇……想要踩一下剎車，但是一切都在不停的向前走。在你意識到這件事之前，你即將 50 歲，而你的夢想還沒實現。但是等一下！你正走向 60 歲。而你決不會想到有這麼一天。所以當你成為 21 歲，轉眼到了 30 歲。被推向 40 歲，直達 50 歲。然後走向 60 歲。

你現在 80 歲了，每天像例行公事。吃中餐，下午 4:30，然後到上床睡覺的時間。這件事不會停止，即使已經進入 90 年代。你開始走回頭路，想讓歲月走的慢一點。你會說：「我才 92 歲。」

然後會發生一件奇怪的事。當你過了 100 歲，你開始又像個孩子。「我現在 100 歲半。」

以上是筆者濃縮摘錄這位長者的片段，對我人人生之於時間的描述。他把時間的流逝伴著我們每分每秒的覺受心境描述得淋漓盡致。我人之於時間覺受像是不停地流逝，但這流卻又在不知不覺中。因此筆者也有感而發：行年至今也過了 60 多個年頭，我今落在這時空位置，是從幼兒經由 1 秒鐘、1 分鐘、1 小時、1 天、1 個月、1 年、3 年、5 年、10 年、20 年、、、，

〝經歷〞如此的點點滴滴歲月才至於今的老年，是〝逐步變化過來〞的，這是我們一般的覺受。不過您可以事件觀點來改變這樣的想法，直接想：現今的這老人，本就是站在這當下時空位置上，無關於時間的流或不流。我今的存在，並非逐步變化過來，也不是突然憑空而來，只是如如本具於此時空位置。我今當知幼年時空位置時的稀疏記憶，但那幼兒不是今日這老人，我今之遭遇也是如如本具於此時空位置。

談到此，令筆者連想到禪宗常談的〝頓悟〞，非〝逐漸悟〞過來的。筆者度猜:〝頓悟〞好似以整體對應來看的。〝悟〞的這事件是本具「對應」於整體大千(含未來、過去、各境界)，不是由其他別個事件〝逐漸〞移置過來，而是「本具對應整體」。發覺「當下自己」即是整體「本具活著」，筆者猜想那是多麼喜悅境界呀！

到此您會覺筆者總是翻來覆去，一下說他人就是自己，一下說過去的自己是他人，明明事境都在逐漸變，硬說本就如如，如其所在。這都是由單位與整體的對應性而來。意識單位本身無時間距離意義、無大小義，意識單位間有區隔，卻沒距離。但強要計其時間距離時卻依據祂，以祂的數目為時間距離的對應原則，因為祂是意識區隔的基本單位。不有區隔，就是同一自己。

<其五> 整體相關 與 同質心

「緣起緣滅」是佛家上的極高深理論，筆者是道地凡夫，對此，所能理解者當然是膚淺有限，在此因我們談事件觀點，就順便談及一些自己有感而發的緣起相關的議題。

我們畫一張圖，直覺這圖上的每一點是靜態的，是死的東西，但都互相關連才成就這張圖，缺少任何一部份，整張圖就不是原來的圖了！但是我們在時間意識線上的每一點(意識單位)，並不是死東西，是有靈覺的意識在，每一意識單位不會覺自己是死東西，祂們每個都有個能覺知的〝我〞在。

一位可惡至極的罪犯，做了殺人放火的事，他在做案的那時，還是有個〝我〞，此時此刻〝我〞要來做這事，或許他〝後來〞的〝我〞會「後悔」，但改不了做案的事實，不但其自己個人會「後悔」，其他的人更是會咬牙切齒地要懲罰這位有個〝我〞的罪犯。

美國鋼鐵大王卡耐基的書中曾如此說：「你為什麼不是一條響尾蛇，原因是你的父母不是響尾蛇。」，這就是道出緣起法的觀念。一個生命單位的〝當下〞存在，就是這樣，你能改變它？選擇它嗎？你去罵這條蛇，你幹嘛要來出生為邪惡的蛇呢？我要殺掉你！

每個意識(靈覺)單位，都有個〝我〞，都是用與您、我、他〝同樣質〞的心(或說就是您的心質)去面對其對應的作與受，去面對那當下的遭遇。這都有祂當下的緣格子所限制，來蒙蔽這同質的心，這同質的心若用平等觀來說是無奈的，在旁恨祂的意識(靈覺)單位，也是一樣有個〝我〞。在旁恨祂的意識(靈覺)單位為什麼會產生恨？也是有其當下的緣格子，也是無奈的。欲原諒他的人(如其父母)，也是有其當下的緣格子，也是無奈的。肇事者自覺是無奈的，受害者是無辜的，恨怒的裁判者也是無奈的，欲原諒他的人，也是無奈的。每個意識單位都在各自的位置，各現其份。

在筆者的想法裡：一條響尾蛇、一個好人、一個惡人，是同樣品質一致的心，卻因被放在不同緣之格子中，就有不同的角色、行為或性格。

筆者這樣觀念，並不是要為做惡者同情，或是鼓勵恣意妄為，而是要讀者體認：每每之靈覺知單位，都有個〝我〞的靈覺單位在，以〝我〞字而言，所有靈覺單位是同一質性的不同形式，而這〝我〞的一切覺受、行思是受緣之格子蒙蔽的。即「每個〝靈覺單位〞的〝我〞之一切行止皆是在因緣的格子下」之無奈者，是被因緣格子框架所限制、蒙蔽之無奈者，這因緣格子很像佛家談的業或無明來蒙蔽此心質。故，能有包容心，也是順應緣起法，會咬牙切齒地痛恨那個他處的〝我〞，也是順應緣起法。但請留意：這些〝我〞都是「同一質」的心。

但是以緣起法而論，在一群體中的法律規矩之執行是**絕對必要**的。你想想，大自然會依其**自然律**行其所行，一個社會也會依其約定規矩行其所行，這些自然律或社會規範無非都是**緣起之法**。在群體生活必須要有遵守群體規範的心向，盡人事而為；群體規範對罪犯者，該被處刑，就要讓其伏法；做善事者，該被褒獎者，亦當得應有的回報。這些規範無非就是該群體所共同認定的，故，就是該群體之**緣起法**(因緣所興起之法)，在有先後觀念的意識結構中，就稱是**因果律**。緣起法是真理，執法者更不可用婦人之仁而違背緣起法。但是如果連對罪犯要行刑時，卻遇天災或人為因素，而讓罪犯逃了，亦是緣起法，但會讓人咬牙切齒地痛恨這樣的「事實」。依緣起法，咬牙切齒地痛恨，也是當下的緣，該恨就是要會恨。因此事件觀點的「整體相對應」觀點，本就是「中性」的描述，沒有指示您要做所謂「正面」或「負面」的作為。只是在描述「事相」而已，事相的底真實，是無法描述的。但物件觀與事件觀間的語言可以互相翻譯溝通的。

我們的「靈覺性」是活的，是會覺受時間的流感，是會期許自己的未來遭遇模型而作為，但作為的模型能否與真實符合，不是我們能百分百全掌握的，一旦相符合也是緣起的，您會欣喜也是緣起的；一旦不符合也是緣起的，您會生恨也是緣起的。

意識的〝靈覺知〞，不會因為我們用整體相對應觀念，而讓我們〝不靈〞、〝不覺〞、〝不知〞。我們雖有〝靈覺知〞，卻也承認真實整體的「相對應」觀念。

但是在此，筆者要嚴肅的敬告讀者，**確莫〝昧〞「因果」**，我們的當前世界是絕對在「有因果」的架構下，「因果」可說是「自然律」或稱「天理」，我們此處暫不談論，是因我們無法把握到它全然蘊藏的內容，若去做片面的連接是不當的。且本書的主要討論的面向原則是朝「素觀觀點」，暫不談實質內容微細的連想，而**絕不是**勸讀者去蔑視「因果」，因為那是自然律(高或然率的規則)，現前您的生活必然在因果的規範下。

<其六>　心質，一、相似與異，自己、祖先、繼承

相對論有個「絕對的空間點」之話題，所謂「絕對的空間」就是像我們住在地球上，想像在附近虛空中的固定一點 P，當時間為 0 時的虛空中的 P 點與當時間為 1 時的虛空中的 P 點，會認為是同一點的觀念，我們就稱這是「絕對空間」的觀念。這種觀念幾乎是我們平常生活上的共識，但是考慮到地球也在運動呀！哪這個同一點 P 的意義就模糊了。因為在宇宙中無法找到一絕對不動的靜止參考點，絕對同一點 P。就成沒有依據了！

虛空的同一點是這麼難認定，那麼要探討同一個物件，是否也有很難認定的呢？一張木頭桌子，若有一隻腳斷了，我們會拿個其他木頭將其換過，使這張木頭桌子依然可用，但是您會認為還是同一張木頭桌子。事實上，真的是同一張木頭桌子嗎？稱相似倒是真的，說不同，卻又有相同的部份。

人之**身體**是屬於物件，自然也有同一或相異認定上的困難。人的心呢？有一個個不同的**念頭**，若把我們所稱的「靈魂」或稱「心」看成是一物件，只不過其念頭會有一個個不同，但其「底質」是不變的，但這「底質」是永遠摸不著的，故與一般的物質物件也沒什麼兩樣。如此一來我們所稱的自己，是否也因時間的不同而成不是自己呢？這用事件觀點看意識線，由個個意識單位的獨特存在就可理解。若不是靈魂向性的「憶知」之意識的結構性，個個意識單位間可就各自**隔離不知**，且獨立了！

如果懷疑昨日的自己，不是同於今日自己，那更不能肯定明日的自己

是今日自己了！這其中就是有相似的因素來肯定的。

今日自己的身及思想，與昨日自己的身與思想，是最相似的。父母或兒女的身與我們的身是很相似的(基因繼承)，兄弟姐妹的身與我們的身是很相似的，老師或學生的思想也是很相似的，但是我們的努力作為除了為明日的自己外，就是為我們的繼承者(子女、學生)，或是為我們同族群(所愛之人、家庭、社會、國家、人類、有情眾生、有生命的生物、與自己心相投的器物、、、)。

若說人有來世，我們努力修行也是為這**同樣的思想**之來世人能開智慧。不是嗎？所有生靈的共同相似點就是有「**靈覺知**」。共同相似點有很多，但所努力的目的是依其當下所偏執於那方面的相似點。假設沒有來世的自己，但總有來世的與自己相同具「靈覺知」的〝我〞存在。如此思維的話，您真的分不清這位〝我〞是**當下自己**的**化身**或是與其他的〝**我**〞所**共同**的化身呢？

記得在小時候，與堂兄很喜歡鬥嘴，談說鋒劍春秋小說故事裡的各種法寶，說孫臏的杏風旗很厲害，堂兄就說有什麼厲害，我請王翦的誅仙劍就勝過他了，就說我請鬼谷子，他又說我請海潮聖人的太極圖，我就說請釋迦牟尼佛、、、，如此鬥不完。他乾脆說：「你說的都是我的」。我笑一笑說：「狗屎你也要嗎？」

真的！雖是鬥嘴的話，但「一切皆是我的」這種大包容胸懷，在會意到「同理心」的〝我〞字時，會油然而生。看到他人有好成就，就是〝我〞立於那另一位〝我〞在不同時空的感受；看到他人慘敗，也是〝我〞立於那另一位〝我〞在不同時空承受苦的感受。自己此時此刻得意時，想成只不過是局部的〝我〞在這當下時空的感受而已；自己此時此刻失意時，想成只不過是局部的〝我〞在這當下時空的感受而已。同時代的每個個體或不同時代的每個個體，都是你、我、他，共同的化身。可以嗎？

人們常談境界問題，處在什麼境界是高，處在什麼境界是低。如果這些高低境界皆想成是〝我〞的不同意識單位，可以嗎？一個〝我〞字，包天包地，滲透六合，遍滿一切！

「你看像我今生的命運遭遇是如此落魄，年輕時既無法如意，如今老矣，更何足論！」這是一般絕望者的感嘆。當看到他人正於得意享樂時，心嫉妒嗎？若用同〝我〞的同理心，想:這位正得意享樂的人，正是當年另一個的〝我〞，只不過我今已全然**忘記**或被**區隔**了。請記得:從事件觀的信息意義來說，**忘記**其哲學義與**區隔**是無法分辨的！

「此世〝我〞即將死亡了！」，但當考慮時間整體相時，想到在一歲的時空位置的〝我〞是活著。當不考慮時(流)空相下，所有其他境界的生靈總是〝我〞就地活著，故，可等效於〝我〞是瀰六合地活著！

<其七>：〝終〞成空

整體意識結構就是以〝一個個〞意識單位做為「意識覺」的單位，以「意識單位」做為「意識覺」的中心。既為單位就是含有區隔、有獨立的基本性。

常聞有「一切終成空」的感嘆，好似人生是在臨終的最後那一刻的覺受才是整體的人生真正覺受，而這一刻的來臨〝之後〞，對自己就全歸空。人死亡後，若無後繼的「靈覺知」在，還有什麼〝之後〞、〝空〞或〝不空〞之詞語呢？筆者之意是要正視「活在當下」，不是要您一直掛心在於未來要以什麼形式的壽終法，因為那不是您當下能全把握的。不過既活於一個社會團體中，當然也要為社會著想，對自己後事確實要稍有所數，因為其他的〝我〞亦是〝我〞。要認清的是，壽終的一刻也不過只是一個意識單位而已，雖有靈信息的「層次包含性」，好似能包含過去的一切信息，但真的能取代全部過去的每一個意識單位嗎？能清楚當下「正在〝活〞」不是值得慶幸事嗎？

再怎麼長痛，也只是以一個「個別」意識單位感覺

在準備接受一項考驗的時候，確實難熬，等這考驗期過後，有了成就，就覺得輕鬆，故常有：「長痛不如短痛」的格言。在準備考試前是以每一時每一刻都在緊張中度過，考完後在輕鬆舒服時也是以每一時每一刻度過，都是以一個個「意識單位」做為「意識覺」的單位。

所謂的長痛是指在〝此一瞬間〞覺得過去有好長(經過一段每一時每一刻等等很多個意識單位分別感覺)的痛，但重點是要分清是否“包含”此當下一瞬間也在痛呢？ 若是覺得經過一段好長的痛且這個長〝痛〞是累積包含在當下一個的意識單位在〝痛〞，那是真痛，因為是獨立一瞬間承受到〝很長〞「層次包含」的痛感，是現在當下在痛中(即含當下的痛)；若是指在當下瞬間覺得經過一段每一時每一刻等等很多個意識單位分別感覺痛，但也都是過去的痛，不包含現在當下在痛中，那不是真長痛(不含當下的痛)，只是當下回憶過去的影像而已，當下不痛！

當回憶過去時的當下也在痛，雖是真痛，也只不過是以當下一個意識單位的感覺而已！任何長短痛都是以一個別瞬間承受，故以一個意識單位

的立場來說，沒有長短分別。雖從層次包含性來說，一個意識單位是有長短痛之感覺分別，但再長的痛也只不過是以一個意識單位覺受痛；再短的痛也是以意識單位覺受痛，總是以一個意識單位在**感覺，不是以整體一生**在**感覺**。

說痛是有真假之別。當下意識單位痛是真痛，當下意識單位不痛是假痛。參加打坐時，因遵守道場規矩:「時間未到，不能隨意動身體」，在熬那腳痛、屁股、腰酸的每一分每一秒時的當下，那是**真痛**(既回憶過去又含那當下的痛)；不過起座的現在再去回憶那段熬腳的痛，是為**假痛**(只回憶過去，卻不含當下的痛)。不管真假痛，痛與不痛之覺總是由個別意識單位承擔。若在熬那腳痛的當時，去設想：這痛僅是當下瞬間個別意識單位在痛，其他別的意識單位不一定會痛。以此來驅除心之痛。

從意識單位的區隔性言，沒有長痛或短痛；但雖僅一個意識單位**個別**覺受痛，這痛有強弱分別，強痛與輕痛，確是不同感受，強痛會傷害身體，當然要去區別。依經驗律，累積久了的長痛是會積成傷身，故要有區別。

有個夢故事:其內容是，有一個人夢在法國大革命時期，自己因違反革命團體的規矩被送上斷頭台，頸部被壓在刀俎上，人已幾近崩潰，但無情的操刀手仍將開關一搬，懸在高架上的斷頭刀就這樣直落往他的**頸項**砍了下去。他猛然驚醒，剛好其睡覺床頭上方的一塊天花板掉下來正好擊中他的**頸部**。因此他**認為**做這一場惡夢，是天花板這塊木頭的掉下打到他的**頸部**後的**一瞬間**而**促成**的。也就是說他作這場夢，內容看似很長，但真正**作夢的時間**僅是天花板這塊木頭的掉下來正打到他**脖子**的**一瞬間**。

如果作夢就像我們在第 3 章所說的模型那樣，那麼從我們這平常的時間方向領域上看，確實得到他方向的時間之夢內容的意識單位就是在那兩個不同方向的時間線的交會點上，所以說作夢僅是在**一瞬間**發生，正是符合我們時間幾何模型的夢特徵。也是由**一個意識單位**去覺受那麼長的夢內容。這驚嚇感以夢中看是一長段時間，以醒來的世界看，僅一瞬間**真**驚恐，其他時間都是**假**的驚恐，因為只是回憶的過去影子而已。

〈其八〉 是夢或亦是真?

下面一則虛擬的故事是筆者在一篇文章中看到的，其中實際情節筆者也印象模糊了，因此筆者倣效它後，另自編如下:

古代有位小孩，家窮，三餐無以為繼，為了三餐去一小富的人家當牧童，所得的報酬，一天僅能勉強換取供其填個肚皮的幾個包子而已。有一天，他看到一群人馬簇擁一位穿著華貴的人從鄰近的馬路過，心生好奇，就前往探個究竟。不料他的牛卻趁此時機跑去偷吃鄰近稻田中的秧苗，害了這牧童被雇主痛責一頓，報酬因此減半。

聽說那位穿著華貴的人本來也是普通人家，後來赴京考試得中榜眼，非但衣食無缺，又有多人來服侍其左右，令他羨慕不已！正在愁悵之際，有位道士走過來，道士說他已經餓了好幾天，以一頂草帽要與牧童交換一個包子吃。說:「這頂帽子會讓你變成富貴」。牧童半信半疑與他交換了，但卻發現這僅是普通的一頂草帽，沒什麼奇特。在失望之餘，太陽已過中天，加上肚子又餓，很想睏。於是把牛繫於一旁，以帽子遮住眼睛就地躺下來休息了、、、。這時道士來了，給了他一張紙，上面有些文字，叫他去京城面試時只要記住這幾個字復誦就可以了，但他沒受過教育不識字，當面試主考官問他時，他只得依道士口頭說的話照本宣說，說也奇怪，他得中了，被任命高官又有侍從，就命侍從去取佳餚與美酒來作樂。在幾杯酒之後，終於想睏而睡著了！

漸漸耳邊聽到有人叫喚，清醒過來時，發現旁邊站的人正是他的一位看牛同伴，為他帶來一點小菜與酒來要與他共享，這時始知赴京應考得中高官的享受情境，竟是一場**空夢**。

(圖 5-2)

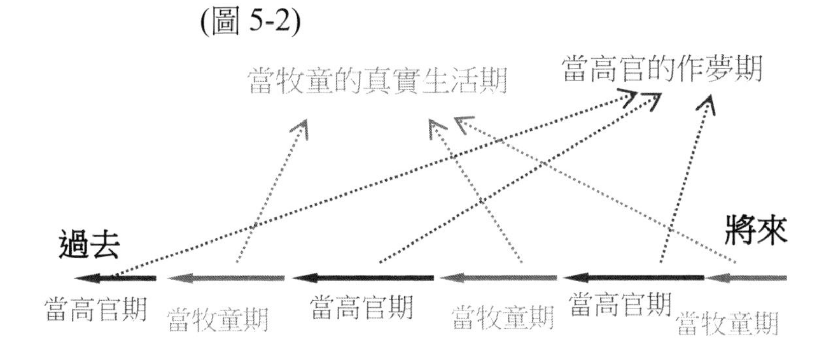

第二天，太陽又已過中天了，他又很想睏，同樣以帽子遮住眼睛就地躺下來休息又睡著了，卻繼續昨天的夢境，他想：我既然已身為高官，取妻納妾享受人間榮華自是順理成章事，不久即找到一位美嬌娘與她成親，於洞房中享受美眷共處之樂，累後又入睡了，這時耳邊聽到有人叫喚，醒來原來又是一場空夢。後來接連的日子中，每天就是如此睡中作夢，而

夢中情境都是接續前一天的夢境。如此的日子，在他感覺，到底那個情境是真實生活，那個情境是在夢中呢? 幾乎無法去區別了，他的一天二十四小時中，一半時間是當牧童，另一半時間是在夢中當高官。這是以時間僅一維的觀點來看待，作夢也是在這一時間線上，真實生活也在這同一時間線上，其意識時間線如(圖-5-2)所示：(圖中箭頭方向，表示靈魂向性的指向)。

如果他醒來時忘記夢中事；當在夢中情境時卻又忘記真實世界的生活情節。您是否會懷疑當下過的活是他人的生活，不屬自己的呢？請問:此位牧童(或稱高官)的意識，到底是同一個人的意識，亦或是兩個人的意識呢？您能區別嗎？

如果這位牧童就是您，那麼這位高官也是您，您如何看待您現前的人生呢？如果他在夢中情境時卻**記得**真實世界的生活情節，醒來時**沒有夢**這回事。請問:此位牧童(或稱高官)是否會以真實生活的意識誤為夢，以夢中情為真實生活意識？到底何者為真實？請體會看看。

以上的各種組合之假設情況，在我們的經驗中幾乎沒有，但不是不可能，這些是由意識的結構形式組合來決定的。因為屬意識的結構問題，我們也無法找到真正的答案。

事實上，我們的夢，在我們清醒過來後，我們幾乎可記得一點情節，不是全部忘記，否則我們這世界根本就沒有「**夢**」這個名詞的存在。而在夢中會忘記白日情節。

在事實上，我們的夢，很少會第二個夢，接續上一場的夢情節。一場場的夢似乎是各自獨立的。頂多是類似的夢情節。

在前面，我們曾經討論過你、我、他之間的區別，也一再的提起同一個人，因時間的不同，可看成許許多多的不同的人。試想：會把小娃娃的幼童時期照片中的自己視為自己，其先決條件為：我能體證得知幼童時期的遭遇感受，若然不知，他只能以**信念**經驗律，以推理的方式來**信認**那相片中幼童時期的自己是自己。不是嗎？

家父晚年的兩年半裡，因糖尿病引起的視網膜病變，以致失明，需有人在旁照顧。也不知是因血糖過高或是其它因素造成許多併發症，痛苦的呻吟之聲令人不忍卒聞，常常意識陷於不清。在這段時期，意識一直是時清時迷，問他老人家相關的問題，他常答非所問，總覺很難溝通我們父子之間的意念。可是就在他辭世的前八、九個月間，不知到底是以打胰島素代替服藥以降低血糖比較有效，或是其他因素，竟然意識變得跟正常人一樣的清楚(只是眼睛仍不能看外境)，行動變得靈活許多，高興的我就跟他談起前一段他意識不清時曾說的話，他說，他根本不知有此事。為表明所謂同一與不同一的意義，茲以【圖 5-3】表示各段時期。

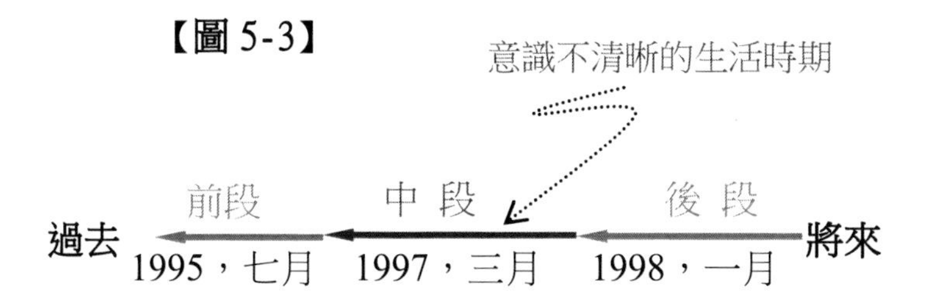

【圖 5-3】中，父親這段不知道他的生活意識(如藍色筆所標示的中段)，對父親的其他時段的生活意識而言，可說是被隔離開的一段獨立生活意識段，因為在此段不清楚之前的清楚意識段(前段即 1995，七月以前)，也無法預知此中段生活意識段，而後來的清楚後段意識(1997，三月以後)也一樣不明白那段不清的歲月之生活意識，因此，此意識不清的中段生活意識，對父親的其他生活段意識而言，可說是另外一個人的一意識了。但是在我們旁觀者看來，父親的各個時段生活是同一人。

佛教常以輪迴之說，來警示世人因果報應的不假。若純粹以意識的知與不知之面向來判斷吾人的前生與今世，由一般人的眼光看來：前世的生活意識，與今生的生活意識根本互不相知，肉體上也無法得到任何的關連，因此大部份受**唯物觀**教育的我們(包括科學家與平常人)大都沒有強烈的相信此輪迴之說，這當然無可厚非；但若以更高階層次的**修行人**觀點，很可能就看得出前生與今世的緊密關係(同一人)了。

我們雖然無法在此証明前世、今生的關係，但也無法否認輪迴說的一些事實案例。同一人的前生與今世的關係之說法，係用時間的**先後**角度來說的，我們倒還可認為不怎麼矛盾，但如果以空間的角度來說：您、我、他，都是我自己同一個人在空間上的分身的看法，相信會受更多大眾反對，這是根深於吾人觀念中的**物件觀點**所致。總之，知與不知，常常導致我們會有對認定是自己或不是自己的困惑。此即筆者要表達的：**說別即異；說同即一**。

能體證他人，則他人就會是我(過去的我)自己，但那他人(過去的我)卻不能體證我(現今的我)，這是單向通。有他心通者，能看透我心，則會將我視為己，可惜我不知通他的心，以感恩他。據說佛看世間眾生皆是佛，但是眾生看佛是佛，看自己還是眾生。**意識單位**微妙的區隔性，總是似是忽非。

〈其九〉　物件觀的記憶與前世今生及解譯規則

「今年花落顏色改，明年花開復誰在？已見松柏摧為薪，更聞桑田變成海。」；「古人無復洛城東，今人還對落花風。年年歲歲花相似，歲歲年年人不同。」— 劉希夷的 代悲白頭翁 詩詞

這都在描述歲月更易的詩詞，可發現很多描述著變易，或記憶，或痕跡，當然必定含有嘆息。從物件觀來說，能覺知變易，其要件是要有同與異的比較，而比較要有記憶。記憶就是能做記號供往後意識來解譯，但要解譯就看該意識的解譯規則。假如人腦記憶區從來就不能在其上做記號，其後繼時間之意識怎能取得信息而回憶呢？這是物理的基本原理。再者，今要能憶昔，也要能識今，才能比較今與昔的不同而覺變易。所謂變易就是取昔日的痕跡(回憶)與今之現狀比對，才能說出有變易，否則光有現今之事實現狀，卻無昔日之憶可比對，怎能有變易之詞呢？其實昔日之憶與今之現狀，皆藏在於「現在當下」的信息中所分別的。

前世今生的議題，對凡夫的筆者實無能力及無資格來談，但從純素觀描述的觀點來說，可說純是解譯規則的問題。

聽說中國西藏的活佛，臨終前都會預告其來世將降生於某個地區，而當其入滅後，其弟子果真能如活佛預告的尋找到其轉世者。這位轉世者能述說其前世的種種行跡，這是標準的被認為前世與今生一對一的對應。一般人都是懵懵懂懂的死去，懵懵懂懂的出生，但從其與生俱來的能力，我人常藉此來對應到其前生必然有修習過此能力的人來轉世的。雖說其今生已不知其前世的事了，但卻承襲前生的能力。這承襲不就是能力的記憶嗎？記憶不能單從物件(底本質)觀點看，卻是在於意識單位(事件)間信息的解譯規則。這信息的解譯規則，並沒有限定必須前生這個甲人與來世的乙人一對一的對應，而是可以錯綜混雜的對應。例如前世甲人可以對應來生同時的乙人、丙人、、、，或更多。同樣的，今生的乙人也可對應前世同時的甲人、丙人、、、，或更多。這是素觀的觀點，僅從表相描述，不究實質的觀點。當解譯規則不同，這些對應就跟著不同。8 時的我自己與 9 時的我自己，9 時的意識如何定位〝我自己〞這身份呢？這是時間上不同的我自己；你、我、他，這種身份的認定，是空間上不同的我自己。

「留下記號痕跡才具信息」是用一般物件觀點的說法，若以哲學眼光看，實無所謂實質的痕跡信息，而是「當下心」所對應的覺受相，不是

有個「當下外」的信息。例如在第一章所談的「靈魂向性」，並不是「當下」僅能存有過去遭遇的信息，而不存在未來遭遇的信息；而是「當下心」的解譯的規則之偏向性所致。故可說此「當下心」就含無量信息，只是解譯上的偏頗而有過濾！而這偏頗的因素就是意識的結構形式問題。在談意識的結構的這層次，就沒有信息之「**有**」或「**無**」的問題了！只問意識的解譯規則或意識的結構形式而已！

<其十>　時空連續區本就是直陳「總事實果」

不知是筆者沒深解廣義相對論的精義或是科普作家們作方便說的原故，這句「宇宙正在膨脹中」的敘述，在筆者的感覺裡是個大語病。一般說宇宙，就是時空連續區。故時空連續區不是僅含廣大的空間之義，它亦融入全部時間之義。因此若是真正對應到宇宙時空連續區之幾何，即本具：時、空、物質狀態(曲率)了，不該另外再加有〝變動〞之類的時間詞語於其上。如果科普作家說:「宇宙的空間部分是正在膨脹中，而不是時空連續區正在膨脹中」，筆者就不會怪這些語病。

不管宇宙的空間部分或時間部分的內稟曲率是與物質狀態成對應，整體事實的時空連續區，即直陳這些「對應」意義。若再外加其它物件觀的〝變動〞語言會混淆真義。例如這樣的陳述:「這時空連續區因有物質密度的〝變動〞就會〝干擾〞其附近的時空曲率」。您想:一個事實的時空連續區就直陳了物質狀態、時、空及蘊含有〝變動〞因素的世界線了，就不要再創造另外的時間參數去〝變動〞宇宙時空連續區，否則形同創造一層層多重時間的輪迴來混淆人的思維。這就是在第 0 章裡強調的物件觀與事件觀要有識別的主因。直陳就是描述出所有複雜糾結的參與因素所對應的「總事實結果」來。整體事實的時空連續區，就是呈現了宇宙的「總事實果」，還能再加什麼？你出生在 1950 年就是時空連續區上一個事件的總事實，你還要在 1950 年去〝干擾〞其附近的時空連續區曲率，讓你不出生(變動) 的事實嗎？

要從事件觀的幾何解譯成一般人所熟悉之物件觀語言是很困難的事。若以「對應」取代〝影響〞是避開雙重時間的好方式。

<其十一>　自然律與意識結構形式的對應

我們人類是有思考能力的生靈，從小到長大，一定會有一段喜歡思考這類問題的階段，例如會去探討自己是怎麼來到這世界？而這世界有多大？天有多高？說出一個高度，會想其後繼總是更高。說地厚，說出一個厚度會想其後繼總是更厚。從時間看，說過去，總還有更早的過去，說將來，總還有更後的將來。這些我們都不用去問別人，自己就會為自己作答。

為什麼我們會有這一共同的解答呢？那是我們先天具有信認我們共同所信認的演繹規則。這規則就像數學的 1 加 1 就是等於 2，這類演繹規則，我們會認為是絕對的，不用經證明就信認了。故，會信認：即使沒有生靈的存在，或是不同形式的意識結構之生靈，也有相同的演繹規則，因為這些不必靈魂向性的存在而有的，故不是經驗律，而是先天本具的信認。筆者在此想點出：雖是先天的信認，但不是絕對。在不同形式的意識結構之生靈，其對應的信認演繹規則，就有不同的可能。

根據科學家所依據的經驗推理，說地球是出自太陽的爆炸分裂出來的一顆星球，從極高溫的核子狀態，慢慢冷卻凝成氣體與液態熔岩，隨著狀態不同，造成其核子的聚合狀態不同，慢慢凝成各種不同的原子、分子的無生命礦物，而後才再演變出有生命體，於是說:有生靈之物是由無生命物所演變成的，而這些演化總是在朝達成熱平衡的趨向「最大亂度」而行，即物理學所談的的朝向最大的「熵」方向變化。如果宇宙存在有個時間起始點，那麼再追究這起始依什麼而開始爆開來呢？這樣的追問是依「有今必有昔」的因果觀念。這因果鍊卻可無限追溯，若如此推論追溯下去，乃至無限遠時，你反而會懷疑因果律的虛幻與可信認的程度範圍。

如果以靈魂向性指向倒逆的看法，你說:「先有雞後有蛋，或是先有蛋後有雞？」,既然沒有先與後的分別，這樣的議題自然是戲論不用多談。「先與後」這些是由信念所演繹出的延伸概念，其實這些信念概念只是對應到當下的意識結構的一種形式而已，其他形式的意識結構，可不一定有對應到這樣自然律(世界底本質會依自然律無限演化下去)，因為連時間的信認概念都沒有，更談不上時間之流變境界了。即使尚有時間概念，但那時間概念，卻異於我們一般的時間概念。

無限空間的信認概念，也都是非親證就信認了！我們有了靈魂向性這種超越的觀念後，時間既然沒有先與後的分別，剩下的問題是時間有否端點(有限的區段)，這問題就跟空間是否有止境一樣了，而當有意識結構的觀念後，更將時間給模糊化了，空間也模糊化了，若再去談時空的有限或無限，就是以**輪迴心生輪迴見**而已！這就是沒具有意識結構(物件觀)觀念所談的話題。

談到此，常使筆者越發對「不生不滅」、「本具」的信認越加深。既然是「本具」管它宇宙時間是有限或無限，空間是有限或無限，我當下的意識結構就是當下〝我〞存在這裡活著。不如此，則會認為：時間、空間是無限，與宇宙生靈是獨立不相關的。但請不要忘記:這些「信認」的概念皆建立在“當下活著”的您。

「宇宙滅絕」與你「當下活」是並存在(可用物件觀譬喻為〝同時〞存在)的，但任一個你的意識絕不會覺得:「〝現在〞宇宙〝已滅絕〞了！」。本具是〝沒有先後〞，〝沒有時間流〞之意義。

物理學的朝向**最大的熵**方向變化的這自然律也許會動搖，有可能以後會改變成朝向**最小的熵**方向變化，以造成循環不已，那也就說這自然律恐怕僅適用於某一段宇宙時間的階段而已，之後這自然律恐怕又會變成我們無法想像的規則去了。像這種談到無限時，現有認定的**自然律**(因果律)，常會讓人不敢完全的相信。

物件觀的科學家說：宇宙因朝向最大熵的熱平衡，其熱的位差就越來越小，事象變化越來越慢，即時間越流越慢，終至成停止死寂的世界。筆者心想，時間本就沒有所謂流與停止的問題，所謂時間越流越慢，是何所指？因朝向最大熵的趨勢，才有變化而產生事件？若從事件觀點看，事件本具的存在，哪需〝產生〞呢？筆者心想:即使在最大熵狀態的事象停止變化了，但只要那時空位置的**意識單位**有回憶，時間流逝感必然存在。

您會推想無限的過去，是依您當下意識結構下所對應信念的認定法則(含演繹規則與其自然律)所衍生出的，在不同心識意識結構形式下，就不會這樣的認為，也許沒有時間感也說不定，因為意識結構的子架構種類，可能有無限種，您怎能僅執持一種呢？

常聽人談第九度空間，第十度，、、、，　但依意識結構的多重形式看來，應可無限度(無限的開合方式)的可能，這些對意識結構而言，只是開合的面向與層次的不同，也屬意識結構形式的不同而已，不是重點。

另外從靈魂向性的方向倒逆的例子，是一最明顯的自然律的不同，因為兩靈魂向性互相倒逆的意識結構形式，其取擇信息，一側為有，另一側為無；當倒逆狀況，其取擇信息就成原先有信息的一側卻反成無信息，無信息的一側成有信息。兩者間，其自然律會相同嗎？

靈魂向性的方向在多維時間背景裡，　也因方向不同，其自成一不同的自然律，例如前面夢的多維時間模型，夢中種種超越平常的能力，就是明顯的不同的自然律之例子。聽說在禪定的世界裡，所見的光，其顏色無法用平常五官所見的光來比擬。這就暗含不同意識架構的形式，其意識認定的演繹規則，及自然律皆不同的。我們這世界僅有六種感官，若在禪定的世界裡，其感官就可能更多，或又另外的不同感官功能，只是出定後，只能用這世界的感官覺受的語言來表達，無法講得清楚給他人明白。

〈其十二〉 心 ——穿越時空隧道的悠遊者

弘一大師(李叔同)作的詞：憶兒時

春去秋來，歲月如流，遊子傷漂泊。回憶兒時，家居嬉戲，光景宛如昨。茅屋三椽，老梅一樹，樹底迷藏捉。高枝啼鳥，小川游魚，曾把閒情託。兒時歡樂，斯樂不可作！兒時歡樂，斯樂不可作！

是的，兒時不再，而〝我〞的本尊就在兒時呀！但好似又覺得就在當下。能於時空隧道穿梭的探討標籤，就是捉摸不定的〝我〞這個心！這個「〝我〞這個心」不但會跑到當下的時空位置做為〝我的心〞，也會跑到另外時空的兒時做為〝我的心〞，甚至「此時」就會跑去做為高枝啼鳥的〝我的心〞，「此時」就會跑去做為小川游魚的〝我的心〞，會跑去做為你當下的〝我的心〞。

這「心」無形無狀，能持，能放，不受時空連續區的限制，穿梭於各境界的意識單位中，卻無影無蹤。這就是探討標籤的特質，它沒有所謂的「記憶」，故它跑到那裡，也不會就讓那裡的「心」有所改變。例如它先指到西元 5001 年的位置，然後再指到西元 2000 年的位置時，它不但不會影響西元 2000 年位置的「心」，它本身也忘掉〝曾經〞指到西元 5001 年的位置的〝經驗〞。

在我們的觀念會認為它逆時間的流向而跑的情況下，它會感覺時光或景象呈逆順序來變化，可是最重要的一點就是它沒有記憶，根本就無從比較它的現在與它曾經的歷史，哪能分辨時光或景象的順序呢？因此探討標籤是沒有分別順序的功能，也沒有時間的「流」之感覺。唯有這樣才能稱得上是能穿梭於時空隧道的探討標籤。

我們常嘆「時光不能倒流」，其實探討標籤是無時無刻以無限的速率，做沒有順序的隨機奔跑於古往今來的時光中，但它因沒有記憶，故不會干擾被它所指的當下事物的「現狀」，所以說它在遊走時空隧道，不管它已遊走了無限多次了，但效果根本就等於沒有在遊走。

時光鍊(或說時間長河)上的事物是不管探討標籤是否指到祂，祂還是就其時空位置，「正在」覺知「如其所覺」。所以我們所盼望著「時光能倒流」到我們的童年，就是想把「如今的心」放置在童年的時光位置，這樣有「如今擁有豐富經歷的心」去應對「童年的情境」，想必能更妥切。而如何定位這「現在」呢？你是否想讓探討標籤指在童年時期？讓「現在」

對應到童年呢？但是探討標籤答應你，它是指到你的童年時光，可是因為沒有記憶，也就把你「如今的心所擁有豐富的經歷」給忘掉了！因此探討標籤指到你的童年時光，你的心境**還是童年心**呀！這也是在提示著：我們的心是如其所如的本具、不失的意義。

這探討標籤無時無刻以無限的速率指古往、指今來、指現在，而你的心卻還一直想要它指在童年期，其實它正指在童年期，而「童年期的你」也「正在覺得」自己正在過童年呢！而「老年期的你」也「正在覺得」自己正在過老年呢！請意會「本具」之義呀！

這穿越時空隧道的探討標籤──「心」，在為人者是為人的心，在為豬者是為豬的心，在為 1990 年者是為 1990 年的心，在為 2000 年者是為 2000 年的心。不把豬的心帶混(帶記憶去改變)到人的心，2000 年的心不會帶混到 1990 年的心，1990 年的心不會帶混到 2000 年的心，但卻各式各樣面面俱到地存在(靈覺知)於各時、各地、各境界。正是：「百花叢裡過，片葉不沾身」如其所具，如其所在。總之，時空點沒有絕對的位置，是混沌的「彼即此」。

若相對論中的「光子」是有靈覺知，則其感覺時空連續區是，「彼即此，此即彼;今即昔，昔即今，今即來，來即今」。

<其十三>　述而不作

筆者約在 30 多年前，從報紙的副刊中抄錄了一段英國詩人浩斯曼(AE.Hoaseman)的詩──「當我 21 歲時」

「當我 21 歲時，我聽到一個智者說：「給別人一個銅元、銀角、金幣，但不要把心給別人；給別人珍珠、紅寶石，但要保留愛情」但我才 20 歲，對我說這些話沒用。當我 21 歲時我也聽到這個智者說：「心從胸懷給別人從不白費；得到的是一大堆的嘆息，換來無盡悲嘆」如今我 22 歲，哦！他的話真對！真對！」。這詩裡至少有兩個人在說話，其一是智者，其二是描述者，但不要忘掉還有其三，就是詩的作者。

這首詩的作者不是勸年輕人不要感情用事而墮入情網，它僅僅是在描述人生過程。即只**描述事實**，而**不作分析**解說。展開人生長河的畫圖，每個人一生之一景一情的遭遇，皆如如實實的記載在長河中，不用你去述說，圖上就很明白了，不要想改變它的內容，在其位置，自有其該領受的遭遇，是不能避免的。人生歷程的一點一滴都無法能滑過去的，是每一當下都要**自己去面對**的「**本具**」存在，不是一位智者就必然能帶你跳過的，能否跳過，端看自己的因緣。從物件觀談，修行是自己修，不是佛能代替你修；佛要度眾生，但也必是度有緣人。

「如果你現在是 4 歲時，會想：「我想快點長大」。如果你現在小於 10 歲，你會非常興奮於自己一點一點的在長大。如果你現在正當進入了青春期，你會想能飛快的進入青年期；但是當在 21 歲後，你的想法卻要讓時間停在這當兒，當在 21 歲後與你的想法更欲讓時間走得慢，甚至於能返回童年，當 30 歲了更覺現在一點都不好玩了。」

上面這個敘述就是前面長者所描述的。是以我們一般觀念的時間正流方向述說的。若反向述說呢？也就是指著人生長河的探討指標由 30 歲這時間點往 4 歲的方向移指的方式會怎麼樣呢？事實上這樣被述說的你之感覺還是一樣：在 30 歲覺現在一點都不好玩，在 21 歲希望能返回童年。在進入了青春期，你會想能飛快的進入青年期；在小於 10 歲你會非常興奮於自己一點一點的在長大。在 4 歲，會想：「我想快點長大」。探討指標正指到的時刻，它不會告訴這時刻的你，說出它〝曾〞指著〝將來的你〞之想法。這探討指標就是不染的心。你知道嗎？真正的大羅天仙，能知過去又知未來，可是絕對不會洩漏天機(將來的你之想法)，若洩漏天機，則祂給的信息也只是個命運劇本，非得在未來時間位置的你來見證不可。

<其十四>　超光速地傳遞信息

一根長木棒被火由遠端起燃，往近端傳播，其燃燒傳播速率若大於光速，則我們近端的人所看到的燃燒傳播方向是，火由近端往遠端燒。原因是遠端起燃的光比燃燒傳播速率慢，故燃燒傳播先達近端而發出的光就先到吾人眼睛，遠端燃燒的光比較落後到達吾人眼睛，故看起來是，先燒近端而往遠端燒去。這現象正好與火真正燃燒木棒的順序(由遠往近燒)相反。所以一些人就說超光速會使時間倒流。不過那是事象呈倒順序，而時間也沒倒方向的流。因為吾人的覺識感覺不是僅對應到光的視覺能力而已！覺識感覺的能力隨個人的各自意識結構形式不同，有各自的多種覺知能力。也許有些吾人能相應的信息之傳遞速率比燃燒傳播速率還快的，如此雖然燃燒傳播速率超光速，但此意識結構就可藉由此信息之傳遞而感覺火仍然是由遠端往近端燒。故重點在於傳遞最快速率的信息，而不在於光。而信息的有與沒有是**對應**到其意識單位的意識結構形式。

<其十五>　信認之開合的各層次語言

我們的認識事物，常有對其「存在」或「真實」的信認程度有層次的分別。對於「合隱一切」的「當下」之「覺受(相)」是我們親嚐親證的、自證自明的，在本書中視為**直接對應**，沒有**信認**的層次問題。由「當下」開展出的**名相**者，如有「心」與「境」分別的觀念，就落入信認層次了，即是有「分析」了。有分析者必是用「開合」方法。若「合隱一切」我們舍也說不出來，但我們的書是在討論，是「有述說的」，有**分析**的，當然是屬「開展名相」的**有信認**層次了。

數學、邏輯的原理，不是我們**親嚐親證**的概念，但卻是先天的**信認**而有的，故依信認層次上說不能跟「**直接覺受**(相)」比較。但是**時間"流"**的觀念是因為後天的認知而有的物理上概念，就較數學、邏輯差一層級了，再由此基礎概念與經驗材料(事件或物件觀念)套在數學、邏輯上所推理出的概念就是再次層級了！相信看官們在本書的語言裡，雖沒特別說明信任層次，但也能分辨出其**信認之層級**。我們在此特舉例來說明，雖描述是相同事，但用不同層次的語言。

在時空連續區中的一個事件 A，位在朝前時性區內，我們以一質點的世界線從原點 0 連接之，我們說 0 事件傳遞信息給 A，或者說，A 事件是由 0 事件演變而來的，這是一般我們生活上的語言。

如果我們換個說法，我們說 A 事件本具有 0 事件的「影子信息」(有區隔的信息)，A 事件**本具**於自己的時空位置，0 事件也**本具**於自己的時空位置，故信息也沒有所謂〝傳遞〞，A 事件也不是所謂的〝由 0 事件演變而來的〞。

如果我們再換更進一層的說法，我們說 A 事件本身沒有所謂〝含有或不含有〞0 事件的「影子信息」，只是 A 事件本身，自己解譯本身內的所謂「**當下信息**」。

如果我們再換更進一層的說法，A 事件本身與 0 事件是互相關的，但兩者**沒有**所謂有**時空距離**來**區隔**的，只是**不同性質**而**混沌**的兩個**單位**。

我們以流程圖示之：

(1) A 事件是由 0 事件演變而來的 ==> (2) A 事件含有 0 事件的「影子信息」 ==> (3) A 事 件本身沒有所謂〝含有或不含有〞0 事件的「影子信息」 ==> (4)A 事件本身與 0 事件是互相關的，但兩者沒有所謂有〝時空距離來區隔的〞，只是不同性質而混沌的兩個**單位**。

以上有一層一層的不同 4 個層次的語言，這要能分辨清楚。(1) 是生活上物件觀點的語言，(2)是具有靈魂向性的意識特殊結構的語言，(3)是事件觀點的語言，(4) 是更上一層的用意識結構的語言。這些都叫**分析**

的語言。「覺受相」就不分層次，是直明的，自證自明的。沒有信認義。

「信息」是通俗語，「信息」與「解譯者」是對應的，讓「解譯者」與「信息」合而為一，是「覺相」。我們的立基也是論「當下信息」，不論「當下外的信息」。「當下信息」即是親嚐親證(稱為覺相)屬於覺受(內受之意)，即「解譯者」與「信息」合為一。

「信念(由信認而成的概念或模型)」是有信認層次，欲行(向外之意)(欲行是基於信認某個概念而有欲求；或是無中生有)，所以是信認次層次。覺受是沒信認層次的，但若被用語言提出分析，即有信認層次了！

先天「信認概念」卻是創造理論模型的最基本立基，如數學、邏輯。至於哲學其本身不易定義，但筆者將之歸於意識結構形式所對應的「有」信認層級，與數學、邏輯一樣，因其必有分析，故如此也！

〈其十六〉 析離 與 組合

同一個人意識線，卻分析成多個意識單位的分裂的分身，讓人感覺打亂了常規，不過這樣分析只是要我們更多元的認識自己而已！

一塊有紋路的木頭，它上面的各部份材質，色澤有亮有黯，有粗鬆與密緻，從這些特性，可以將其特性相近的部份歸類成同一條紋路，因而能辨別一條條紋路的各種形態；但也有較模糊地帶，就難分辨。故會說有脈絡(信息)或無脈絡可循，等等話語，從有脈絡中以歸納出規則，而為此規則命名(標示)以執持之。其實歸納出的規則不是絕對的，因此才有對同一張圖有人看來是一張妙齡美人相，卻有人看是一張老巫婆的相。

人的生命是有限的，人活的時候，同一個人雖因時間有少年、中年、老年期的不同，但畢竟是有其很多信息相近才能相承襲，這樣我們才能從不同片段的人生將其歸類於同一個人的人生。故憑藉這些特性使我們能辨別這個人與那個人不同。但是以靈魂不滅的信念下，當人死亡後，其靈魂所在的地方就不明顯了，談前世今生的關係就是在模糊地帶。因為從哲學上看無法排除其不可能，但要分別**現在活的人**與**過去人(死亡)**的有前世今生之關係，卻是一般凡人辦不到的。其實這種分辨也是隨解譯者的解譯規則而定。有信息特徵也好，無信息特徵也好，都是**深層意識**的**解譯規則**。

一塊木頭上的密度質相近且較相鄰的分佈，雖在不同部份，但我們由其密度質之相近，可辨稱之為同一紋路；但是如果你喜歡，你也可自由地把隨便幾個紋路所圍成的區域看成是一族組織，怎麼組合是隨便你的。人在生時雖因時間的流逝呈不同長相，卻有很多相似性質，尤其後者能知前者心思，其思想的繼承更是相似，其本人可認同自己的前時刻自己；如果不同一世之人，後一世人又不能知自己前一世為舍(什麼東西)，那麼所謂「同一人」就被「模糊化」了。「模糊化」就可用不同組合來詮釋成另外一個人了。其實組合可說是隨解譯者的喜好來決定，這解譯者就在於其意識結構形式了。

生命是沒有名字(分別)的

「模糊化」可去掉〝私我〞。這〝我〞是不確定的，更甚者，就連「同時」的空間上，不同生靈(包括人、狗、貓、、、等等)也藉由意識單位的「模糊化」來重組合成同一個生靈體。〝我〞何必求千古名？〝我〞乃時時處處皆是〝我〞，時時處處都不是〝我〞。這裡讓筆者想起看過的清明祭祖先的一段詞：我不認識你，還是感恩你，雖未曾謀面，或僅依稀疏記憶；就因血緣的關係，容許我們點燃心燈一盞，表達思念之情，奉上衷心的祈禱。

生命本來就是沒有名字的，我今的存在，對先人與子孫們根本就不相識，子孫們僅是憑著對理則與經驗的信認而對我們的存在做出信認與追思。而對祖先本身而言呢？只能猜想(編劇本)他的子孫們(我們)可能存在，但也不相識。那麼未生前，過世後，名字或身份又關乎當下的你什麼？但卻關乎另一個你。

生命本來就是沒有名字(個別身份的分別)的，有一共同〝義〞的名字就是〝我〞，但非父母為你取的，卻是你天生就明白這〝我〞的義。你看一隻野生小鳥的出生，牠有名字嗎？牠的覺知本就如如，豈與你對牠取名字有關連呢？牠時時刻刻都在長大，變了樣，跟牠剛出生時就不同樣了，到老了也是沒有名字的死去，也不會寄望其鳥子鳥孫去追思牠。但你看，親鳥壯年時仍是奔波忙碌著築巢尋找食物，只為養育其後代。

這時時刻刻不同的牠，是同一隻鳥嗎？是不同了但總有一些相似處來延續成同一隻鳥。我們把時時刻刻不同的牠以標一個名字〝A〞做為身份識別其為延續成的同一隻鳥。其實標示一個名字只是為時時刻刻不同的牠的一種組合而已，若取其他隻鳥的不同時刻與此〝A〞鳥的任何不同時刻來做不同的組合，是否又可組合成另外的延續組合呢？再標個名字〝C〞如何？取 1879 年到 1905 年的蒲朗克，與 1908 年到 1950 年的愛因斯坦的合組(因都是物理學家)，如此的組合成一組生命體系，標個名字〝蒲愛合〞。同樣地，你、我、他，可各取某部份來組合成一新生命體系(不是真的去分解形體，只做如此的認定組合就是一新生命體系)。但用以組合的最小單位就是意識單位(在分析時，能分析到最小的，也是意識單位)。分析與組合，就像一首歌(你儂我儂)的一段歌詞:「將咱兩個一起打破，再將你我用水調和，重新和泥重新再做。再捻一個你，再塑一個我，從今以後我可以說，我泥中有你，你泥中有我。」

從相對論的時空混合，你可看到「同時」的一組事件群，被打亂，另一組「同時」的事件群也並存在，不也是如此嗎？

〈其十七〉　整體觀，不論「個別」底本質

套佛家所談的心識世界來說，任何一個世界就是一個萬象世界，不是有個〝山〞與〝水〞的分別，山與水是同一整體萬象世界。假如此時心念(一個意識單位)見一座山，而不見水，這座山就是此當下的全體萬象世界，下一次心念只見一流水而不見山，此一流水就是當下的全體世界，但這兩個不同世界同是一個心的覺。世界萬象皆是此心所覺之像，豈須要再由一心所覺之幻象中分辨個別像的底質呢？夢中的山河大地，男男女女，這些盡在其夢中，個個有別，醒來才覺其盡在一個夢心世界中的幻象，哪有個實際上的「個別底質」分別呢？同樣的現今當下清醒來的世界之各形形物物，個個有別，但其盡在一個我們的清醒心識世界中。

在討論時流的方向問題時我們也曾以〝我〞的定位之困難，才知時流非物件觀能分析的。〝我〞看似同一，卻又區隔有別。

看一杯水，談它的底本質，就不是去考慮分別杯子與水的分子、原子、之類的不同，而是連同在觀看它的心本身，及當下總境象之底本質，是整體的本質心，不是個別分開之有個別相的個別之底本質。例如在夢中境裡，看到一把斧頭正劈一根木頭，在夢中，您會研究這根木頭之底本質是木質與這把斧頭是金屬的底質之不同；但我們不能這樣看，因為這根木頭與這把斧頭同是在一個整體的夢心中，哪有「個別本質」在呢？夢中的台北，高雄兩地距離這麼遠，還不是同一夢中，夢中看銀河與北極星，覺距離這麼遠，但還是一樣同一夢中。或許您以為清醒世界的銀河與北極星距離才是真的這麼遠，但您可曾想到：這距離還不是同在您這清醒世界當下的一心中。這是僅從空間相看的整體，若擴至時空相的整體，更是如一。若以深層意義的信息看，亦是如一。

有位談禪之講師提問：明天凌晨從台北出發，而要在今晚午夜前到達高雄，你要如何「做」到呢？從相對論推知：一切動靜皆是虛幻的。筆

者心想：整個的虛幻時空連續區，**此時此地**是蘊藏整體的信息，而由**此時此地當下〝解譯〞**出高雄、台北、明天凌晨、今晚午夜前之種種分別相，若以一整體時空看，皆如〝一〞的信息，高雄就是台北，午夜即是凌晨，不用「做」,「本即是」。

同時異地，卻「同一〝我〞」

一般我們的認知裡，同一人不可能同時異地的存在，但在同理心的觀點(超越時空相)下，同時異地也是同一心質。在此，筆者舉一則曾在一個講堂聽一位講經的老師舉的一對夫婦的對話及行為表現的故事(筆者已忘了其細節，但覺稍有領會其大意而做一點點修飾)，或許讓我們能有一點省會：

妻: 奇怪！我從錫蘭帶回的大貝葉經，明明我存放在這裡，怎麼不見了？你有沒看到呢？它是很難得的珍寶！

夫：它到底是怎麼樣子？

妻：它就是一種樹葉，上面記載著佛經。因為在 佛陀過逝後，他所講的法(經典)，在當時並沒有現在這麼文明，有紙張可以用來記錄 佛陀的教化言語，而是用一種叫大貝樹的葉子來記載，可以保存 佛陀的言語。這是上千年的寶物。

夫： 哦！我好像看過。我來找看看。(兩夫婦就開始找，經一陣的翻箱倒櫃，再怎麼找也找不到)

妻：奇怪，這種珍貴的東西我絕對不會亂放，且懂得是寶的人也不多呀！真奇！(越想越不甘心！動作也漸顯忿怒之狀)

夫：沒關係啦！如果沒把它毀壞，它就不會壞。既然不會壞，那麼不在這個家，就是在另外的一個家裡頭嘛！

妻：難道被識貨的他人偷走了！

夫：怎麼會是〝他〞人呢？，放在這地方的〝我〞家，與放在他地的〝我〞家，都是〝我〞家啊！

妻：你有那麼多的家啊！

夫：不是有很多的〝家〞，而是有很多的〝我〞在。

妻：很多的〝我〞？！(妻帶著疑惑的表情問)

夫：(夫用手指著自己)在這身上，會有個〝我〞，(然後，夫用手拍著妻子的肩)問說，這身是誰？

妻：〝我〞呀！

夫：在這身上，也有個〝我〞，那麼(然後，夫又用手指著屋外的一個行人)
在那裡也有個〝我〞，不也一樣都有個〝我〞？這寶物不在此地的〝我〞身上，那也必定在他地的〝我〞身上呀！還有什麼好生氣的！

妻：(妻若有所悟)嗯！看你平常不看佛書，也不聽法的人竟然能懂佛法的了義！不過到底別人是別人，怎麼想他人也不會變成我自己呀！

夫：去年在錫蘭的妳，與現在在台北的妳，是在不同的兩地，哪一個地方的妳，才是妳所認同的自己呢？

妻：對呀！這兩個我都是同一個我呀！只不過是不同時間，且不同地，但都是我呀！

夫：是呀！妳所說的別人，只不過是不同地方的自己而已，他還與此地的妳〝同時〞的存在呢？而不像在錫蘭的那個妳，連時間都與此時此地的妳都不同了呢！

妻：耶！對呀！佛教的「無我」道理真的很深奧！你似乎能貫通不少！

以上的對話當然有些是筆者自己所加上去的，也只不過為了讓讀者省會到一件意識的特性：時空圖上同樣都是不同事件的位置上，怎麼有些事件點您就會認同是自己，有些不認同呢？這同一個〝我〞就是唯一心質的顯現。這〝我〞字之義，是凡具有靈覺知的生靈，不約而同的共同義，不是父母為你取的字眼義，而是遍及一切有靈覺知的生靈之共同有的「同理心」或同一個唯一底心質之義。

也許您會問：既是同一心，怎麼殺豬的人，豬會痛苦地哀號，殺豬的人不覺痛苦呢？這就如今日的您遇車禍而痛苦，但昨日的您不覺受痛苦一樣道理，您今日心與昨日心不是同一心嗎？為何昨日不知今日呢？這就是意識結構之意識單位的「區隔性」。

如果我們允許所有的意識皆是切割到意識單位的層級，不再去區分時空地隨機組合這些意識單位，以每個意識單位都有靈覺知為共同點作為共心質，於是為了說明心質(意識總架構)與別相(意識架構的子結構)，我們試著以開合的方式繪圖加以說明。因為一切同此心，同此理，這心、這理體就沒有時間或空間的距離相，也沒有大小相，因為個別相的心都有一共同的同理心，我們把此理體心簡約(合隱)成以一個點表示，代表沒有分別形象大小之相，所有種類形式的架構分別相，我們則用箭頭方向與此點結合，如此其示義圖仍可回歸(圖 4-1.5) 來表示同此心，但也可把標示為意識單位的字眼更改為相同組群標示。

【圖-4-1.5】中諸箭頭方向(箭頭沒有長短的區別意義)在此是開展出(開合模式之一)，諸箭頭的一個別方向代表此心質的一種面向的意識子結構形式之一，甚至於一個箭頭的個別方向也可代表一個意識單位。由於都是這心質，這些種種意識結構形式或是意識單位皆是視為「並存在」。因為祂沒有時間的先後(意即沒有:先有A結構，待A結構消失後才有B結構)的意義，而是這些結構形式或是意識單位皆是平等並存，相關並存於心質(以這些方向線的交會點表示之)。雖有各方向不同，卻在同一點上，每種意識結構形式裡都有祂的意識單位，雖個個意識單位是獨立平等並存，其宗是一心質(同一點)，雖感覺有個個分別的意識單位，但可看成是同一點的心質相，故雖有甲人相、乙人相、狗相、豬相、1 時甲人、2 時甲人、1 時鬼、2 時鬼、、、，等等不同，但心質(或理體)同一，甲人心即是整體萬象心，乙人心即是整體萬象心，是甲人心，卻也是乙人心，也是狗心；1 時甲人心即是整體大千世界心、2 時鬼的心即是整體萬象心，也是眾生靈的心，我們無法見其總相，只能由個別相，而遐想無相的總相。當然這些仍是筆者以輪迴心做輪迴想。

不同意識架構形式是對同一心質所做的**對應**(解譯)方式不同而已，對同一心質的個別對應(解譯)，其間自有相關處，故有相似相，你看到山崩了，我也是看到山崩了。這就沒有可懷疑你有你的世界，我有我的世界雖似各自獨立，但仍所見有**共同**交集的**理由**，因為是同源開出(開合法)的。我們的每一念(意識單位)，各個念也皆可解譯(對應)成同一心質的分別相。

由【圖-4-1.5】表徵圖示看，不就是每一念的心質即是整個心質了嗎？因為圖示整個心質僅一**共同交會點**。另外再從事件觀點之「整體相關存在」的觀點看，也有「一念即是整個心質」的異曲同工之妙。筆者常聽佛學上有句名言「**一念無明，法性心**」，似乎不管**明**與**無明**皆是同一**等質**的**心質**，如【圖-4-1.5】中心一點。當然這些都是筆者超越了自己能力的妄想，只是試著在脫離時空相下，所做的一些連帶的想法，而不是要指引讀者要如何修行，若作此想，那就大錯了！

要我們留意的是，這心質不是物件，也不是事件，沒時間相，沒空間相，在(圖-4-1.5)中之所以用一點表示，是讓我們認知到：不能再從其上找到有空間相可分別的想法。倘若把這**一點**改以一大圓取代的話，顯然這一大圓有很大的空間讓我們來隔離一個個區域，就如以虛空表我們的心質，這虛空可以被隔離成一個個區域，就可區別了，會給人連想成只有同質，但有區域的分別。若是以一點表之，就連區域也沒得劃分，能分別的只有方向，雖方向有別(代表不同**意識結構形式**)，其體同一。這是筆者在有形觀念的先天限制下，所想像的圖示而已。此種種設計與構思皆是盼讀者您能對「所有生靈者，合我同心質」有一丁點的共鳴。

由於心質是無相，不可思議，祂的種種子架構形式的歸類組合，也許就是個個不同境界。一種類意識架構，含諸種意識單位，其間之規則自有其對應的方式，非一般心思能想像的。

不過用一點表示心質並不是心質是一點的形狀，因為心質是超越時空的，不是用形狀可以形容的，故也不是所謂遍及虛空之類的形容，這些形容都是片面的列舉式，不是真。

意識結構形式不必然皆有時空相

在我們的一般生活觀念，總離不開時間相與空間相，而每一事物總以此種時空相的觀念來構思，這僅表示我類是意識總架構的一種子架構的形式而已。

【圖-4-8. 1】中，要表示的是：同一個時空位置(同一事件)上(如甲、乙、丙、丁、戊各時間點上)有靈魂向性方向相反的兩個不同的意識單位重疊於一處(同一事件)，但在〝知〞的面向來說，卻有完全的區隔性。

【圖-4-8.1】 甲　乙　丙　丁　戊

@=>　@=>　@=>　@=>　@=>

⇐@　⇐@　⇐@　⇐@　⇐@

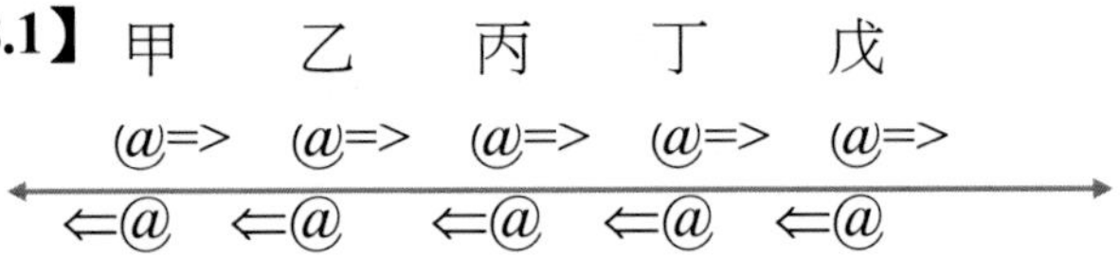

靈魂向性方向反過來的意識子架構，自有這子架構的自然世界之自然律，祂們的時間方向與我們的時間對比，邏輯上言乃呈時間倒流的，但是他們的世界的自然律，是你無法想像的。而【圖-4-8. 1】是有時間相的意識結構形式，但是如果是沒有時空相的意識結構形式，是沒有所謂〝死亡〞或〝消失〞的字彙，要是你跟祂說：「如果全生靈都〝死亡〞，則全體宇宙世界都〝消失〞」，這樣的〝生滅〞語言對這體系而言是沒有意義的。故語言不要總落在物件觀點的圈圈裡繞。不要以為其他形式者跟我們一般，總覺有個時間流似的，以為過去之前總有再先前，未來總有再未來的存在，這種絕對觀念是筆者懷疑的。

夢中世界的意識架構形式，必然異於我們清醒世界的意識架構樣式。例如同樣的心靈，也許在夢中的心身及能力，就異於清醒世界的心身及能力。聽說入禪定中的境界的心身及能力，就異於一般世界的心身及能力。

如果說人死亡後的認知境界裡，也擁有該境界的身體與能力，雖仍有與在生時一樣的時間方向，但可以這麼說：祂的意識結構形式已**異於**其在生時的意識結構了！其認知的自然律也異於其在生時的自然律。你認為此地是台灣不是美國，但在祂的世界裡也許是同地，雖然你認為不可思義，但祂看來卻是很自然。因此時空相，若以意識的信息觀點看來，是為虛幻。

〈其十八〉 測度量的根本義 與 超距作用

我們昔時的空間觀念是一個〝固定底本質〞不動的絕對空間，且是無限大的物件。而一般的物件存在於其中的移動，並不讓空間受損(被物件所據的空間，總是全等於物件大小)。此地與彼地兩點間總有個空間距離，此地一丁點微小變動，必定或多或少會「影響」彼地的狀態，這「影響」就是信息的傳遞。信息的傳遞是經過一段空間距離，必定要耗一點時間，而不是立即一蹴可成。如果信息的傳遞是立即的到達，這樣的現象等同「同時」存在的兩事件間之關係，在先後分不清的情況下，就不具「因果」的關係。因此這種傳遞法，相對論稱之為不具有意義的信息，愛因斯坦稱之為「超距作用」。在相對論中是把傳遞信息的速率極限，限制要低於光在真空中的傳播速率，更不論無限大的速率了。

筆者先前談的「當下信息」的觀念，不談「信息源」，只論「當下意識的解譯規則」，在時空連續區上，任意兩事件間就有「整體的相對應存在」，「超距作用」也沒有好奇怪的，「彼即此」也！

把空間〝固定〞死的，有此點與彼點的分別概念，這也是眾多意識結構形式中之一的解譯規則所對應的定義，但是定義不是能完全周全的。例如：找出一直線中，最短距離的相異兩點，我們無法界定出來。可是我們在生活中常要處理這種不能界定的東西，多是用可容忍範圍內，做概略的度量運作。而不是依定義的死法條去實際運作。

測度上「量」的根本義(假設模型)

愛因斯坦認為一切物理量是要**可測度**才有意義，也就是要有可**依據**的**基本標示**(信息)，不是依據無法**辨識**的「勻一無界底本質」，這基本標示的界定，說真的，是意識的絕對(不必有根據)界定。單一基本標示本身不成集合，故沒有量的意義。兩個以上基本標示的集合才有量的意義，基本標示的數目即對應成量的意義。量總是建立在基本標示集合的數目上，若非基本標示的集合之度量是無意義的，因為是度量界定範疇之外，不算是度量，否則其度量必然是呈相對較大的模糊義。因為度量的尺度若不架構在度量的基本標示上，則實際上是分不出彼此，先後，也就失去因果度量的意義，果要依據因而得，但這依據要由度量來，故測度、依據、因果可說是等同的名詞。故在測度的尺度(度量基本標示數目)之界定外，「超距作用」就不足以怪了！這所謂〝小於〞度量基本標示的東西之量(大小)都無意義。因其不架構在度量的基本標示數目的測度，其意義已模糊。

E = hν的一個能量子，若有量的大小義在，即非為「單一的度量基本標示」，必是不小於 2 個度量基本標示之集合義，量子只是某種量的結構形式而已！其若有量的義，即是對應有兩個以上基本標示的集合。請注意:一個光量子，是光〝強度〞的「度量基本標示集合義」，非能量的度量基本標示集合。科學界至目前似乎還沒真正發現到能量的「基本標示」。

由於有因果意義的測度，皆是依據「度量的基本標示」，其測度出的量應該有最小的極限值。若"小於"最小的極限值其測度的數值是沒有確定性(模糊)的因果意義。

宇宙的浩瀚，問：一個電子有多大？因為它不是在「度量的基本標示」的測度範疇，所以是沒有長度度量的意義，故以一個電子長度尺度範圍(界)的因果關係是模糊的。你無法分辨此時甲地這個電子是在甲地原先的電子，或是從乙地來的電子。於是你可說這個電子可能由此處直接越過幾十億公里之外去與其他質子作用，也不能說其不對。因為你無法分辨是哪兒的電子，故您不能稱不可能，而是失去有界(可辨識)的測度意義，當然不被視為有清楚的因果關係了！筆者私以為:若有「超距作用」的現象，也應如是看待，端看「當下意識解譯規則」的界定。

在測度一物件的量，最基本的要求就是測度過程中不要干擾到此物件的原本狀態，這就是要隔離與其環境的牽扯，但由整體相對應性看，本就不可能的。一個質點的引力場即遍及整體時空，任何事物皆互相牽涉，要絕對隔離成獨立之物，是不可能的。

<其十九> 芝諾的悖論

我們的幾何定義裡：線是由點的集合而成的，直線段才有長短與方向，而單獨的一個點，只有位置，無長度，因此就沒有所謂的長短與方向，被稱為零維度；但是直線段上的一個點，是否具有長短與方向呢？這爭議點就構成芝諾(Zeno of Elea)的「飛矢不動悖論」。但筆者想再加個意見，即時間〝流〞的觀念才是悖論的癥結所在。若依芝諾提的規則:一個矢質點從A地運行至B地的期間，我們說它有運行速度，但是我們取其運行期間的任一個固定時間點(瞬間)，我們說它只能在空間的一個固定的位置上，不可能又位在空間的其他位置上(因為矢質點是無長度的存在)，因此矢在任一瞬間，是不能動(有速度—長度除以時間)的，於是芝諾的結論是，這矢質點是〝不能動〞的。筆者同意芝諾的飛矢是〝不動〞的觀念。因為時間不是會流的。但筆者不能否定飛矢〝存在〞於目的地B。因為飛矢在原始地與在目的地都是純「素觀描述」，跟飛矢會不會「動」沒有關係。若從事件觀點(素觀描述)看，飛矢的世界線本就存在於空時連續區的不同事件上，跟物體會不會〝動〞沒有關係，因為時間沒有「流」的義。

〝飛矢不動〞這樣的結論與平常認知(有瞬間速率的感覺—解譯)不相符，可是我人的數學又不能放棄「一質點在任一瞬間恰有一確定的空間位置」的定義。於是我們物理學家為彌補此種定義的缺失，乃創造極限的微積分理論，讓線段上的一個點，有了確定性方向及極短的縱長度與極短的橫長度比值(斜率)，因此在曲線上的任一點也藉此而有了切線斜率值與方向性(這斜率值與方向性在物件觀念中即對應速度的意義)。很奇怪，單獨的一點就沒有所謂的方向與縱橫比率值，可是線(含直線、曲線)上的任一點，也僅是一個點，竟具有方向與縱橫比值(極短的縱橫長度比)。這縱橫比值即是瞬間速率。其實數學本就沒有時〝流〞！

如果我們在一條平滑曲線上指定出任一點 P，再畫一直線經過此點 P，那麼這一點 P 就又具多重方向了，這加上去的線要怎麼畫是隨人之意來畫的，這樣一個沒方向性的孤立點，卻是隨加上去的線而變成有方向性，或多重方向性。筆者把這種解釋外境的混亂，歸咎於解譯者的解譯規則。外境它本身沒有任何的意義(包括不存在)，一切是此解譯者自導自演。因此祂的解譯規則不是僅一套。故所謂「道理」(原理或公理)也是「無常義」——不是僅有一種意義。你說它是一點，你也可以說它是一極小的線段，也可說它無限小，甚至也可說它什麼都不存在。因此，對點下個固定死的界定是不符合靈覺知的活性。

解譯者的〝自導自演〞，沒有什麼外境、內心，故解譯者(有靈覺知)的感受相，不是有什麼外境(信息源)提供其〝原本〞的信息給解譯者而有的。這是筆者一直強調的「真信息」只有「當下信息」，且此信息與解譯者是合為一。而只有解譯規則的不同，沒有所謂信息存在或不存在的問題。沒有靈魂向性這種意識規則，就沒有所謂的記憶或回憶，更沒有事物變化(或沒有時間流逝)的意義。故整本書的論調，最終就是指向整體意識結構。

芝諾另一則阿基里斯追烏龜的悖論，關鍵也是在於有時間〝流〞的觀念。因為有〝流〞的觀念，故對本具足存在的事實，卻要把它看成需要分解成〝先〞從某個起始步驟開始，〝後〞再接續下一步驟的依〝序〞進行，因執著於依這些死程序規則進行，卻漠視本具足的存在。依芝諾的說法是，阿基里斯的速度雖 10 倍於烏龜，但因阿基里斯先讓烏龜在前五十尺，兩者才同時往前起跑，當阿基里斯跑到烏龜的起始位置時，烏龜必然已往前走五十尺的(1/10)的 A 位置了，而下一步驟是當阿基里斯跑到 A 位置時，烏龜又往前再走五十尺的(1/10)的(1/10)，也就是每一次阿基里斯跑到上一步驟的烏龜起始位置時，烏龜總是比起始點再遠(1/10)的距離，所以結論是：阿基里斯永追不到烏龜。這結論當然是違背事實。以「素觀觀點」來說，是只管結果不管中間過程，因為既然沒有時間〝流〞的觀念就不必去依「先後」步驟一步一步〝順序〞推演必然存在的事實，只需在時空圖中，依其速度(空時比例)或斜率不同的表示兩者的世界線，即可得到兩世界線在時空圖上必然有交點，於是芝諾的依步驟分析是無關事實，竟成多餘的。這都是時間〝流〞觀念所惹的〝惑〞。

<其二十>　人生更得無次限，只是不記得！

「歲月人間促，煙霞此地多。殷勤竹林寺，更得幾回過。」這是唐朝詩人朱放的詩──題竹林寺。年紀大了，每到歲末寒冬，就憶起童年時期那種期盼過年的興奮心情，如今在同樣時節裡連想到的，卻是一年又要過去了，內心自忖：「還能再有幾個歲末寒冬過呢？」，總有幾分戚戚焉！

其實筆者很想說：「人生每一〝當下〞，已重來過無限次了，且一直仍在重復中！」這觀念是來自於「時間的非流」，即意識「本具」〝就地活起來〞的觀念。這個〝就地〞是指就該時間，該空間的相對位置。這觀念是信認而有的，不是像覺受那種**親嚐親證**的**自證自明**。不過一旦信認這「本具」觀念，就等於信認可保障「當下的您存在不失」、保障「過去的您存在不失」、保障「未來的您不失」。您與父母、兒女的親子情緣、與兄弟姊妹友愛親情、夫妻恩愛情、朋友之忠信情、冤家之愁情、仇人仇害情、逆境違心、、、，等等一切善惡因緣情境必也不失。這「不失」的意義不是**物件觀點**的〝永恆〞，而是你必然會有這樣的整體「信念」：相信這時間鍊上，必然存在著過去、現在、未來的我們人生每一點、每一滴的遭遇。

在之前章節談到「時間之探討標籤無時無刻地以無限速率，來回奔走於古往今來的時光隧道中已經無限次了，且仍繼續在奔走」，若能會意的讀者，應有一份難以言喻的溫馨感。當然這譬喻是癡語，但有其弦外之音。這要感性的去體會，這就是之所以要「珍惜當下緣」的真正理由。因為一切情境「本具」不失，若用物件觀的語言來說，既然不失，不就可再重來？這就是筆者的要表的意思。即**感受信息**的等效。可這麼說，「現在當下」雖〝過去〞後，下次又可再回到「此時空」位置來，且您的意識，或說您的靈魂目前當下這次面對「此時空」位置已經〝不知是第幾次〞了，只是您「全然忘記」了！但忘記沒關係，下次還是會再來，只是下次再來時，您還是全然「忘記」〝曾經〞來過這「當下」時空位置，或可說是忘記〝曾經〞去過「未來」、〝曾經〞去過「過去」。全忘記沒關係，因為絕對不會滅失。這「忘記、不記得」的意含即是意識單位的「區隔性」。

「不記得」沒關係，只要能**覺知**此當下的〝活存在〞，就必可重來無限次。故要「珍惜當下緣」，如果能創造佳緣，結佳緣不是更好嗎？這次的結佳緣，下次不是可重回到更多此佳緣嗎？在此我們藉由**感覺信息**的**等效**來模擬：假設探討標籤指到這當下是已經第 50 萬次了，那麼下一次再指到這當下，這當下你也依舊活的好端端，沒指到也一樣不生也沒滅地活著好端端。故人生每一當下已經過了好幾萬次了！且還是會一直重覆過著，只是過了，你卻一丁點也不記得了。但每一當下，都不會失去。若以事件觀，我們人生每一時刻的情境，皆本具存在於時間長河的自己位置上正在過自己位置的活。如果您是出生在 1950 年，當下活的您也是信認：在 1950 年位置的您還是正活在 1950 年的位置上呀！是正活在該位置，沒錯！

俗語說：「**人生沒有不散的筵席**」，這是讓人很感傷的事。筆者但願讀者能體認「本具」之理，則當在「**不得不別**」的離情上，即可奉上這「**本具**之觀點」以相互慰撫。因為「不失，必能重逢於如是時空」故可放下「**愛別離**」之痛，互以「本具」來道別，也順便奉勸大家，珍惜當下的每一緣。珍惜不是要你強執持不放，而是要〝慶幸〞自己當下是「活的」。至於「活」的滿足、「活」的心安、「活」的溫馨、「活」的痛苦，就看自己的因緣與覺受了。

活是由緣顯現的，沒這些緣就呈現不出你是活著，每一「當下」都〝正活著〞，不是所謂〝過渡期〞。不管惡緣或善緣(依您當下的認知)，皆顯現我們〝正活著〞。

記住：探討標籤一直持續指著過去，將來、現在的每一遭遇呢！這意味我們當下，本就回到過去、本就回到將來、本就回到現在、本就回到此境界、本就回到別境界。我們意識皆持續的活在所對應的當下時空位置不失！只要當下認識你，就保證必能再相會，而這相會就是當下緣。願以此心境與諸相緣者共勉之！

如果將時空的方向對調，再來看時間的過去、現在與未來，就呈同時並存在於時間的長河上不消失，為什麼不正視當下每個緣？過去痛苦窘境雖不好受，但也過了，其重嚐對當下又何妨？

〈其二十一〉　本具如如，不需時空座標

在前面談到的覺相是親嚐親證，親證自明的，其實當下覺相即是本具如如。覺相不去管存在哪個時間點，也不去管存在哪個空間位置，您自己的當下覺自己會，祂就本具如如，還需追究存在於時間與空間哪個位置嗎？會管時間已經過去了嗎？或不在某個空間地點嗎？

當下覺知自己是〝活〞的，管它時間怎麼流？流到哪裡了？因此我們可自己篤定相信當下是有靈覺知的〝活〞著非死寂。

若把時空連續區整體來看，只是存在而已，沒有時間的流逝，整體時空連續區就是本具如如存在。從物件觀看，人生只能帶有記憶的走過唯一的一次，縱然有靈魂輪迴說，再來做人，也都是有不同遭遇了，時間也不一樣了。更加上民間傳說的再度來做人之前，也要喝孟婆湯，讓一切忘記重來過。故再來過做人，從外貌看，也都是不同的兩人了！若以**感性**的說，不帶有記憶的再來過的人生，可無限次，且重來過的人生，來的順序不一定是由**幼兒時**往**老年期**的方向走。更甚者，同樣的這時刻，可為人，可為豬，同樣的這時刻可為勝利者，可為失敗者、、、，但在每個時空，都忘記了〝曾〞處在不同時空的自己遭遇，原本都自己，只是全忘記(區隔)了！。

一個境界、一個場景、一心念、一覺知、一個獨處、一時、如是、、、，其實不須時空座標，更不須時間現在的指標。

整體本具 與 依附

一條繩索的兩端必須繫在堅固的**牆壁**，我們才覺得可安心的吊掛東西。而牆壁又必須依附於無限厚的大地才讓人覺得牢固。如果繩索看起來是懸空，我們就覺不安而不敢攀附它。我人於恆古時間流中，也是相信時間的前端**總有**再前端讓其**依附**才能存在萬物。若說時間有個開端點或終結點則會認為那真不可思議。檢視我們意識線的時間模型，意識線可無限

長，也可**有限長**而具有端點，但**整體**意識線仍能本具自在，且其上的意識單位仍是有濃濃**時間**〝流〞的味道。需要**無限**的一重又一重的**依附**嗎？

<其二十二> 相約於 1950 年(語言觀念的從新探討)

筆者出生在 1950 年。今年為 2012 年，讓我與父母相約於 1950 年〝再〞相見吧！約在 1950 年與父母親〝再〞相見是肯定見得到，因此我可以〝等〞。但約在 2090 年要與父母親再相見，就不敢肯定能見得到。不過在 1950 年與父母親〝再〞相見時，卻都忘掉我今年(2012 年)所許的願與約定！因此在 1950 年與父母親的〝再〞相見，我們間的相遇卻成為偶然，非預先的約定的。

為什麼我敢肯定在 1950 年必然能與父母親〝再〞相見？因為時間本不流，故在 1950 年與父母親〝再〞相處的一情一景，一直都在 1950 年時空上，等到 1950 年的時候我本就可〝再〞見到父母親。但為什麼約定在 2090 年再相見，不敢肯定能否見到呢？因為一切都在於信息的單向記憶(靈魂向性)，能否見到，在今年(2012 年)的我們是不知悉的。但一想到在 1950 年肯定能與父母親〝再〞相見之情，卻讓今日的我感到何等的溫馨呢！

約在 2090 年與父母親再相見不是不可能，只是因為像俗人所稱的「隔陰之迷」這類意識單位的區隔因素讓我們互不再相識。

上面用字〝再〞、〝等到〞，或許您會對我說:你再怎麼〝等〞，時間也不會〝再回到〞1950 年了！但筆者反問:何謂〝再回到〞? 難道 1950 年需要有個指標〝再回指到〞那個時空位置嗎？這 1950 年時空位置的人，本就是我本人〝正〞享受 1950 年我的〝現在〞。不是嗎？其實「1950 年我的存在」，本身就是〝等到了〞，只是你不敢信認而已！我們常說:「等到明年我就 50 歲了」，難到有個時間指標會"走到"所謂的明年嗎？或者是明年 50 歲的你本就存在於明年的時間位置呢？您「會」否？請以「心」來回在時間的長河上跑幾次，去仔細品味之。「本具」如如之可愛！

<其二十三>：肉體 與 信息

「前世今生」是宗教上所談的「因果」觀念之重心，但其範圍是超出一般物理學的事件間之因果關係。宗教上所談的「前世今生」的因果關係，常是「今生」〝繼承〞(記憶)「前世」的果報、能力、習性(如天生下來就是繪畫天才，或是能述說其前世相關的事蹟，或是具有特異體質功能)。明明從肉體基因或血緣上來推論，「前世與今生」的身體各自獨立分隔不同，怎能對不相關的兩個肉體間之「信息」做傳遞繼承呢？

對這種超能力的意識現象筆者是完全的門外漢，但從第 3 章夢的另類模型中，約可略為關連一丁點。有人說〝**記憶**〞不是用腦部肉體來做的，而是另有其道。不是以正規正矩的**明道**，卻是**繞道**而來，例如用多維空間或多維時間的路徑。這種說法當然有理，像我們在第 3 章中之夢模型就是**繞**多維時間的**道**而來的。我們看不到，是我們只限於**正規正矩**的時間方向來看，那是意識結構問題卻由不得你。因為你只能看到〝現在當下〞的時間方向上之「現存有的身體」，夢中的身體不是〝現在當下〞的時間**方向**上的身體。以非作夢者〝現在當下〞的意識單位是看不到其關連性的，這也是物件觀點本有的特性。以非作夢者的眼光去看，是看不到作夢者在夢境中的身體(不是睡覺中的身體)，那是不同於當下這時間方向的身體。但是作夢者醒來後，卻能繼承夢境中的「信息」經驗，這其間兩境界的身體，由外旁觀者是看不出其相銜接關連，能看到的是，這平常時間方向的睡覺的身體，夢境中的身體是看不到，但夢境中的身體與醒來的這境界的身體仍有銜接處，那是從分岔的時間路徑(另一度時間)插進來的。

這是從我們還能想像的邏輯上推敲的，但如果從意識結構的信息觀點看，僅重視意識單位對其本身「當下信息」作解譯，不理會意識單位間所謂的〝實質〞關聯。而「信息」只看其當下的意識單位之解譯規則而已，至於「信息」的延續傳遞形式，對意識結構而言是任何形式都可能的，豈僅限於我們當下這種意識結構形式的認知呢？意識結構是超越空間、時間的「隔離相」。

〈其二十四〉：　有記憶的時光機

一部電影叫「回到未來」，既然我們已有意識線與時間線觀念，我們就用這理則來分析此部電影劇情如【圖-5-4】。其情節是描述時間區間為從 1955 年至 1985 年。情節大意是在 1955 年之前就有一位科學家 R 博士，在自己發明的時光機機倉內突然轟隆一聲雷電交擊中出現一位少年 A 學生，R 博士問他是從哪兒來，A 學生自稱，自己是 30 年後的人，也是 R 博士未來的學生，因為在 30 年後的 1985 年某 a 日，誤操作 R 博士所製的時光機，而跑到現在(1955 年)的時空來，於是 R 博士陪他遊於 1955 年的時空。卻在一個場合，A 學生竟讓一對剛認識的情侶鬧翻而分手了，A 學生發覺此對情侶竟是自己在 1970 年至 1985 間與自己所熟悉的父母極相似，事後調查證實此二人確定為自己在 1970 年某 b 日至 1985 年某 a 日間的父母，這下 A 學生緊張了。

【圖 5-4】

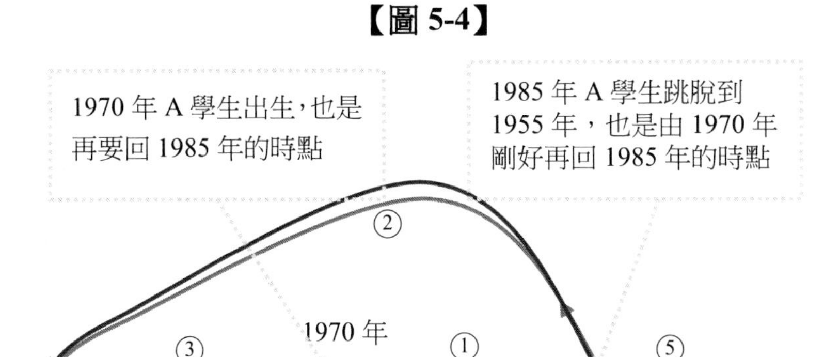

【※這圖中藍色線為時光機在時間領域中的分佈線，紅色線為 A 學生之時間領域的意識線，**黑線**是時間軸。整體圖為**合隱**空間，**開展**時間的開合方式之表示法】

A 學生一方面趕快請教 R 博士要如何回到 1985 年的時空去，一方面想辦法能再湊合這對情侶能快結婚，才能在 1970 年把他生出來，否則未來(1985 年某 a 日)的自己就會憑空消失，且當前(1955 年)因沒有一合理的歸宿(因突然現出，若無法在 1970 年某 b 日前把少年的身消失，則會與在 1970 年剛被出生的胎兒身，同一時間期呈現有兩個自己的身體)，於是在自己的努力設法下，終於在 1969 年湊合這對情侶，但還要趕回 1985 年的時空去銜接自己的存在於 1985 年某 a 日以後的時空上，故不能拖延至 1970 年某 b 日以後才趕回 1985 年的時空，否則自己的靈魂從 1955 年的時空一直留到 1970 年後的時空，就趕不上在 1970 年被其父母生出。則當前(1970 年 A 學生的生日)的自己靈魂，會既是附在**少年身**，也要附在另一個剛被生出的**胎兒身**上。就在這當兒(1970 年某 b 日他的生日當天)，剛好有大雷電足以為 R 博士的時光機充足夠的電力，讓在 1970 年的 A 學生搭時光機返回 1985 年某 a 日的時空去。如此，其靈魂在時空的位置上(從 1955 年至 1985 間)沒有重疊，也沒消失的矛盾。讓這整個情節皆沒有邏輯上的瑕疵。

因為時光機是帶著有「**記憶**」的 A 學生，故 A 學生仍覺時間一樣是不停地單向流逝，A 學生感覺會像處在看跳段的電影片一樣，但還是感覺時間一樣不停地單向流逝。只是影象有些不連續的跳動而已。他的**每個意識單位**之時間感還是依序地流！其順序仍從①即 1970~1985 年、②從 1985 回到 1955 年、③1955~1970 年、④從 1970 跳到 1985 年、⑤1985 年之後。從②1985 誤開時光機回到 1955 年而生活在 1955 年的世界，一直持續到 1970 年他即將出生前，再乘時光機由④而回接續他在 1985 年誤開時光機而間斷之後的⑤1985 年後的新世界。對他而言時間從沒停過，其每個意識單位的靈魂向性指向一直順著意識線，沒有倒逆。但請留意：②與④ 是沒有時間的〝流逝〞！因為這路徑是沒有意識的存在，是筆者虛畫的。

從意識線與時間線上的圖看來，A 學生在③1955~1970 年間的意識，既能正常地憶知過去，也能超能地憶知從 1970 年某 b 日至 1985 年某 a 日間的**未來**自己遭遇。既知過去亦知未來，但在③中的**每個個別意識單位**的知未來，並不是能**知**緊鄰的未來，即**不能**憶知**緊鄰**的後續未來(1956~1970 某 b 日)自己遭遇(這從**擔心**湊合不了其父**母能否**重合即可知)。所以仍有時流感。而這種超能憶知未來，並不像一般的靈魂向性的規則，故稱超能，自是**科幻**的本色。

A 學生在這段 1955 年至 1970 年間的意識，是超能力地能憶知從 1970 年至 1985 年間的未來自己遭遇。且他在 1985 年某 a 日後的意識，也是超能力地能憶知從 1955 年至 1970 年某 b 日間的自己未出生前的遭遇，**是不合常識的事**。但說這故事的人是他本人，而唯一能證實他說的故事是真是偽的人 R 博士，竟在 1985 年某 a 日前被槍殺，而死無對證，把故事的真假留給觀眾想像。

我們要再檢視的是，R 博士的時光機，早在 1955 年之前就發明出現，卻在一陣雷電交擊的**幕簾**下突然現出一位少年 A 學生，至 1970 年某 b 日也在一陣雷電幕簾下突然消失了(載 A 學生回 1985 年)，之後 R 博士在 1985 年稍前幾年才重新製造出新的時光機來，讓 A 學生在 1985 年誤乘而又再消失，**隨即瞬間**又載著 A 學生回來又出現在 1985 年的時空。

檢視組成這時光機的零件，若從經歷流程看，都是同一部的時光機，但從 R 博士看來，竟然是不同的一部的時光機了！這點就較難圓的一個小缺口(時光機憑空在 1970 年消失)要留意的一點，這 A 學生與時光機皆是有記憶地作他們的時光旅程。如果②與④是有記憶的時間經過，那是把時**間物件化**了，就又是借用**時間的時間**之**二重**觀念了。

其實「**靈魂**」在時間線上，不必一定不可間斷或唯一，反而物件(**A 學生的身體**)憑空出現於時間線上的③中， 比較不符物理的物質不滅之規則。而 R 博士的死無對證是好伏筆。

<其二十伍>： 解譯規則

我們世界的存在，全然由訊息所構成的，訊息的有意義卻在於解譯者的解譯規則。手捧著一塊石頭，覺它的重量、陽光下看它的形色、手敲它覺得硬，耳聽其聲、鼻嗅其氣、舌舔其味、、、種種作用；內心突來的概念、回憶往事、心緒的不舒服，皆是覺知的作用而有的覺受。覺知(解譯)依訊息有覺受。但訊息並不是具體物，是與解譯者呈對應的，沒有解譯者，訊息就沒有意義。解譯者解譯出的覺受，可有訊息與無訊息。有了訊息，則解譯者就可再分不同層次的解譯者，第一層次的解譯者辨為有訊息，第二層次的解譯者就依自己的解譯規則來解譯。解譯規則不同，解譯出的覺受即不同，故有所謂「觀點不同」。空中同樣的播放有調頻與調幅之電波訊息，一部調頻收音機只能接收到調頻訊息，不見調幅訊息。調幅收音機只能接收到調幅訊息，卻不見調頻訊息。我們意識結構有信認的層次不同，也是相關於解譯者的層次不同而有的。意識單位是解譯者的角色，也是訊息的擁有者，訊息的有無，由祂判決。而所謂的解譯規則，即意識的結構形式。意識的結構形式錯綜複雜，解譯規則也是錯綜複雜。

<其二十六>： 本具的完美(說隔即分，說同即一)

人生的美事，我們都希望是落在「自己」的親覺受上，而這「自己」親覺受的界定，卻不堪稍為觀點的不同，即成模糊不清。

親戚朋友常鼓勵「即時行樂」，出國旅遊，欣賞不同的美景，嚐嚐不同美食，了解不同的文化習俗，擴大自己的認知。這些觀念筆者都是認同的，但總要看當前自己所身陷的是什麼因緣格子裡而做調整。筆者屢屢想起，各式各樣的美景、美食、情境的享受、、、；另外一面的恐怖、厭惡、痛苦、憤恨、焦急、、、等等覺受，總是存在該對應的意識單位上，雖不存在於當下的我之親覺受，卻必存在於其他情境上的〝我〞之親覺受。這些〝我之親覺受〞，是被莫名的區隔，而有兒時的我之親覺受、老年的我之親覺受；你的〝我之親覺受〞、仇敵者的〝我之親覺受〞、狗的〝我之親覺受〞、天人的〝我之親覺受〞、地獄者的〝我之親覺受〞，各有各該對應的境界者的〝我之親覺受〞。都是〝我之親覺受〞，只是〝忘記〞或被〝區隔〞了！一個「當下的我」能全然包含這些〝親覺受〞嗎？若然不是，只要其中一個〝「我」的親覺受〞就可稱是「我自己」在不同境界的〝親覺受〞，不是嗎？你說: 〝一切情境我皆曾如是，只是忘記(被區隔)了〞，合理吧！

筆者常有這樣的想法，老天爺何其不公平啊！怎麼有些生靈被生在那低賤惡劣的環境裡被蹂躪地過祂們的一生呢？有些生靈被生在那高貴的境遇中宰制群倫呢？怎麼人不能將所有過去的遭遇都清清楚楚的記憶起來呢？但一想到意識單位後，才讓筆者似乎可以理解到〝區隔〞的作用，如防火牆般，不讓大火燒盡集體，只有〝隔離〞。忘記過去是一種隔離，忘記前一世悲慘的遭遇，此生從新開始，打斷前世與今生的同一個〝我〞。若人再來投胎而能帶著前世的記憶，那他的腦袋的負荷可就有龐大的信息，可能會帶有更多悔恨。同時代的〝我〞，有生於貴與生於賤，皆可看成被〝隔離〞的兩個自己，但不能全貴，也不能全賤，也許就是保護的作用罷！而且雖同一個自己，卻因隔離的分身，而能更有效的放大整體〝我〞，來「品嚐」各面向的覺受範疇。我們總是在局部看而有美醜，若從整體看才知是本具的完美。

〈其二十七〉：信息、事件、虛空、空無、距離、底本質、世界線

眼睛看到遙遠的星球，就知道有個「虛空」隔離我們與星球的距離，可見我們與星球間不是「空無」來隔開的。那是什麼來隔離我們與星球呢？筆者私以為就是「事件」。

光從星球出發，這「出發」本身就是一個事件。光在傳遞過程必定要不斷擴散，若以在三維空間來說，就是不斷形成同心球殼擴散，不斷擴散就不斷有事件的存在，而這同心球殼之弧度就蘊含其擴散過程中發生的事件數量之信息。吾人眼睛從這當下解譯這信息，把這些非同時事件解譯成〝同時〞存在的事件，這事件數量也就是所謂空間距離。虛空不是空無嗎？不是的！「虛空」是事件的存在而有的觀念；「時間」何嘗不是事件的存在而有的觀念？但時間是依〝同地〞存在的事件量來做為時間距離。

有底本質的物件質點與「虛無時空」的不同點在哪？物件質點在時空連續區中被信認有自己清楚的世界線；但「虛無時空」僅是一堆雜亂無章的事件，沒有個確定身分能歸依，哪有自己清楚的世界線？因為沒被認定具有底本質。故沒有可依持的東西存在，豈有自己的清楚世界線？若有，也是吾人在時空連續區中依物件的延伸，對事件做隨機組合成一個身分，這身分就對應成「時空距離」的概念。同一世界線的事件才是屬同一身分

物件點；雜亂無章之時空事件，因無法被判定為「同一個」空間點的身分，故沒有絕對空間點。(這些觀念，讀者可自行畫出時空圖即可明白)

1 時地球上空間上的一點 P，與 2 時地球上空間上的這一點 P 是「同一個」空間點嗎？ 整個地球不是繞著太陽在移動，怎能算是空間上「同一個」P 點呢？虛空沒有所謂的同一點，但物件質點具有底本質，故我們可以稱 1 時的這顆地球跟 2 時的這顆地球，是可辨識為同一個地球，但虛空間點無法辨識為同一個身分。在時空連續區中是忽略物件質點概念，一律以事件看待。這些事件的被識別是否為同一身分，就全依對信息的解譯了！

<其二十八>： 差別大的底本質

世界線必然是在有**時空相**的意識架構形式下而談的。在同一條世界線上的事件都是「相似底本質」，意即世界線就是在時空連續區中標出「相似」信息的事件之集合，也就是屬於同一個物件「質點」。那麼一個個「不同的質點」間，雖然具有相同的所謂「質量」的「底本質」，但「不同的質點」間其所屬事件信息有大不同，故可以清楚分辨出一條條的不同質點的世界線。

雖然當這些質點集合在一起形成的物件，但其個別質點間也是一條條可**分辨清楚**的不同世界線，這是我們一般的認知。例如一支尺是由**不同**「質點」組成的物件，如(圖-5.5)左側所示，當其被以時空圖表示成以等速沿著其尺的方向前進的狀態，則呈如(圖-5.5)右側所示。

圖中不同顏色(信息)是為了表示不同一個質點，那麼不同一個質點，其信息就大不同，故其個別世界線是可分辨清楚。那麼一物件，是由多個不同質點(子物件)所組成，雖有個**整體一個物件**的形式，但紅色世界線與綠色世界線卻是各由大不同之信息的事件所集合成。

物件在時空連續區中，有它明顯的自己的世界線，所謂同一物件僅指在這世界線上的事件信息相近似，不同一物件的世界線上的事件信息差別大，故這物件與那物件可分辨清楚。但是虛空，就沒有自己的世界線，即虛空上的這一點與那一點是分辨不清信息的差別。故虛空點是不具有可依持的「底本質」。但吾人對物件的「底本質」觀念根深柢固，於是會不知不覺地把虛空也當成是物件的延伸，形成具「底本質」的「絕對空間點」概念。

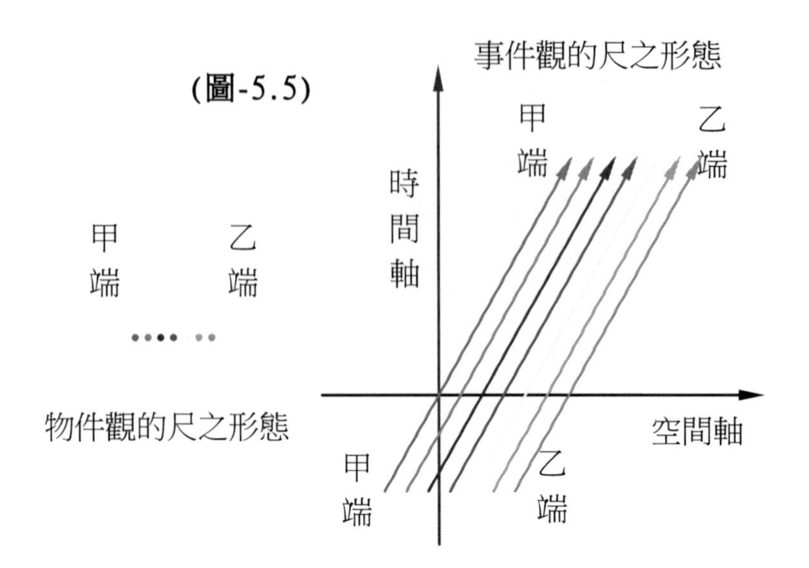

我們靈覺知的心質，就像虛空一樣是不可分辨的。您無法分辨這虛空點與那個虛空點。所有虛空點都可當成同一虛空點，會有這個空間點、那個空間點的分別，全在於對物件的個別底本質之信認。所有靈覺知的心質，都可當成同一心質，不能分別。

「具有可分辨的底本質」這觀念倒是有幾分可用，但在引力場或電磁場的物理世界裡常無法清楚區分底本質，馬克斯威爾電磁場方程式是用混合時空變數的事件描述法，沒有明顯的物件觀念在。這現實的現象逼我們勢必放棄：「不同的一個個質點間，有其一個個底本質就截然的不同」的觀念。意即所有質點的底本質有其等同性，即所有物件之終極底本質有趨於一的可能。

如果「靈覺知」是所有生靈的共同終極本質，那麼「心物合一」的趨向自是合理的推論。這辨認「〝同一〞與〝不同一〞底本質」的關鍵是意識「靈覺知」所自編的「解譯規則」。幾乎一切源頭都盡在於此，一原無任何意象的，「靈覺知」卻自行解譯成所謂森羅萬象的各種信息。

筆者對靈魂轉世的觀念，會把靈魂以抽象物件看，是因為人們把靈魂當成是有個底本質(身分)，給了不變的身分，讓我人可執持這不變底本質的靈魂，故稱「靈魂不滅」。靈魂雖不滅，而祂的狀態(如肉身)是可變的這「靈魂」觀念，就是物件觀的典型觀念，於是就形成可分辨清楚甲人的靈魂與乙人的靈魂之不同。這觀念並非筆者所談的心質，筆者所認為的心質是無法分辨清楚一個個不同人的心質。如果沒有所謂記憶或是信息的解譯(對應)，就舍也分不清。

<其二十九>：如果是線狀的意識單位

在第 0 章中曾以物件觀點來描繪時間流的模型，其中是用「時間的現在指標」與時間軸(事件串)做相對移動。假若時間的〝現在指標〞，不是點狀而是呈線狀的話，則其與時間軸之交會處就不可能是點狀，那意即時間的現在就不是呈時間點，而是一長條狀的時間區間。這當然不符我們的〝時間的現在〞觀念，不過在我們導入事件觀點的意識單位後，似乎把「時間的現在指標」以意識單位來取代了，而對意識單位的形狀，筆者卻避而不談，因為祂只是個概念單位，沒有佔據空間或時間的絕對大小意義，只有相對意義，亦即時間的距離是相對照出來了的，要有兩個以上的意識單位，才能相對照，光一個因無法相對照，就沒距離大小意義。至於其形狀若方便的話，可以說祂是呈點狀，也可說祂是呈線段狀，但是不管是呈點狀或是呈線段狀，都不會改變我們對時間的〝**現在**〞是呈時間的〝**點**〞觀念，因為意識單位只是個概念單位，是被意識執持為第一稱「**中心**」，在旁的您看祂像是**長條物**，以祂自己立場看還是〝**點**〞的觀念。故假若我們一生的所有遭遇(長條的事件串)，若〝同時〞被我們一個意識單位所獲知，則過一生就如過一瞬間。一生的所有遭遇是〝同時〞發生於一瞬間(也只是一個意識單位)。但因他的一生僅一個意識單位，就沒有「〝過〞或〝不過〞，時間〝流〞或〝不流〞」的感覺，所以對〝一瞬間〞的觀念，祂(意識單位)自己都沒有。

<其三十>：唯一繼承的盲點

我們當下的意識結構，每個當下自己(意識單位)，總認為自己是唯一繼承上一個意識單位，因為本身具區隔性，無法證實自己真的是唯一繼承或有旁支，因活性而能依類比推想：「自己下一層的繼承者，也是唯一繼承」。這樣的觀念就是我們時間呈「一維度」的根源。但是如「夢模型」，剛醒來的意識單位，就是繼承兩個以上的「上一層的被繼承者」，卻被忽略掉，這是因為當下自己總認為自己是唯一的繼承「上一層的被繼承者」之緣故。因「區隔性」而不知自己的「下一層的繼承者(意識單位)」，可能有兩個以上。這如第 3 章時流串的介接章節裡，所探討的。

意識結構裡，假若一個意識單位不把自己擁有的境相之「不同」的內容看成是「同時存在」，則可類比推想：有多維時間，但沒有〝流〞的感覺。這就是「一切有靈覺知者，合我為一」的啟示。想仔細思量的讀者可去追究看看。

<其三十一>：事件不談底本質，但論信息解譯規則

我們由狹義相對論的觀念認為「真空」是沒有像物件那樣有底本質(如:以太說)存在。依此觀念，兩個不同星球間就不該有「距離」的觀念，因為沒有底本質的「空無」怎能隔開兩實質的物體呢？且不能做為〝動、靜〞的參考平台。但事實上真空就是有區隔、有距離感覺。可見虛空並非一無所有的「空無」，而是具有信息(事件)的。

再說靜態磁場、電場皆是存在於真空中的事件信息，雖不像物件有明顯的底本質，但不是空無。變動的磁場、電場似可解譯成有底本質的電磁能於真空中傳播(運動)，像是物件般的移動(以光速移動)傳遞。引力場是佈滿整個真空，真空是空無信息嗎？馬克斯威爾的電磁場方程式就是以時間與空間變數來做事件的素觀描述，不理會電磁場是否為物件(有底本質)；但若以物件看待(解譯)時，電磁場就像似物件般在行進。例如:調幅的電磁波有群速度(波包)與相速度是數學的事件形式而已，其相速度就被解譯成沒有信息(非物質)的傳遞方式，故是假相的速度。

「時間」是意識單位的集合義，豈是空無？故時空皆非空無，因為雖沒有底本質，卻是因事件(含信息)的存在而存在。

眼睛看到虛空距離，其實是眼睛獲得光的傳播過程中不斷的創造事件信息給我們眼睛而存在的。但信息的「有」與「無」是歸諸於解譯者的信息解譯規則外，豈有「虛實」分別？筆者以為，時空都非絕對的「空無」，是有事件的信息。故宇宙可以「有限」的，但「有限」與「無限」，豈非是信息的解譯規則？由此不難理解「超距作用」不是也在於信息的「解譯規則」。「虛的時空」，或電磁場都沒有明顯的底本質世界線，但並不重要，「信息」之「有、無」才是重點，不過皆歸諸於信息的解譯規則。

<其三十二>：時間與空間的幾何對等

筆者在高中三年級上學期前，從未接觸過有關相對論時空結構的書，但在高中二年級時為了要從解析幾何中的一個「虛圓方程」尋求一個物理上有個圓滿對應的意義，於是企圖想在物理世界的空間中找出符合與

虛數對應的「虛」空間，才能繪出虛圓來。竟無意中在高中三年級上學期時，取「空間軸」對應到實數軸，取「時間軸」對應到虛數軸做複數平面來對應到二維的時空連續區。這一對時間與空間對映到實數與虛數之差別概念竟與明可斯幾夫的時空幾何(相對論的圖解)雷同。

在時空連續區上，時間與空間是等同義，其間刻度單位是要有個轉換才有連續區的真實意義。如果在時空連續區上，找出時間軸與空間軸所成的夾角之分角線，則分角線斜率值應為 1。這分角線的斜率也就是時空單位的比例係數。若以空間單位與時間單位表示時，就是物理學的速率因次，我們用 k 代表。則時間單位的量 T，相當於空間單位的量 L，其關係為 L = kT，但是這樣的 L 不是真實的空間量。故筆者把高中「虛圓」的觀念對應於時間領域裡，如此才有虛數空間與實數空間的區別，但整體還是連續區。如是故，將 L = kT 式子等號之右側加個虛數單位〝i〞。於是立出時間刻度單位轉成空間刻度單位的當量 L≡ T* = i kT，其中 i 為虛數單位，其意義是，時間長為 T 所相當的空間長為 ikT，如此就可運用到時空連續區的幾何計算，其結果竟可導出相對論的時空效應。未料式中的比例常數 k 竟然就是真空中的光速的值 c。這是讓筆者最感到驚訝的。光速的不變性之真正原理是：k 為空時刻度單位間的比例係數。其純數值為 1 或"i"。

L≡ T* = i kT 的應用是，預先令所有時間刻度單位量全部轉成虛數空間刻度單位，而空間單位量仍保留實數，如此應用到時空連續區的幾何計算。筆者要提的重點是，時間與空間在數學幾何上的識別，其間只差一個虛數單位〝i〞，而像原本 L = kT 式子等號右側加個虛數單位〝i〞是規定時間對應於虛數；相反的，如果把虛數單位〝i〞加在原本 L = kT 式子等號左側這邊，得 T = i (L/k) 會使計算時空效應的結果不同嗎？基於時空的「對等」的信認，於是筆者試著做相反的操作，即預先令所有空間刻度單位量全部轉成虛數時間刻度單位，而時間刻度單位量仍保留實數，如此同樣應用到時空連續區的幾何計算，其結果竟完全一樣。可見時空是有虛實的對等性，但沒有一定時間是對應到虛數空間刻度單位，而空間也沒有一定要對應實數空間刻度單位；從另一方面看，空間不一定是對應到虛數時間刻度單位，時間也不一定要對應實數時間刻度單位。因此時間與空間在數學上是對等的。而究其最源頭的識別，還是意識本身的結構形式。

既然時空對等，在時空連續區上的各意識單位就可類比成空間的眼光看待，就變成〝同時〞存在不同位置的活意識。因有區隔性，故有你、我、他之別，而同一個你的各意識單位中因有靈魂向性的結構性，故才有〝不同時〞的意識，卻感覺成同一個您，即時間的流逝感。

〈其三十三〉：當下活是從今世的「壽終」活過來的

跟你說我們當下的活，是從痛苦的胎兒中活過來的，您會篤定的信認為事實，雖是從胎兒痛苦地掙扎中活過來的，但畢竟已經過去了，非當下了！這是以時間的探討標籤從所謂的過去向著未來而移指的語言。

但若跟你說，我們當下的活是從未來的臨終時活過來的，您會覺茫然。其實是你不習慣的思維所使然。筆者為什麼要這麼提呢？這是把**探討標籤**從所謂的**未來**向著**過去**而移指的語言。

我們都知自己必定有過去的出生，但也必定有未來的臨終。這兩端點都與當下的活是並存的，故我們說，當下的活是從未來的臨終時活過來的，筆者意思是「死也死過了！生也生過了！」。無論如何，當下正是這麼的活著，時間軸有否**探討標籤**在移指都無所謂，畢竟時間沒有**流**或**不流**的問題，是靈覺知的存在而已！

臨終時的我、剛出生時的我，都不是當下我，但都是同一我，用同樣我這心質去面對各當時境遇，你、我、他何嘗不是用同樣〝我〞這心質去面對其各當下境遇呢？同理心，讓我們有悲憫眾生之哀、喜、苦、樂，只是我們各意識單位間的區隔，讓我們忘掉了**同**〝我〞。故，〝我〞在時時處處(各境界)；處處時時卻非〝我〞。

〈其三十四〉：一個時鐘現狀之三觀(物件觀、事件觀、意識結構觀)

我們從地底下挖出一塊礦石，會請專家為我們鑑定它的歷史，專家鑑定的依據就是此礦石當下瞬間的現狀(痕跡)。若從哲學上說，就是此礦石的現狀具有礦石歷史的信息。

我人在回憶過去的往事，也是依據我人腦部當下瞬間的現狀。從哲學上說，現狀就是一個相，哪有什麼信息？說是具有信息都是我人在說的，您要怎麼去圓說它的信息含義也是我人自己解譯的，不是嗎？甚至於現狀的相也是我人所看到的對應相。有其原本的真相嗎？沒有我人的看，真的會有原本相？

事實上專家除了依據專家所看到的礦石現狀外，另外就是參考專家自己截至目前當下所累積的自己經歷的經驗知識。換句話說，這專家所憑據的真正現狀是指包括專家所看到礦石的現狀及專家自己截至目前當下所累積的過去經驗知識。也就是說，真正現狀只是存在於這專家的腦中的現狀，非但包括專家所見到的礦石現狀，也包括專家自己截至目前當下的累積過去經驗知識。這是以物件觀點而說的，是在因果律(有單向時流的觀念)下的，故必定要有根源做依據，即要有可測度的根因做依據。

若從事件觀來說，我們只關心專家自己的腦中的真正現狀，沒有再分辨所謂專家過去的經驗與專家所見到的礦石現狀。這過去的經驗是偏頗一側的物件觀(有單向時流的觀念)之觀念，事件觀但僅關心真正現狀。專家所見到的礦石的現狀及專家自己截至目前當下的累積經驗知識，都屬事件觀的真正現狀，這真正現狀就提供可依據的信息，是〝有〞，不是空而無信息。

若從整體意識結構來說，是不存在〝有〞或〝沒有〞信息的意義，其〝有〞是不需根據的。即使所謂的真正現狀，也只是一個意識結構的某個形式對應相而已，不是絕對的相，不是有個真正的現狀信息。意識結構的某個形式，我們用權宜詞就是「一個解譯規則」來與之對應，是空無根據而有。沒有確定的〝有〞或〝沒有〞信息，〝有〞或〝沒有〞是隨當下的解譯者的對應。

外在時間就是指專家鑑定出的礦石歷史，而內在時間就是指專家自己的歷史，這兩種時間從事件觀來說，都是依專家的內在現狀信息。故，所謂外在時間是依專家的內在現狀信息〝再〞解譯出來！

從事件觀來說，一個時鐘(如銫原子鐘)與一塊礦石有何不同？我們看時鐘是要鑑定其經過多少的事件經歷，與鑑定礦石的經歷有不同嗎？是不是都在解譯(分辨)我人(專家)自己的內在現狀信息使分別成外在時間與內在時間呢？

我們都說一個物件的現狀是有其過去的經歷累積成現狀這個痕跡，藉這痕跡可推測其過去所經歷的作用。從哲學角度看，這個現狀痕跡是〝含有〞過去經歷信息；但是怎不說這個現狀痕跡〝含有〞未來經歷信息呢？筆者只能說: 含有或不含有，都是你深層意識自己說的。

<其三十五>： 吹皺「因果影響」的一池春水

池塘的水波由圓心往四周盪開，在同一瞬間等半徑圓上的每一點之間，是不論因果的(如圖中的甲與乙)，因為是同時存在的，沒有先後之別。但前一時間(時間 1)的小圓，會被看成下一瞬間(時間 2)的大圓之因。不過前一時間(時間 1)的同一小圓上因為有很多點，如甲、乙，從直覺上覺得下一瞬間(時間 2)A 事件是前一瞬間(時間 1)小圓上甲事件之直系果，甲事件是 A 事件之直系因。但甲事件是否也是下一瞬間大圓上 B 事件之因呢？卻需詳究。

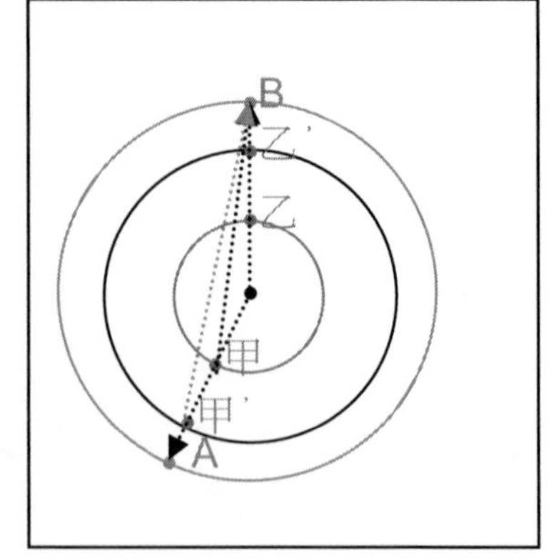

如果僅從先後關係看來，甲事件是先發生，B 事件是後發生，說甲事件是 B 事件之因並不是沒道理。因此可說:甲、乙兩事件都算是 B 事件之因。當此種波是電磁波時，乙事件恰好僅能用光速傳遞影響力給 B 事件，那麼甲事件與 B 事件間若有因果關係也僅能用最快的光速傳遞影響力，則顯然辦不到。即耗同樣時間長，乙事件可以影響 B 事件，但甲事件卻必須要以更快(超光速)速率才能在同樣時間長，將影響力傳遞至 B 事件。水波傳遞影響力速率是遠低於光速，因此說甲事件影響 B 事件也是合理，不過其傳遞影響力的速率，必須以大於水波的傳遞速率。如此 B 事件被影響的性質就有很多種不同速率，傳遞「不同成份」影響力。

如果池塘水波的 B 事件上的圓半徑夠大，以致於甲事件是以光速傳遞影響力給 B 事件，但甲的直系果事件甲'雖比 B 事件早發生，但甲'與 B 事件的空間距卻比甲與 B 遠，且發出影響力的時間又比甲晚，因此無法以光速傳遞影響力至 B 事件，那麼甲'算是 B 事件之因嗎？顯然要以超光速才能傳遞影響至 B 事件。可是時間早的甲之直系果事件卻可不必以超光速傳遞影響力至 B 事件。換句話說甲事件早時間的眾多直系果事件可看成是 B 事件之因，但到甲事件的某個直系果事件後，因與 B 事件的空間距太大，就必須以超光速傳遞影響至 B 事件而被判為無信息的傳遞。

如果不考慮相對論的信息傳遞速率之上限限制，僅從先後的因果關係上談，上一瞬間(時間 1) 小圓上的點，到底對應到下一瞬間 (時間 2)的大圓的哪一點？就沒有明顯的對應。因為上一瞬間(時間 1)小圓上有很多點，下一瞬間 (時間 2)的大圓上也有很多點，其間的對應關係就顯得難以劃分清楚。甲是 A 的因，是否為 B 的因？B 是乙的果，不是甲的果？顯然甲事件與乙事件對 B 貢獻不同的影響是用不同的傳播速度去影響 B 事件，其影響的性質成份就不同的，故事件群可被多重組合成不同的物件身份。

基本粒子瞬間被創生或消滅，是違背因果的觀念，但在極短小的時空區域，由於測度意義的模糊，因果依據也可不明確。

<其三十六>：時性結構之「未卜先知」的頻率概念

「光顏色是依其**頻率**來識別的」，這觀念讓筆者從初中時期困惑至今才解開。若從物件觀點來看，筆者總覺其有未卜先知之嫌。筆者所困惑的是，物件觀點必然是具有**先後因果**觀念的。一個頻率值的決定，是要〝先〞花一段長時間來統計事件重覆發生的次數後，方可決定的。依此觀點看，不可能在空間一固定P點，一碰第一個光波前緣的「**瞬間**」就能確定其後繼光波前緣到達 P 點的時間差(週期,頻率的倒數)。因為未來總是不確定的。可是當我們在檢視現今科學的無線電的通信原理，在接收信號端的濾波器，竟能夠在**瞬間**即可將藏匿在空間好多種**頻率**混合的電波中，挑選出所要的**頻率**信號來。這不是一個很明顯的「未卜先知」嗎？

慣於「人云亦云」的人是不會懷疑這一點的，但奇怪！筆者對此從初中時就一直既懷疑又困惑！從因果哲學來看，總覺這種通信原理是有點「未卜先知」之嫌！因而內心總是拒絕接受此原理。到了高中三年級正追究「靈魂向性」的議題，不禁又連想到**頻率**的議題。這不就隱含「未來信息也能存在於現在」嗎？**信息**只是**解譯規則**的問題，沒有絕對的**有無**。

在 2014 年八月間筆者想通了其關鍵因素是，我們對**頻率**的定義本身隱藏曖昧不清的意義。一般的**頻率**定義是，在單位時間所重覆發生的事件數目。可是通信原理的**頻率**雖也是符合這樣的定義，卻有**可否**預知的不同。通信原理的**頻率**是依我們意識的先天資訊結構的弦波函數來定義的。因屬先天資訊結構，所以這種頻率值之決定，是不必耗時間去學習(不必花時間統計事件重覆發生的次數)，在瞬間就能確定的。我們的數學概念是對應於我們的意識結構形式。如果數學可證明，就是符合我們意識的要求。

在通信原理中有個叫做取樣定理，「以大於一時間信號的頻帶之最高頻率值的兩倍做**取樣頻率**對這時間信號取樣，即可**對應**這時間信號原先**波形模樣**」。在通信中我們是連續接收信號的，其**取樣頻率**就是**無限大**，故於**瞬間**就能確定弦波函數的頻率值。但是其他意義的**頻率**就無此特性。

**** 不變身份之另類物件 ***

在第 0 章中曾提到抽象物件是我人主觀認定有不變身份的意象。你看池塘水波在橫移動，以為真的水質點在橫移動，實際上是另類的物件在橫移動，但水質點是做上下的垂直移動。這讓筆者連想到意識在解譯時空連續區上諸事件之解譯規則的多重性:從眾多雜亂事件中去做組合成一類一類的意義。我人把波形(事件群，非物件群)認定是不變身份的物件在橫移動，同時也認定水質點(在時空上被組合的一群事件)是不變身份的物件在垂直移動，請注意:這是事件(非物件)群被多重身份複組合。這就是光的二重(粒子與波動)性的主要素，波即為事件群(注意:非物件群)的被解譯成多重複組合的時空統合結構。牛頓對光子的觀念是一種空間性結構的粒子，而光電效應顯示光子也具時間性結構的頻率(如: E = hν)。一個獨立的光子是屬時空統合的結構體(整體相對應性)。說一個光子會紅位移而改變ν ，也可說其相關事件被不同組合。請記得:時空觀念都是吾人意識對事件的組合而已！有絕對的物件(物質)意義嗎？廣義相對論的時空您認為是因物件(物質)或因事件而存在的？顯然物件(物質)概念已被模糊了！

〈其三十七〉：本具(無時〝流〞相) 與 本來

這裡想談及筆者對佛學上的一些謎惑問題，但筆者在此懇切請求讀者，不可執著於筆者的想法，免得讓無明的筆者，因誤導大眾而造罪業。筆者只是想試著以事件整體觀與物件觀之區別義來探討這謎惑，期能以自己比較可理解的方式來度猜其周邊義，但絕非筆者能解其真實義。

圓覺經有一段金剛藏菩薩如此請示佛的經文:「 世尊!若諸眾生本來成佛，何故復有一切無明? 若諸無明眾生本有，何因緣故，如來復說，本來成佛?・・・」。這以習慣持物件觀的筆者聽來確實會感謎惑。因本來既已是佛，就不該後來會“變成” 無明。若無明是眾生本來就有，為何佛又說眾生本來成佛? 這謎惑若不得舒解，那即眾生的無明雖經修行成佛了，也不能保證以後永遠都還是佛，仍有再無明的可能，那修行不就白修了？這謎惑若用「物件觀點」來理解，總會令人陷入輪迴想的迷陣裡。筆者私自度猜:這謎惑可能是誤把「整體觀」義，用「物件觀點」來理解所致。

筆者私想，若把「本來成佛」以整體觀點之義來理解，就是佛性本具，無時間〝流〞相的無「先與後，明與無明」分別的佛，這像似直指其宗義的語言。而像這樣的用語:「無明經修行成佛後，就永不再無明」就是以物件觀點來說的，是要勸人修行成佛。因為「從佛〝變〞無明」或「從無明〝變成〞佛」的觀念就是有時〝流〞相的一般物件觀點語言。

筆者猜想：聖者是可以整體觀，也可以物件觀看大千，而以物件觀語言說法給眾生。為何如此？筆者猜想是，因一般眾生慣於以物件觀看大千，無法直接瞭解整體觀語言，所以聖者如是言。

後語

述說了不盡的心思，也勾起許多回憶與嘆息。雖與妻子家人在一起，但偶爾在午夜夢迴時卻感多麼孤寂！見妻睡得好甜，但我卻獨自一個人孤獨地在思考過去、將來、意識單位、、、的這些無聊事。而時間就是靜靜地默不作聲地溜走，不知覺中感覺小時候的自己彷彿是前一世的事了。面對這無涯的時空，眼前是自己妻子，很感幸福的能有緣同床眠，也感恩其對我的不嫌棄。

記得國小時就暗戀隔壁村莊的女同學，到了初中時，常渴望在放學回家的路上能偶遇。歲月流逝，時空幾度轉，自己經歷身心的挫折，在這漫長歲月中受家人兄弟姊妹不棄的扶持，能以成長至於今，已正處於衰老期，有時懷疑這個老人就是年少時狂傲的自己。一切前後因緣果報全在於**記憶**，而記憶之主因素在於對**當下心**的**解譯規則**，但只論解譯規則，不論信息之**有無**。這解譯者是意識單位，至於如何的解譯規則，則在於**意識結構各個形式**。

本書先將會〝流動〞的時間觀念，轉變成與空間對等的「有幾何意義」之〝靜態〞感覺。而後再介入意識特性的探討，竟將有距離觀念的時空給模糊化(信息化)了，也虛幻化了！致最終之標的卻指向意識整體結構。雖自己覺得似個妄想，但也蠻有趣。不過與日常的現實離得太遠了，這些思想觀念只能做為我們在**細嚼人生味**中再加**一味**來品嚐而已，生活的行止必定還是要遵循這當下的**認知規則**去作為。因此，筆者的期盼，不要去做太多妄想，還是要回歸平常的意識**信認**概念：我們這時間長河的存在，是不生不滅的「本具」，故要正視這每一當下緣。至於怎麼正視(珍惜)，端看各位看官的當下認知了！其實「本具」本就不必去談把握不把握，珍惜不珍惜，而是**該怎麼做，就怎麼做**。

走筆至此，就是想起父親在世時，對父親有甚多愧疚之情，不由心酸淚欲滴，且曾對父親做的承諾，一直延遲至今才即將付之實現，偏偏偶遇此首古人的「清明行」：

憶昔父母康健時，清明携我上丘壠。如今清明我獨來，却將小兒拜先冢。
凝情東風淚滿衣，江山雖是昔人非。兒輩問我悲何事，此意他年汝自知。

看完了本書，能起共鳴者，各有各自的覺受。筆者沒有什麼佳句送給您，若要勉強的說，就是好好去認識「**本具**」之義，我們每一當下的遇緣，都是非生來，非可滅的。感恩您**費時間**看完這本書，結此當下這緣。

附錄一：

一維複數座標與狹義相對論的時空幾何

在前面討論到複數座標裡，筆者從高興的自以為能繪出複數座標的象徵圖，一直到能連想時間與空間的連續區，都是在為複數座標的作圖法找個合理的物理歸宿。但後來又因此作圖法不理想而作罷，那麼此處為什麼卻又重提呢？其一為表示如此的思考觀念所推演的結果，竟能與特殊相對論的時空效應不謀而合。其二是要強調，本來沒有幾何意義的時間，卻在這種觀念之下，竟與空間對等的具有幾何的特性。在純空間的觀念中，因吾人對空間具有三維度的認知，幾何觀念也由此而生；但在純時間的觀念中，似乎較抽象的東西，且僅能有一維度的觀念來認知，根本很難有幾何圖形的想法，更不用去比喻它的多維度之觀念，而最奇妙的還在它似乎是會流動的觀念。

我們在此，藉由時空的混合以產生時空混合的幾何觀念，更顯示出時間跟空間是對等的，不要勿以為它僅一維度又會有流動感，就認為它不具幾何特性。既然時空混合有幾何特性，那麼純粹的時間觀念是否可考慮它的幾何性？這是我們介紹時空幾何與一維複數座標的目的。也希望能由此對純時間領域中也能啟發多維時間的幾何特性(這特性筆者把它引用於第三章 <夢的另類模型> 中)。

設 A_1，B_1，A_2，B_2 為實數，i 為虛數單位(i 的平方為 -1)，在一維複數座標的時空連續區中，不同兩事件點 甲，乙 之座標分別為$(A_1+ B_1 i)$，$(A_2+B_2 i)$。則此兩事件點間之距離被定義為：

$$[(A_2 - A_1)^2]^{(1/2)} + i\,[(B_2 - B_1)^2]^{(1/2)} \text{ --------------(甲)}$$

這距離是複數型態，不是全然實數型態。如果把此一維複數座標，對應於一維時間與一維空間的連續區，則這個表示式僅把時間成份的距離與空間成份的距離分開，並無真正的混合。

上式中的$[(A_2 - A_1)^2]^{(1/2)}$ 項是表示甲、乙兩事件的空間距離；而 $i\,[(B_2 - B_1)^2]^{(1/2)}$ 這項是表式甲、乙兩事件的時間距離。過去我們一直以為：(圖-C-1)中的甲、乙兩事件間的直線距離是沒有意義的，但是現在我們將採另一種直接的定義甲、乙兩事件間的時空混合的距離 D 如下：$D = [(RE)^2 +(IM)^2]^{(1/2)}$ ------------------------- (乙)

式中實部 $RE = (A_2 - A_1)$ ，虛部 $IM = i (B_2 - B_1)$

將 RE 與 IM 的值代入(乙)式，得甲、乙兩事件間的時空混合的距離為

$D = \{(A_2 - A_1)^2 +[i (B_2 - B_1)]^2\}^{(1/2)}$ --------------------(乙')

此式，事實上是畢氏定理在一維複數座標的應用，這可由(圖-C-1)即可知悉。

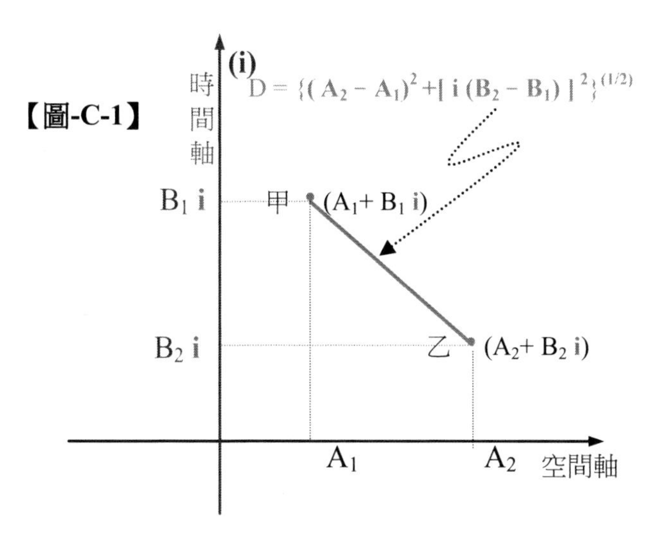

這距離可能是實數，也可能是虛數。　如此圖示中的甲、乙兩事件間的直線距離就成為有意義了！　但在實際應用上，(乙')可改為

$D^2 = (A_2 - A_1)^2 + [i(B_2 - B_1)]^2$　　　--------------------(乙")

(甲)式為一般常用的時空分開表示法，其意義是：

空間距離為 $[(A_2 - A_1)^2]^{(1/2)}$

時間距離為 $(B_2 - B_1)^2]^{(1/2)}$

而(乙)式或(乙')式 為物理時空統合連續區表示法。

同理 設 A_1，B_1，C_1，D_1，E_1 ，F_1 與 A_2，B_2，C_2，D_2，E_2，F_2 都為實數

在三維複數座標中，不同兩點 甲，乙 之座標分別為(A_1+B_1i，C_1+D_1i，E_1+F_1i) 及 (A_2+B_2i，C_2+D_2i，E_2+F_2i) 則此兩點間之距為： 把(乙)式中之

$RE = [(A_2 - A_1)^2 + (C_2 - C_1)^2 + (E_2 - E_1)^2]^{(1/2)}$

及

$IM = i[(B_2 - B_1)^2 + (D_2 - D_1)^2 + (F_2 - F_1)^2]^{(1/2)}$

代入即可。

- 一維複數座標於時空

時空當量(時空的刻度單位之間的轉換關係式)

在一維複數座標中，不同兩點 甲，乙 之座標分別為(A_1+B_1i)，(A_2+B_2i)，於是前面的 (乙)式就變為 $[(A_2-A_1)^2+(B_2i-B_1i)^2]^{(1/2)}$ ，即是代表甲，乙兩事件點間的距離。顯然這距離可能為實數，也可能為純虛數。(請注意筆者提的「一維」複數座標，是要用「二維」的連續區來做背景的，那麼一個「虛圓」是要「二維」的複數座標，不就需要「四維」的連續區來做背景。這是啟示筆者「多維」時間觀念的最初念頭)。

這是數學幾何上的考慮，然而在實際的物理應用上，時空的刻度單位之間要有一個可靠的轉換關係式 ，才算是時空幾何。例如： 1 公尺 等於多少秒？或 1 秒等於多少公尺？要有個可轉換關係式。

我們以如下的設想開始：空間是由點的集合而成，如：一條直線是由點的集合而成，那麼時間就不是由點的集合而成的嗎？試想：空間上的一定點 A，在介於 0 時與 10 時之間的每一瞬間的此一定點 A 之集合是什麼呢？應該也是點的集合吧！但這種的點的集合竟是時間。那麼時間與空間之不同只不過是它們的方向性質不同罷了。

試考慮空間平面的座標軸 X、Y 它們的長度如何比較呢？空間平面的座標軸 X、Y 是不同方向，不同方向的距離如何比較呢？是用同一根物件直尺去量這兩個不同方向的距離，若量得結果是相同於此把尺的倍數(包括小數的倍數)，則吾人便認定為相同距離。如此的比較法是根據吾人內心底處所作了如下的假定：同一根物件尺，不管由何時、何地移至另一地方，也不管原先方向如何，經過轉變方向，都不會改變它的長度。

吾人在講求科學的精神下，就是把自己主觀直覺的信心拋棄，而去信任外界相的變化。明明直覺上就不一樣長，但信任外界相的數據結果，外界相度量數據是一樣，吾人就認定為一樣長。而研究外界相的規則，就是滿足外界相間的變化獲得一致，即可稱達成生活上應用的目的。最顯著的例子如(圖-C-2)：

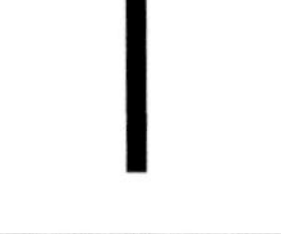

(圖-C-2)

明顯的很，圖中以眼睛直覺：縱向的線段比橫向的線段要長，但是我們以科學的方法不信直覺，相信用尺量的方法為真，(真或假，是規則的界定而已)用“同一”隻直尺去做不同方向的量度兩不同方向的線段，結果都是「這」隻尺的相同倍數，而認為縱橫兩向的線段一致長度。此暗中就假設：“同一” 隻直尺不會因擺的方向為縱向或橫向，而影響它的真正長度。(事實上這些都是定義的問題)因此，以把此尺分別縱向擺，橫向擺去作量度，結果都是尺的相同倍數長度，而相信此兩線段一樣長。這很違背直覺(使用量度的方法，我們還是不能確定尺的擺向，是否會影響它的長度)，但在定義物理的運作規則下，我們放棄直覺，信任既定的物理的運作規則(量度的方法)，才能應用於日常生活。

同理，在空時連續區裡，時間與空間的差別僅方向不同的問題，在純空間上，我們在定義尺的長度時，不因為不同方向的擺法而影響長度，所以我們要設法找到像純空間中的標準尺，擺放在空時連續區裡的任何方向都不會改變其長度。假設我們找到了，那麼就可界定一個做為空間與時間刻度的單位**轉換規則**，那即是找出空間與時間刻度單位的比例係數 k。例如假設，1 秒 ＝100 公尺，那麼，空間與時間刻度單位比 k 就為(100 公尺/1 秒)。**公尺**與**秒**在空時連續區裡是同樣意義的**度量單位**，只是刻度大小不同而已，換句話說，比例值 k= (100 公尺/100 公尺) 的真正值為 1，這是將**秒**用 100 公尺代入所得的，是不具因次的純數值。而 k 若含時空的因次時，恰好就是物理學速率的單位。也就是我們要在自然界裡找出一個恰當的速率 k，使其真正的純數值是 1。

我們可把時間，像空間般的以圖形表示，它們的真正感覺上的差別，就是時間有〝流〞、〝有序〞感，在方向性上也不同，而〝流〞、〝順序〞感屬於深層的意識範疇，之前已述說很多了，在此不再提，僅從方向上來考慮。

【圖-C-3】

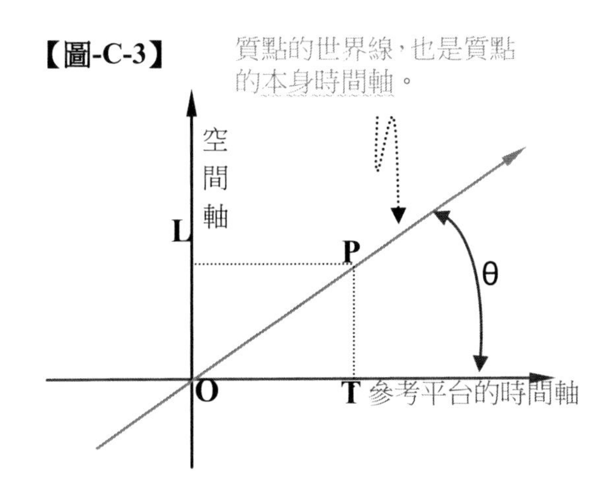

(圖-C-3)中我們用時空混合連續區來表示一以等速度運動的質點之

世界線(紅色線)，此質點的速度可用質點之世界線與時間軸間的夾角θ 來表示，如果此質點的速度越快，紅色線越向空間軸偏斜，也就是θ 越大。速率的因次是由空間長度因次與時間因次的比，若在時空等同的意義下是沒有因次的，故在此，速率的絕對因次是純數值。

從紅色線的斜率 tan(θ) = (O — L)/ (O — T) 就是此質點相對於參考座標平台的速率 V。前面已說過，質點的世界線，對此質點本身而言是自己的時間軸，因此，以後看到相對勻速率的兩個時間軸之夾角θ 時，直接用 tan(θ)就可表示它們間的相對速率了。這 tan(θ)，可解譯成質點的空間座標對它的時間座標的比值 (O — L)/(O — T)。也可解譯成速率純數值。

現在不談兩個參考座標系，僅考慮一個參考座標系時，一個質點的相對於參考座標系等速度運動，便會有一直線的世界線，若質點之世界線與參考時間軸間的夾角為θ 。不管什麼質點，只要能找到此質點的一個速率值，恰使 tan(θ) = 1 時，它的意義不就是指紅色線位在參考座標系的時間軸與空間軸的夾角之分角線上嗎？其空間成份與時間成份比等於 1。

很顯然的，這特殊速率 k 要固定，時空刻度單位的關係式才能獲得確立。假設這特殊速率為 k， 於是我們可說時間距離 T，其相當於空間距離就是 kT。若以 L 代表：時間距離 T 所相當的空間距離 L。那麼 L = kT ， 即時間長為 T ，所相當的空間距離就是以速率 k 乘上 T。

同理以代表空間距離 L 所相當於時間的距離 T。則 T = L/k , 即空間長為 L ，所相當的時間距離就是以速率 k 除 L。這 k 就稱為空間與時間刻度單位的轉換常數，或稱為空時刻度單位的比例係數。

筆者在高二時所幻想出的複數座標系統，就是把複數中的實部對應到物理的空間，把虛部對應到物理的時間。現在把這關係式套入一維複數座標中(對複數是一維，其所對應的連續區背景需要二維)，把時間單位換算成虛數的空間單位，故把時間透過(L = kT)換算成空間後，再加個虛數單位 〝i〞而變成虛數空間單位，以茲區別於真正的實數空間單位；而真正空間單位就保持於實數的空間單位。如此就可把看起來根本不同的物理量變成同樣是空間的物理量，在數學的處理上較為方便。現在我們把式子 L = kT 等號之右側加個虛數單位 〝i〞即成下式，

L ≡T* = ikT ……..(A) ，它的意義是：時間長為 T，相當於空間長 L 為 i k T。L、T*被稱為 T 之空間當量。

於是可反算空間長度相當於多少時間長，如此，利用上式的解出 T 得

T ≡L* = －i(L/k) ……..(B) ，它的意義是空間長為 L，相當於時間長

T 為 $-i(L/k)$。T、L* 被稱為 L 之時間當量。

(A),(B) 兩式被稱為 時虛-空實的時空單位轉換參考式。(A),(B) 兩式在數學意義上是等效。

同理從式子 $L = kT$ 解出 $T = L/k$ 。在此式子等號之右側加個虛數單位 〝i〞即成另一組對偶式

$T \equiv L^* = i(L/k)$ …………(C),它的意義是:空間長為 L,相當於時間長 T 為 $i(L/k)$

或 從(C)解得

$L \equiv T^* = -ikT$ …………..... (D) ,它的意義是:時間長為 T,相當於空間長 L 為 $-ikT$

(C),(D) 兩式被稱為 時實-空虛的時空單位轉換參考式。(C),(D) 兩式在數學意義上是等效。

這兩組對偶式 (A)-(B), (C)-(D) 不能同時引用,但物理效果相同。若比較(A)-(B)與 (C)-(D)兩組轉換式在數學意義上是不等效的。

其中之(A)-(B)這組轉換式,是筆者在高中三年級時,直覺性的假設。但因考慮到時與空的對等性,筆者才嘗試用(C)-(D) ,也發現有相同的物理效果。

若是把(A)式等號右邊之虛數單位 i ,移至等號左邊即與(C)- (D)式等效。這隱含如此的意義:時空無法以數學方式區別之。在時空幾何中,虛數並不是時間的專利,虛數用在空間也照樣行。這就意謂著想把 空間 與 時間 用數學方法來區別,是不可能的。更表示:空間 與 時間是對等的。

不管這時空的轉換式所用的自然界存在的一種速率值為如何?這個的轉換速率就以 k 來通稱。這 k 的絕對值為 1,是沒有單位的。但在物理上是速率的單位,所以在物理上仍然要以(公尺/秒)的因次形式表示出來。

另外在(A)-(B), (C)-(D)式子中,L*或 T* 的〝*〞是一種運算子。凡是某個空間單位的代數之右上角有〝*〞,代表要經轉換成時間的當量代數;而凡是某個時間單位的代數之右上角有〝*〞,代表要經轉換成空間的當量代數。

● 特殊相對論時空幾何

在談到特殊相對論時空之前我們先重覆地強調時間數線的由來。時間並無圖形,透過吾人的創造可用圖形來表示它。對同一個人而言,他的

一生之時間就是此人一生中的所有感覺符號的集合。對某"甲人"而言，此人閉上眼睛不去管外界的時鐘，由他自己內心自數，1、2、3、4、 、 、.，只要甲人自己覺得時間照常"流"，那麼不因為不去參考外界的情況、時間就不流。以他自數的方式也可以做一個參考鐘，可以量度時間的距離，這樣的時鐘，不管此人的情緒如何，或此人被置於慣性平台或加速系統，或變加速度系統，此人永遠相信自己的自數鐘是走得極均勻，沒有所謂時間流得快或慢，因為他不去參考其他外界的鐘。故存在於"甲人"的心中之鐘是唯一的參考鐘，於是此甲人可利用一直線來表示它自己的時間。由於甲人各瞬間的感覺符號對甲人本身都是同一地點，因此他的參考時鐘僅用一個就不會有問題。但是若涉及空間上不同一地點，僅用同一個鐘就不方便了，他必須設法把遠地的鐘與本地的鐘校準好，這樣，他就可以用圖形描述一個乙人對他不同時間所在的不同位置，如 (圖-C-4)中的乙人世界線：

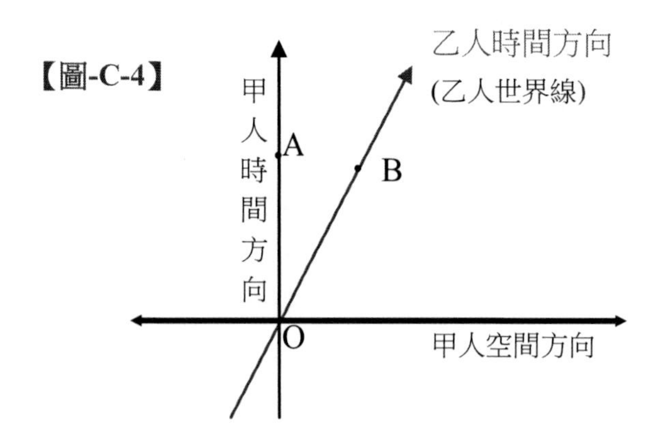

甲人把 O—A 方向看成是時間的參考方向，但是乙人的時間方向是否也是 O↔A 呢？ 根據前面所述：同一個人而言，他的一生之時間就是此人一生中的所有感覺符號的集合，因此乙人的時間是如圖中細藍色點的集合，而甲人的時間是如圖中細黑色點的集合。很顯然，乙人的時間方向(O↔ B 方向)不與甲人的時間方向相平行，乙人的時間方向自然是以乙人的世界線方向為他的時間方向。依(圖-C-4)，乙人不承認自己的時間方向是如圖中黑色細線所示，只有甲人要求乙人要遵從 O↔A 方向為乙人的時間方向。但是乙人拒絕這樣的要求。很顯然(圖-C-4)是以甲人的鐘做參考所繪出的圖，乙人不會去承認的。

現在若甲乙兩人作非慣性的相對運動，以甲人時鐘做準，所做的圖如(圖-C-5)左。如果以乙人時鐘做準，所做的圖如(圖-C-5)右：顯然甲人的時間變成折線，而不再是直線了，相反的，乙人的時間為一直線了。依客觀來說此兩人都互相做非慣性的相對運動。做非慣性的相對運動，不管依何人的鐘為參考，總有一方的時間世界線不是直線。

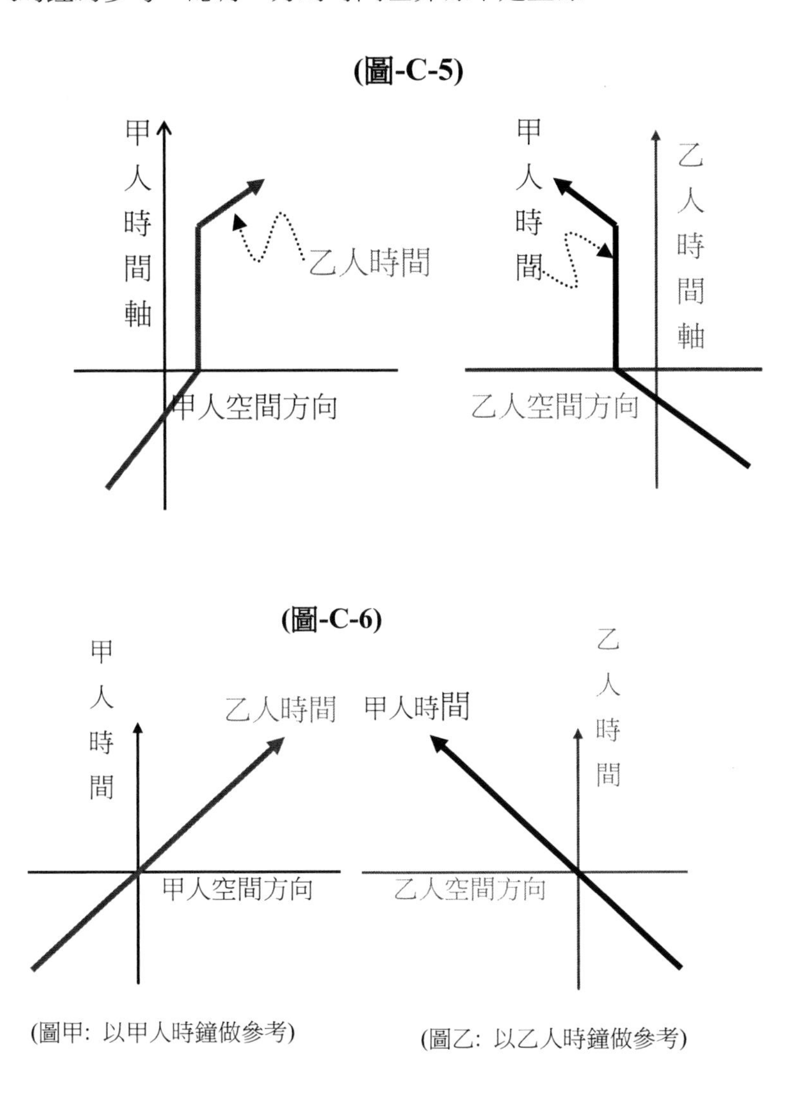

(圖甲: 以甲人時鐘做參考)

(圖乙: 以乙人時鐘做參考)

如果甲乙兩人互相做慣性勻速相對運動，則不管以誰的時間做參考，將都有直線的時間線。如(圖-C-6) 圖甲，雖然在此情況甲乙兩人都有直線的時間線，但是兩人的時間方向卻不同。時間方向既不同，那麼空間方向是否相同呢？以圖甲看：甲人的時空之夾角為 90 度；以(圖-C-6) 圖乙看：乙人的時空之夾角仍為 90 度。依此甲乙兩人的空間方向勢必不同。如果仍然相同的空間方向如上圖示(甲)，則我們就可由圖來辨別甲乙兩人何者為**絕對靜止**，(因為若甲乙兩人的空間方向相同，吾人就可依時間線與空間方向垂直者即定位是絕對靜止，如此就不符相對論的對等原則。)

同理，若僅一時間方向為絕對時間方向，則由甲乙兩人之時間線是否平行此絕對時間方向即可辨識甲乙兩人何者為絕對靜止。這都不符合相對論的"相對"原則，故甲乙兩人的空間方向勢必不同，時間方向也不同如(圖-C-7)：

特殊相對論的最高哲理：各慣性系統的自然律形式都相同。我們在此用我們的語言表達為：不同各慣性系統的意識架構之各個別慣性系統的「時空座標軸」夾角都相同。但各自有一組時空座標軸。此乃隱含著甲乙兩人各自擁有不同的時空座標軸方向，且甲乙兩人各自的時空軸夾角都相同。在一維複數座標中，我們為方便計，把實數軸與虛數軸之夾角度量設為 90 度以為正交，此值為**一定**，且其上的兩點間的距離如(甲)、(乙)兩式，在時空幾何中，用(乙)式較方便。

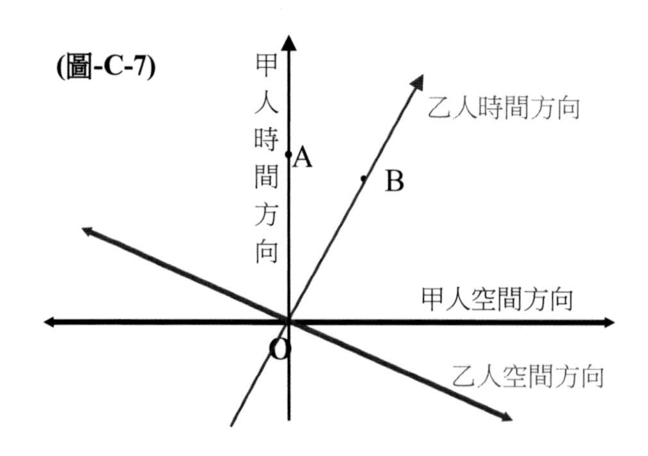

以下我們就以一維複數座標系統來處理時空幾何，且以 (A)、(B) 兩式做為 時虛-空實的時空單位轉換參考式做基準。

時間膨脹效應：

在處理時空幾何的數學式子時，要注意到等號兩邊的單位因次是否一致，例如：一個代表空間長度的代數，不管它的值是負、正，或又是虛數、實數，但最重要的是先釐清它代表是以空間刻度單位或是時間刻度單位之代數值。不能空間單位因次與時間單位因次各自放於等號的兩邊，或是時間代數與空間代數相加減，或純數值的與具有單位因次的代數相加減，這些都不符合代數的運算規則。

好！我們就從最簡單的等速度運動的時鐘(乙人的時鐘)之世界線的長度開始，如下(圖-C-8)所示。

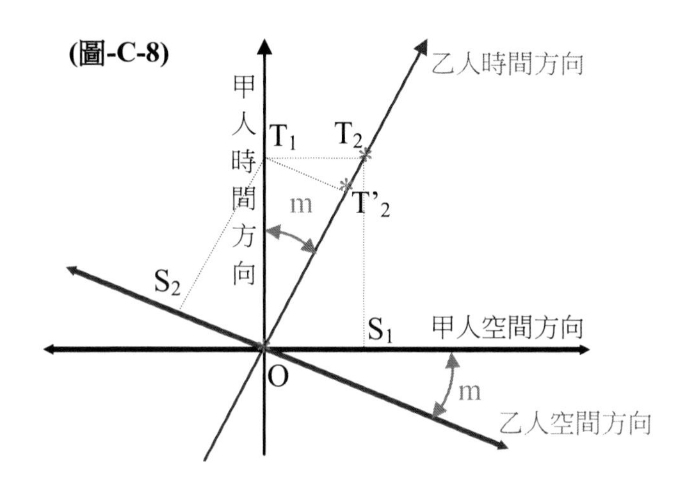

依此圖示：乙人以勻速度 V，相對甲人做運動，在甲人的時間為 T_1 時(時長 $O-T_1$)，乙人位在甲人的空間方向的 S_1 位置上，被甲人請在 S_1 位置的朋友幫他拍照乙人的時鐘指示值為 $O-T_2$ 的長度。在平常的觀念中，甲人會覺得:甲人請在 S_1 位置的朋友幫他拍照乙人的時鐘指示應與 $O-T_1$ 的時間長度一樣，但由圖示即知是不同，其值是為 $O-T_2$ 的長度。依圖看來：甲人請在 S_1 位置的朋友幫他拍照乙人的時鐘指示的事件就是 T_2 事件位置，因此拍得到 $O-T_2$ 的時鐘指示並不稀奇。但甲人會認為 $O-T_1$ 應與 他的朋友幫他拍照乙人的時鐘指示值 $O-T_2$ 等長，可是由圖示可知 $O-T_1$ 不等於 $O-T_2$ 之長度。原因為是他們兩座標系的各自認定時間方向根本就不同；但甲人會認為：自己經過了 $O-T_1$ 的時間長，在乙人方面，應是也經過 S_1-T_2 這麼長(圖示看出 $O-T_1$ 平行 S_1-T_2，所以是等長)，可是乙人有自己的時間方向，當他在甲座標的空間位置為 S_1 時，他自覺經過了 $O-T_2$ 的時間。

那麼我們要來找出 $O-T_1$ 與 $O-T_2$ 之關係是如何呢?

設角 $\angle T_1 O T_2$ 度量為 m，若甲乙兩參考座標系的相對速度為 V，則 $\tan(m) \equiv V = (O—S_1)/(O—T_1) = (O—S_2)/(O—T_2')$。

在上式子中，$(O—S_1)$、$(O—S_2)$分別平行於甲人與乙人的空間軸方向，故皆為空間單位的代數，$(O—T_1)$ 、$(O—T_2')$ 分別平行於甲人與乙人的時間軸方向，故皆為時間單位的代數，而 V 為速率的代數，對於 $V = (O—S_1)/(O—T_1) = (O—S_2)/(O—T_2')$整個式子都沒有因次的問題。但其最左邊的 tan(m)項是純數值不能用等號。

實數部 $RE = O—S_1$ 為空間單位的代數 ， 虛數部 $IM = (O—T_1)$ 為時間單位的代數，

$(O—T_2)$ 也是時間單位的代數。把時間單位全轉換為空間單位的代數來運算。 根據(乙”) 式

$D^2 = (A_2 - A_1)^2 + [i(B_2 - B_1)]^2$，或畢式定理得

$[(O—T_2)^*]^2 = [(O—T_1)^*]^2 + (O—S_1)^2$ ------------- (1)

※ 把時間單位全轉換為空間單位的代數來運算

根據(A) 的時空單位轉換參考式： $T^* = ikT$ ， 得將$(O—T_1)$，$(O—T_2)$時間的代數化為空間單位的代數:為

$(O—T_1)^* = ik(O—T_1)$

$(O—T_2)^* = ik(O—T_2)$ 將上二式代入 (1) 得

$[ik(O—T_2)]^2 = [ik(O—T_1)]^2 + (O—S_1)^2$ ----------- (2)

$[-k^2](O—T_2)^2 = [-k^2](O—T_1)^2 + (O—S_1)^2$ ------- (2)’

將上式(2)’等號右側提出因子$(O—T_1)^2$ 代入等號右側，得

(2)’右側 $= \{(-k^2) + [(O—S_1)^2/(O—T_1)^2]\}(O—T_1)^2$

且把$[(O—S1)^2/(O—T_1)^2] = V^2$ 代入，

(2)’右側 $= [-k^2 + V^2][(O—T_1)^2]$ ，再將(2)’兩側同時除以$[-k^2]$ 得 ：

$(O—T_2)^2 = [(O—T_1)^2][1 - (V^2)/(k^2)]$ 再將等號兩側同時開方得:

$(O—T_2) = (O—T_1)[1 - (V^2/k^2)]^{(1/2)}$ ----------- (3)

從 (3)看來，其形式就是特殊相對論的時間膨脹效應，只不過把 k 值代換為光在真空中的速率而已。它的意義是：相異的兩事件 O、T_2，如果在乙人看來，是發生在同地，但不同時。則在甲人看來，兩事件 O、T_2的時間距若為$(O—T_1)$，那麼乙人看來 O、T_2的時間距為把甲人看來的 $(O—T_1)$之時間長，再乘上 $[1 - (V/k)^2]^{(1/2)}$ 因子。這表示同樣的兩事件間的時間距離，因不同慣性座標上的觀察者所測出的時間距離卻不相同了。

像這種敘述，用文字來表達，則表達的人也覺得很難說清楚，而聽的人揣摩語詞的模糊含意，更覺得累。若用圖形一看，就知是：同一幾何

圖形，因觀察方向不同，其在各座標系上的投影的長度，就不會相同而已！若以平常的觀念會以為兩個座標平台所度量的是相同的兩事件間的時間距離，但由時空圖一看，即知是各自以不同方向度量不同的事件距離了！請注意：光由時空圖的長短來判斷時間長度是不正確的，例如：一般(3)式中 (V^2/k^2) 項是小於 1，由(3)式可看出$(O—T_2)$ 是小於 $(O—T_1)$，但光由圖示外表會誤以為$(O—T_2)$ 長於 $(O—T_1)$，這原因是這時空圖為複數平面，非純實數平面。若(3)的 V 以 k 代，則$(O—T_2)$為 0，這即是:以光速進行的光子時鐘是停止的。

走筆至此，筆者突然想到有一時空的差別點，順便提一下：在時空圖上的一質點的世界線，就是此質點的時間線。而不是空間線。吾人一生的意識世界線，就是吾人一生的時間線，不是空間線。可見時間與我們的意識關係是多麼密切。感覺上時間是較空間難把握，但卻因與意識關係太密切了，反而讓人感覺難捉摸。人自己的心不也是更難捉摸嗎？

很奇怪，當初引用複數座標於時空的筆者(高中三年上學期)，僅知有 $E= mc^2$ 之質能關係式。但並不知有時空的效應，一直到高中三年上學期寒假，五弟知我正在探討時間的觀念，始由台中帶回從畢氏定理到相對論一書得知這麼巧合：由複數座標的連想，把虛數套入時間複數幾何中，竟與相對論不謀而合的結果。奇怪！那年代的高中課本都不提相對論的時空結構觀念。

空間縮收效應

請參考【圖-C-10】：一支直尺的 A，B 兩端點，在時空連續區中看起來就是兩條 A、B 世界線，直尺相對乙人為靜止。因乙人的空間方向為 $O\leftrightarrow S_2$，故乙人看來 $O–S_2$ 為橫跨此兩條 A、B 世界線的線段，因此認為此支直尺的長為 $O—S_2$；而甲人的空間方向為 $O\leftrightarrow S_1$，所以在甲人看來 $O— S_1$ 為橫跨此兩條 A、B 世界線的線段，因此認為此支直尺的長為 $O— S_1$。由圖示一看就知 $O—S_1$ 與 $O—S_2$ 方向不平行，長度也不同。雖是度量同一隻尺，但是度量的規則不一樣。好！現在看看 $O—S_1$ 與 $O—S_2$ 之關係如下：依畢氏定理得：$(O—S_1)^2 = (O—S_2)^2 + [(S_1—S_2)*]^2$ ------- (4) ※(這式子$(O—S_1)$，$(O—S_2)$是空間因次，而$(S_1—S_2)$是時間因次，$(S_1—S_2)*$才是空間因次)

因 $\tan(m) = [(S_1—S_2)]/[(O—S_2)]$, 而 $V\equiv \tan(m)$,為使 V 為物理因次，故上式分子、分母各分別轉換成空間與時間當量,得:

$V = [(S_1—S_2)*]/[(O—S_2)*]$，於是將 $(S_1—S_2)* = V(O—S_2)*$

取代(4)的(S_1—S_2)項使式子的因次合理化(同因次才能相加)得:

$(O—S_1)^2 = (O—S_2)^2 + [V(O—S_2)*]^2$ ------(5) ， ※整理(5) 得

$(O—S_1)^2 = (O—S_2)^2 + V^2[(O—S_2)*]^2$ ----(5')

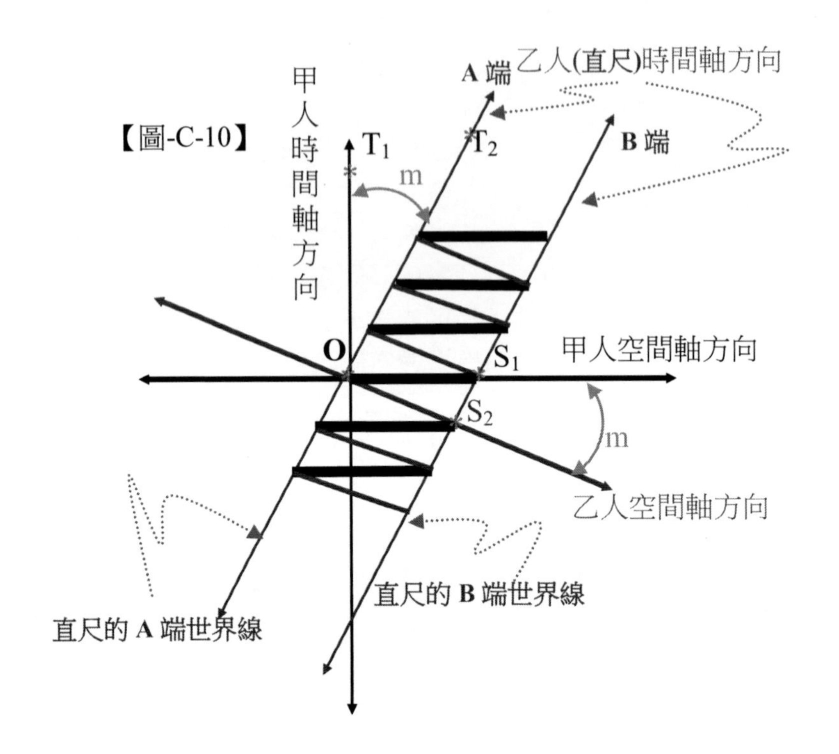

根據 (B)式規則 $L^* \equiv T = -i(L/k)$，將空間代數(O—S_2)轉成時間代數，得:

$(O—S_2)^* = -i[(O—S_2)/k]$ ，代入 (5')

$$(O—S_1)^2 = (O—S_2)^2 + V^2[-i(O—S_2)/k]^2$$
$$= (O—S_2)^2 - [(V/k)^2](O—S_2)^2$$
$$= \{1-[(V/k)^2]\}(O—S_2)^2$$

解上式之(O—S_2) 得

$(O—S_2) = (O—S_1) / \{1-[V^2/k^2]\}^{1/2}$ ----------(6)

(6)式其形式上就是相對論的空間縮收效應。

用事件觀點看尺的兩端，不再像我們平常的觀念那樣僅是固定的一對物件點，而是兩組事件點的集合，乃呈兩條直線狀。由於兩不同觀察者的空間方向不同，他們所看到尺的兩端點，已不是同一對的兩事件點了。因此，平常的以物件觀點來看事物是較模糊的觀念。若(6)的 V 以 k 代，

則$(O—S_2)$為 0，這即是:以光速進行的尺長是 0。

速率轉換式：

為了方便，我們在此再定義速率的純數值。因速率的原先單位因次為 (空間單位 / 時間單位)。 但在時空幾何中，時空是等值意義，其單位可以互相轉換。因此設速率 $V = L / T$ ， L 為以空間單位表示的空間長度， T 為以時間單位表示的時間距離。 若把分母的時間刻度單位轉換成空間刻度單位， 使分母與分子為同樣是空間刻度單位，我們以 V* 代表速率 V 的純數值， 由【圖-C-10】中，因 $O—S_2$ 為空間單位的代數，$(S_1—S_2)$ 卻為乙人時間方向上的時間單位之代數，為了取空間單位為統一單位，故 $(S_1—S_2)$經〝*〞運算後變成空間單位$(S_1—S_2)$ *，所以依畢式定理: $(O—S_1)^2 = (O—S_2)^2 + [(S_1—S_2)^*]^2$ ----------(4)

令 $\tan(m) \equiv V = [(S1—S2)^*]/ [(O—S_2)^*]$ ，※因為$(S_1—S_2)$線段平行於乙人時間方向，故(S1—S2)為時間刻度單位的代數，其經〝*〞運算後的$(S_1—S_2)^*$ 為空間單位；同理$(O—S_2)$線段平行於乙人空間方向，其經〝*〞運算後的$(O—S_2)^*$ 為時間單位。如此才符合速率 V 的因次單位，得

(圖-C-12)

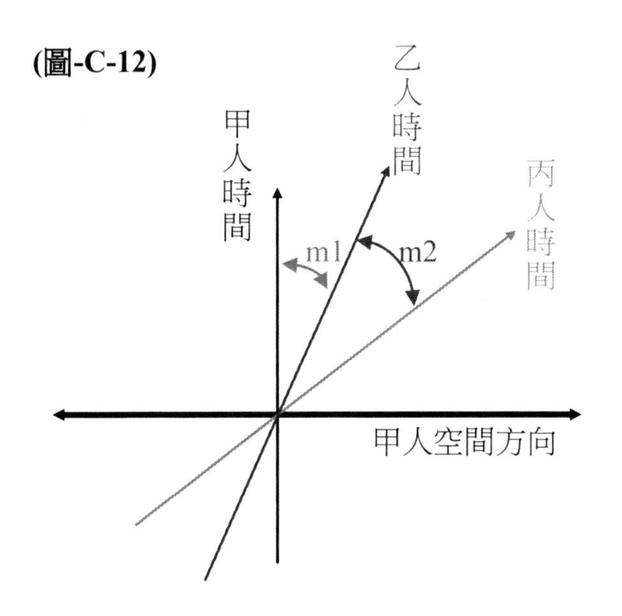

$V^* = L / (i\,k\,T) = (L / T)\,(1 / i\,k)$ ---------------------------- (6')

，但(L / T) 即是 V ，故以(L / T) = V 代入 (6')

因此得 $V^* = V/(ik)$ ------------------------------------ (7)

若把式子 $V = L / T$，它的分子 L，空間單位轉成時間單位，使分母與分子同為時間單位，即 $L^* = L / ik = -iL/k$，這等號左邊是時間單位，則 V 的純數值 $V^* = [-iL/k] / T = V / (ik)$ 與 (7) 得相同的結果。故速率的有因次代數，要轉換成無因次的代數時，只要依 (7) 式即可。

現在由(圖-C-12)導出速度轉換式。(圖-C-12)中，乙人相對於甲人的速率 V_1 的純數值為 $V_1^* = \tan(m1)$，丙人相對於乙人的速率純數值為 $V_2^* = \tan(m2)$，

令丙人相對於甲人的速率純數值為 $V^* = \tan(m1+m2)$， 於是

$V^* = \tan(m1+m2) = [\tan(m1) + \tan(m2)] / \{1 - [\tan(m1) \cdot \tan(m2)]\}$，得

$$V^* = (V_1^* + V_2^*) / (1 - V_1^* \cdot V_2^*) \quad \text{--------------------(8)}$$

(8)式中，速率都是以純數值表示，這是在時空幾何中的表示法，但要轉回物理上的速率。於是把 V^* 、V_1^*、V_2^* 分別各以 $V/(ik)$ 、$V_1/(ik)$， $V_2/(ik)$ 代入即變成 V、 V_1、V_2 的物理上之代數。於是得到

$$V = (V_1+V_2)/ \{1 - [V_1/(ik)] [(V_2/(ik)]\}$$

於是得 丙人相對於甲人的速率為

$$V = (V_1+V_2)/ [1 + (V_1V_2)/k^2] \quad \text{---------------(9)}$$

(9)式即為速度的轉換式。當(9)中的(V_1V_2)遠小於 k^2 時，(9)就回歸到伽利略的速度的轉換式。

利用 (9) 可得：一個質點若以介在時空軸的分角線上的速率行進，則它的速率不隨觀察者或此質點的發射體的速度而變。這一性質就是光速的不變性。在此要強調的一件事：我們此處所談到的相對論，僅引用愛因斯坦的兩個假設中的第一個，沒有用到第二個假設，即光速不變的假設，改以時間與空間的單位轉換來取代 (即 $T^* = i\,kT$)。

現在，以 $V_2 = k$ 代入 (9)得

$V = (V_1+k) / [1 +(V_1 k)/k^2]$ ※將分母乘以 k^2 後變成$(k^2 + V_1 k)$再除以 k^2

$= (V_1+k) / \{ [(k^2 + V_1 k)]/ k^2\}$ ※將分母、分子各乘以 k^2

$= [k^2(V_1+k)] / (k^2 + V_1 k)$ ※將分母、分子各除以 k

$= [k(V_1+k)] / (k+V_1) = k$ ------------------------------ (10)

當 $V_2 = k$ 時 ， V 的值與 V_1 無關，還是等於 k。

同理 當 $V_1 = k$ 時 ,V 與 V_2 無關，還是 k。

由此獲得一結論：當一物質點的運動速率恰為**時空單位轉換的係數值** k 時，若觀察者是相對於此物質點的發射源運動，則觀察到此物質點的運動速率仍然與在它的發射源上所觀察到的相同，與發射源跟觀察者之間的相對速率無關。

在上面的推導中，我們都沒有涉及物理的**物質經驗**上的特性，可以說，純粹是數學的東西。不管是什麼的物質，只要它的相對於一參考座標的速率能達到時空單位轉換的係數值 k 的狀態時，它的速率就不受它的發射體之速率，或是觀察者的速率而有改變。在自然現象中，物體移動的速率都是會隨發射體之速率，或是觀察者的速率而有改變；而一般的移動，可分為物體的位移與一種狀態的移動(如光波、聲音波、水波)。而一般狀態的移動它們的速率卻會隨它們所在的介質有關。光波、聲音波、水波傳播速率隨著在不同的介質而不同。因此都不是理想的時空的單位轉換取材，但是在真空中沒有介質的地方也能傳播的一種狀態波，目前發現的有電磁場波(光)。而電磁場波(光) 在真空中傳播的狀態有很特殊的速率。既是自然中最快，且值恆定。既不受觀察者的運動速率改變，也不受產生此傳播速率的源頭之移動的速率改變它被觀察的速率。因此光在真空中傳播的速率。就被定為時空長度的轉換係數。事實上重力波傳播的速率也可能與電磁場波傳播的速率相同，因為從上面的推導結論裡，僅注視速率的物理值，並沒設定必須要哪一種特定物質的傳播速率。這一觀念請要特別注意。不要一提到不變的速率，就斷定是光物質。

由各項實驗中都證明光在真空中傳播的速率，與觀察者或光的發射體的移動無關，符合(10)式這一特性，因此光在真空中傳播的速率就被認定為時空單位間的**轉換係數**。光在真空中傳播的速率約為每秒 3.0×10^8 公尺。如果這值為時空單位的**轉換係數**，則這速率的純數值應等於 1，即 $\tan(\theta) = 1 = 3.0 \times 10^8$ 公尺/秒，那麼 1 秒就是相當於 3.0×10^8 公尺。

請留意，時空幾何的假設有存在時空單位的**轉換係數**是必然的，但竟會導出光在真空中傳播速率的不受發光源，或觀察者運動的速率所影響。這確實是一個巧合。因為一開始只強調時空單位的**轉換係數**是必要的，從未假設光在真空中傳播速率是定值。但這其中加入了虛數單位以做區別時空，除了因配合複數座標系的連想的靈感之外，沒有其他支持的理由。突然的加上這虛數單位，令人感到似乎太牽強了，但結果竟是與自然的現象相符，這真是讓筆者很感奇妙的一件事！

利用複數座標於時空幾何同樣可得 Lorentz transformation .

推論 1:在(圖-C-13)時空幾何中，直角三角形 Δabc，若角 $\angle a$ 為直角，角 $\angle b$ 的度量為 m，其中，a—c(對邊)為空間因次單位，(b—c) 與(a—b)皆為時間因次單位。令 $V^* = \tan(m)$為純數，則斜邊(b—c)的時間長度為(a—b) $[1-V^2/k^2]^{(1/2)}$，意即斜邊長為鄰邊長再乘上因子$(1-V^2/k^2)^{(1/2)}$ 而得。

即 $(b—c) = (a—b)[1-V^2/k^2]^{(1/2)}$

推演過程：

因 $V=(a—c)/(a—b)$ ※V 的因次單位是：(空間 / 時間)，(a—c) 的因次單位是空間、(a—b)的因次單位是時間、(b—c)的因次單位是時間，故

$(a—c) = (a—b)\,V$ --------------------(A)

依畢式定理 $(b—c)^{*2}= (a—c)^2 + (a—b)^{*2}$ ------(B) ※統一化成空間單位

$(b—c)^{*2}= (a—c)^2 + [(ik\,(a—b)]^2 =$

$[(a—c)^2 + (ik)^2 (a—b)^2]$，

以 $(a — c) =(a —b)V$ 代入

$(b—c)^{*2} = [(a—b)^2 V^2 - k^2 (a—b)^2] =$

$(a—b)^2 [(V)^2-(k)^2]$，開方後得 $(b—c)^*$

$= (a—b)\,[(V)^2-(k)^2]^{(1/2)}$

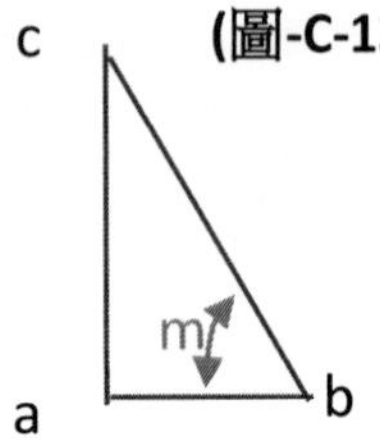

(圖-C-13)

c

m

a

b

將 $(b—c)^*$ 以 $i\,k\,(b—c)$代入得

$i\,k\,(b—c) = (a—b)\,[(V)^2-(k)^2]^{(1/2)}$

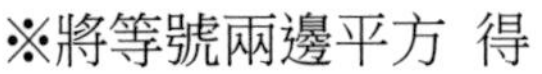

※將等號兩邊平方 得

$-k^2 (b—c)^2 = (a—b)^2 [V^2 - k^2]$ ※將等號兩邊除以$(-k^2)$ 得

$(b—c)^2= (a—b)^2 [k^2-V^2]/ k^2 = (a—b)^2 [1-V^2/ k^2]$ ※將等號兩邊開平方得證得

$(b—c) = (a—b)\,[1-V^2/ k^2]^{(1/2)}$ ※斜邊 = 鄰邊 $* (1-V^2/ k^2)^{(1/2)}$

以下利用推論 1《斜邊 = 鄰邊乘以 $(1-V^2/ k^2)^{(1/2)}$ 》來簡化推演羅侖茲轉換式(Lorentz transformation)之過程

Lorentz transformation(座標轉換式) :

參考【圖-C-14】，在直角三角形 ΔOKT’ 與直角三角形 ΔAKT 中，∠AKT ≡ ∠OKT’，∠ATK 與 ∠OT’K 皆為直角

故知 ∠KAT 與 ∠KOT’ 為全等，其度量皆為θ 。

因 $(O—X) = (T—C) + (C—A)$,

又 $(T—C) = (O—T)\,V$

故在直角三角形 ΔAT’C 中，由推論 1：

$(C—A) = (A—T')[1-V^2/k^2]^{(1/2)}$

$(O—X) = (T—k) + (C—A)= (O—T)\,V+ (A—T')[1-V^2/k^2]^{(1/2)}$

又 $(A—T')=O—X'$代入上式，得

$(O—X) = (T—k) + (C—A) = (O—T)\,V+(O—X')[1-V^2/ k)^2]^{(1/2)}$

令(O—X) 為 x，(O—T) 為 t，(O—X’) 為 x’

於是:

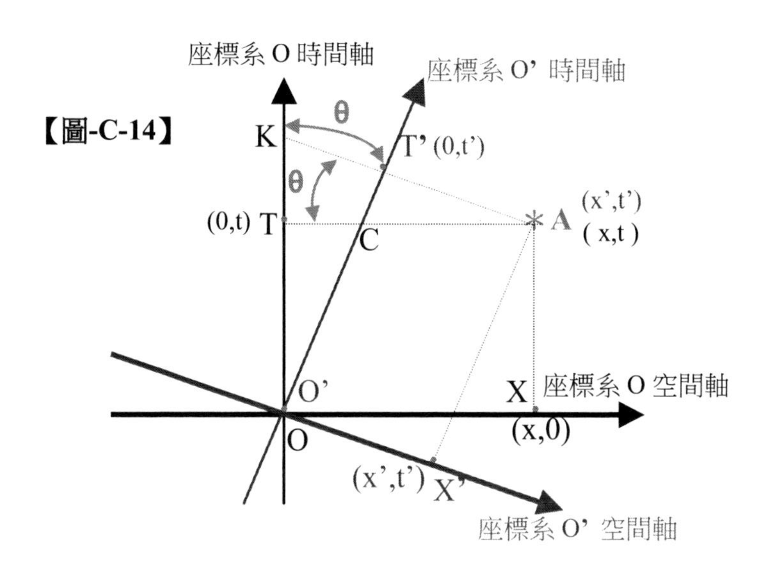

$x = Vt + x'[1-V^2/k^2]^{(1/2)}$ 整理後得

$x' = (x-Vt)/[1-(V^2/k^2)]^{(1/2)}$ ---------------- (L-A)

再由 $t' = O\text{–}T' = (O\text{—}C)+(C\text{—}T')$

在直角三角形 ΔOTC 中，$(O\text{—}C) = (O\text{—}T)[1-V^2/k)^2]^{(1/2)}$ ，

$(C\text{—}T') = \{(O\text{—}X')*V\}*$ ----------- (L-1)

$= \{[(O\text{—}X')/ik]V\}*$ ----------- (L-2)

$= \{[(O\text{—}X')/ik]V\}/ik$ ----------- (L-3)

在(L-1)中，(O—X') 加 "＊"，表示把(O—X')轉成時間單位，當乘上速度 V 時，就變成空間單位。在大括弧外又 加 "＊"，表示把{(O—X')*V}整個再轉回時間單位。於是(L-3)就變成

$(C\text{—}T') = -(O\text{—}X')V/k^2 = -x'V/k^2$

即 $t' = O\text{–}T' = (O\text{—}C)+(C\text{—}T')$

$= -x'V/k^2 + (O\text{—}T)[1-V^2/k^2]^{(1/2)}$

$= -x'V/k^2 + t[1-V^2/k^2]^{(1/2)}$

整理上式得

$t = (t' + Vx'/k^2) / [1-V^2/k^2]^{(1/2)}$ ---------------- (L-B)

同理利用【圖-C-14】可求另外一組轉換式

在【圖-C-14】中的直角三角形 ΔAKT 中，由推理 1：

$(A\text{—}K) = (A\text{—}T)[1-V^2/k^2]^{(1/2)}$

可知因 $(A—K) = (A—T') + (T'—K)$

$= O—X' + (T'—K)$

$= (O—X') + (O—T')V = (A—T)[1-V^2/k^2]^{(1/2)}$

因為□XO AT 為矩形，~

故上式 $= (O—X)[1-V^2/k^2]^{(1/2)}$ ※所以$(A—T) = (O—X)$

整理上式得

$(O—X) = \{(O—X') - (O—T')V\}/[1-V^2/k^2]^{(1/2)}$

$x = (x'-t'V)/[1-V^2/k^2]^{(1/2)}$ ---------------------------------- (L-C)

在直角三角形 ΔOT'K 中，由推理 1：

$(O—K) = (O—T')[1-V^2/k^2]^{(1/2)}$

因$(O—K) = (O—T)+(T—K) = (O—T')[1-V^2/k^2]^{(1/2)}$

又 $(T—K) = 〔(T-A)^* V^*〕$

得$(O—T)+(T—K) = (O—T')[1-V^2/k^2]^{(1/2)}$

$(O—T) + (T—A)^*V^* = (O—T')[1-V^2/k^2]^{(1/2)}$

$(O—T) = (O—T')[1-V^2/k^2]^{(1/2)} - (T-A)^*V^*$

$= (O—T')[1-V^2/k^2]^{(1/2)} - (O—X)^*V^*$

$(O—T') = \{(O—T)+(O—X)^*V^*\}/[1-V^2/k^2]^{(1/2)}$

$(O—T') = \{(O—T)+[(O—X)/ik](V/ik)\}/[1-V^2/k^2]^{(1/2)}$

$(O—T') = \{(O—T) - [(O—X)V]/k^2\}/[1-V^2/k^2]^{(1/2)}$

將 $t' = (O—T')$、$t = (O—T)$ 、$x = [(O—X)$取代上式各對應項得

$t' = (t - xV/k^{2)}/[1-V^2/k^2]^{(1/2)}$ ---------------------------------- (L-D)

(L-A)， (L-B)， (L-C)， (L-D)即為 Lorentz transformation :

我們以複數座標的幾何導出與相對論所用的**物件觀點**導出的結果能完全的一致。這結果肯定了我們把複數座標的幾何，導入時空幾何是可取的。另外又肯定了我們的時空單位的轉換關係式的正確性，尤其那 $T^* = kT$，或 $L^* = L/k$。時空的對等性更讓我們深信不疑。複數座標的幾何，更啟發我們對時間多維的連想。複數座標的幾何也導引我們由事件觀點與數學式的配合，才能邁向更新的領域。

數學無法區別時空

利用複數座標於時空幾何，會引起爭論的是： 依據什麼來規定時空幾何的(乙)式。這一點與高斯複數平面有最明顯的差異。以高斯複數平面的兩複數間之距離，通常是取絕對值**正的實數**。當然，若採用正的實數，

就不必用複數座標了，僅用 $T^* = C\,T$ 與 $L^* = L/C$ 於實數座標即可。

如果時空之關係僅止於 $T^* = k\,T$ 或 $L^* = L/k$ 而已，則時空的關係就像純空間上之 X ,Y , Z 的不同方向而已，那麼透過座標軸旋轉，就可把時間變成空間，空間變成時間。事實上，時空之方向的不同固是事實，但絕不是像純空間 X，Y，Z 方向那樣的單純關係。故在數學上以實、虛數的關係，來表示分別空間、時間的關係，而引入複數座標。既然引用複數座標，「距離」就應有個定義，而最保守的方式是採用時空分離的方式如 (甲)式。採用(甲)式就跟我們平常生活所用的方式完全對應，然而複數只能區別兩個複數的不同，但不能比較大小，因此改採用(乙)式是一項大膽的嚐試。一個嚐試必須以實驗証之。今天特殊相對論推論的結果已為世人確認了，故採用(乙)式也就跟著被肯定。

引入複數座標於時空，僅是為了對時空有個分別，但並不是實數部份一定要對應空間；虛部一定對應時間。反過來一樣可得相同的結果。也就是說把時空單位轉換參考式可用(C)一(D)取代(A)一(B) 也可得到相同的結果。讀者不仿自行試之。本書為節省篇幅，在此以使用(C)一(D)時空單位轉換參考式，僅重新推演時間膨脹效應，其餘效應就請讀者自行演習。

利用(C)一(D

$T \equiv L^* = i(L/k) = L / (-i\,k)$ --------------------------(C)

(C) 這式子的意義是:空間長為 L，相當於時間長為 $i(L/k)$，而(D) 式 $iT^* = kT$ ， 可寫成 $L \equiv T^* = -i\,k\,T$，

$T^* = -ikT$ 稱為 T 的空間當量，這式子的意義是：時間長為 T，相當於空間長為$-ikT$

$L^* = i(L/k) = L / (-ik)$ 稱為 L 的時間當量，這式子的意義是：空間長為 L，相當於時間長為 $i(L/k)$ 或 $L / (-i\,k)$。

參考(圖 C- 16)，由畢氏定理知：

$$(O - T2)^2 = [(O - S1)^*]^2 + (O - T1)^2$$

上式的(O 一 S1) 項，是空間代數，故需轉成時間代數(O 一 S1)*。根據(C)式

$(O - S1)^* = (O - S1) / (-i\,k)$ ，即(O 一 S1) 項，要除以$(-i\,k)$因子，

得$(O - T2)^2 = [(O - S1) /(-i\,k\,C)]^2 + (O - T1)^2$

$$\begin{aligned}
&= (O - T1)^2 \{1+\{[(O - S1) /(-i\,k)]^2/ (O - T1)^2\}\} \\
&= (O - T1)^2 \{1+\{[(O - S1) /(O - T1)]^2 / (-ik)^2\}\} \\
&= (O - T1)^2 \{1+[V^2/ (-i\,k)^2]\} \\
&= (O - T1)^2 \{1-[V^2/ k^2]\}
\end{aligned}$$

將等式兩邊開方即得: $(O - T2) = (O - T1)\{1 - [V^2/k^2]\}^{1/2}$

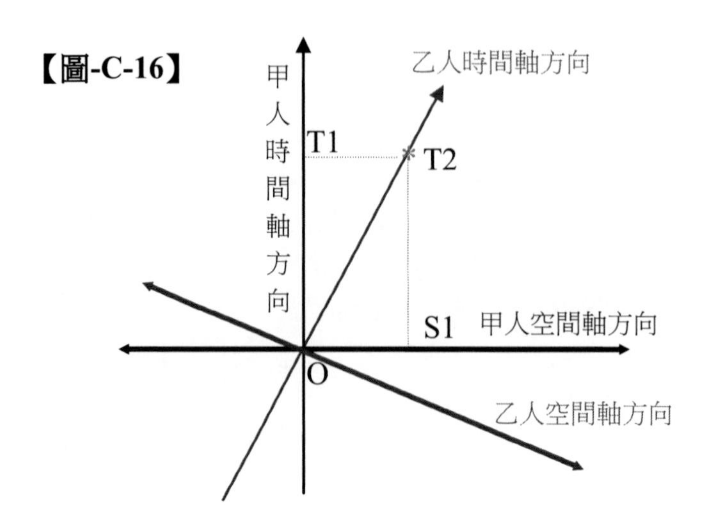

此式與(3)由(A)—(B) 時空單位轉換參考式演算的結果一致。這結果告訴我們：時空的虛實對偶關係，想用數學來區別之是不可能的。因若事先不告訴你那一個是時間軸，那一個為空間軸，僅用標有實數、虛數的座標軸，而不標時間或空間單位，我們是無法決定採用(A)—(B)式 或是採用(C) —(D)式。僅當事先已經主觀的區別時間軸與空間軸之後我們才能任意的決定採用(A)—(B)式 或是採用(C) —(D)式去作時空單位轉換參考式。

由相對論看意識的結構

在特殊相對論中，常被人提及超光速的體系會使時光倒流的說法，是否如此呢? 我們不敢苟同。因由前幾章中已一再表示，時間若依事件觀點看，根本就是不存在的東西，當然不會有〝流〞的現象，只不過意識單位間「覺」得有方向性的憶知而已。意識單位間以如如的相對存在於他們該在的位置(關係)上，意識單位他們也不〝流〞，硬要叫〝時流〞，或時間〝倒流〞都是物件觀點下的延伸產物。唯一涉及方向性的問題是憶知方面的事，跟「流」沒有關。因此所謂「時光倒流」僅是把憶知的方向性對應之即可。但這方向性的「倒逆」是相對名稱。要有可以比對的兩者存在才有意義。也就是要有不同的兩種靈魂向性方向互為相反的不同「意識的架構形式」，才可比較出方向性的相反問題。

"同時"、"同地" 是沒有絕對的(沒有一律通用的)。兩不同事件的 "先"、"後" 秩序也沒有絕對的，那麼兩不同事件的"因"、"果" 秩序是否也是沒有絕對的呢？ 在我們當下的意識架構觀點下是絕對的，但在超然的立場看是相對的。相對論乃通常以當下這意識的架構觀點下作出結論，而有所謂的速率不得超光速的說法。

超光速的時空向量對調現象

參考(圖-C-17)及(3) 式如下：

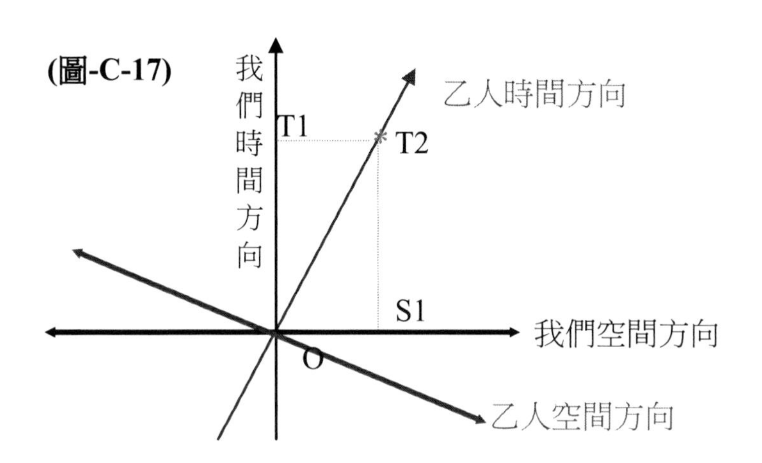

$$(O\text{-}T2) = (O\text{-}T1)\ \{[1-(V^2/k^2)]\}^{(1/2)} \text{ ------ } (3)$$

假設我們與乙人做勻速 V 相對運動，在我們時鐘指示為 0 時，他與我們擦身而過，且當時他的鐘指示亦為 0。 稍後當我們時鐘指示為(O-T1)時，我們請此時(O-T1 時)的遠地朋友(相對我們為靜止)幫我們拍照運動中乙人之鐘的鐘指示為 (O-T2)。

若 $V > k$ ，則 (3) 左邊 (O-T2) 為 虛數的時間，透過(A)，(B)或(C)，(D) 的轉換 使 (O-T2) 成實數，但卻是空間的單位。因此乙人自身的鐘指示的，不再是時間，而是空間長度的指示。因此這樣的時間指示是沒有意義的。 這意謂著超光速系統中的意識，把我們靜止觀察者所認為是時間的距離，是沒有意義的時間距離，即我們認為他的鐘指示應是時間的距離，但他卻認為是空間的距離。

相反的，他認為是時間的距離，我們卻認為是空間的距離。參考(6) 式如下：

$$(O—S2) = (O—S1)\ \{1-(V^2/k^2)\}^{(-1/2)} \text{ ---------- } (6)$$

若 $V>k$ ，則 (6) 左邊 (O—S2) 為 虛數的空間，透過(A)，(B)或(C)，

(D)的轉換使(O—S2)成實數，但卻是時間的單位。因此乙人覺自身的尺不再是一支尺了，而是朝過去方向的一段時間距離。 這意謂著超光速系統把我們認為是空間的距離，感覺成朝過去的時間距離。依此推論：相對超光速的兩系統，互相對時空的看法是：時空互調。這結論並沒導出超光速的體系會使時光倒流。

按照相對論的第一個假設：在所有的等速度作相對運動的慣性系統中，任何的物理定律皆有相同的形式。因此在不同的兩個相對運動的慣性系統上的意識，他們的意識架構大底相同，所不同者，就是他們在時空圖中觀察的角度不同(數學家們喜歡稱之為座標軸旋轉)而已。以通俗的話說，就是互相相對等速率運動，而不是互相相對靜止。但這相對運動的速率不會超過光速。超過光速的意識系統，其意識架構又是不同於我們的架構了！

● 因果"先後"秩序

這裡就參考前中研院院長 吳大猷博士所著的狹義相對論中的關於因果次序的推論式。

(圖-C-18)

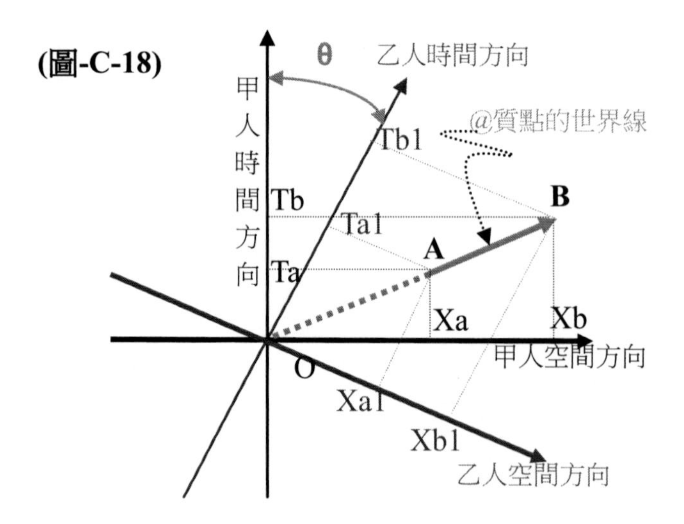

參考(圖-C-18)，如上例的乙人與甲人做勻速 V 相對運動(此 V< k)，有一信息攜帶者 @，從甲人的空間座標為 Xa 處，時間座標 Ta 時出發，稱為事件 A；@ 往甲人的空間座標為 Xb 處前進，當到達 Xb 處，甲人的時間座標為 Tb，稱為事件 B。在乙人看來，@ 出發的時間為 Ta1，空間

座標為 Xa1。當到達目地時，乙人的時間為 Tb1，空間座標為 Xb1。

又 $V < k$ ， 利用(L-D)式 的 Lorentz transformation

$t' = (t - xV/k^2)/[1 - V^2/k^2]^{(1/2)}$ ---------------------------- (L-D)

令 $R^{\#} = (V/k)$

$Tb1 = (Tb - Xb)(V/k^2)/[1 - V^2/k^2]^{(1/2)}$ --------------------(參 1)

$Ta1 = (Ta - Xa)(V/k^2)/[1 - V^2/k^2]^{(1/2)}$ --------------------(參 2)

(參 1) －(參 2)得

$Tb1 - Ta1 = \{[Tb - (R^{\#}/k)Xb] - [Ta - (R^{\#}/k)Xa]\}/[1 - (R^{\#})^2]^{(1/2)}$

$= (Tb - Ta)\{1 - (R^{\#}/k)[(Xb - Xa)/(Tb - Ta)]\}/[1 - (R^{\#})^2]^{(1/2)}$

------------------ (11)

令@ 質點對甲人相對速率為 $V_m = (Xb - Xa)/(Tb - Ta)$

於是 (11) 就成

$Tb1 - Ta1 = (Tb - Ta)\{1 - (R^{\#})\cdot(V_m/k)\}/[1 - (R^{\#})^2]^{1/2}$ ----(12)

因一般情況下 $V < k$ ，故$(R^{\#}) \equiv (V/k) < 1$， 亦即 $R^{\#} < 1$ ，故$[1 - (R^{\#})^2]$恆為正，

情況 1： 當 $V_m < k$

則 $(R^{\#})\cdot(V_m/k) < 1$，故(12) 的 $\{1 - 〔(R^{\#})\cdot(V_m/k)〕\} > 0$，

所以 (Tb1－Ta1) 與(Tb－Ta) 恆為 同號，表先後秩序一致

情況 2： 當 $V_m > k$

而 $(R^{\#})\cdot(V_m/k) = (V/k)(V_m/k) = (V\cdot V_m)/(k^2)$， -----(12-1)

因 $V_m > k$，若 V_m 大得足以 使 $(V\cdot V_m) > k^2$時，亦即$(R\#)\cdot(V_m/k)$值>1時，於是(12) 中之 $\{1 - (R^{\#})\cdot(V_m/k)\}$ 項 成為**負值**.

所以 (Tb1－Ta1) 與 (Tb－Ta) 成為異號，表**先後秩序**不一致

結語：

當信息攜帶者@物件，相對甲的速率 $Vm < k$ 時，設@ 攜帶信息出發為事件 A，與 @ 攜帶信息到達目的地為事件 B，這兩事件對甲人或對乙人而言都是 A 先，B 後的次序關係發生。

當信息攜帶者 @相對甲的速率為 $Vm > k$ 時， @ 攜帶信息出發為事件 A，與 @ 攜帶信息到達目的地為事件 B，這兩事件，對甲人而言是 A 先，B 後的次序關係，但對乙人而言有可能(若 Vm 大得足以 使$(V\cdot Vm) > k^2$的情況下)呈 A 後，B 先的次序關係發生。甲人與乙人對同一對相異的事件 A、B，的先後秩序有不一致的可能。其實這種狀況本就沒有可奇怪的，

這導因於甲人與乙人的時空參考座標不相同，必會有的情況(即使若時空不用虛數與實數作分別，也必會有的情況)。說明白一點，Vm 的意義在時空圖上只是一種向量，這向量的空間與時間比例值會大於 k，而使(V‧Vm) > k^2 的向量 Vm 並不是不能存在，因為那只是數學幾何上的事。但是問題是在吾人的意識觀念中有因果關係的先後秩序不能亂。故現在的科學家就將會讓兩不同時空參考座標系對同一對相異的事件 A、B 所觀察的先後秩序不一致時，就〝界定〞此種(V‧Vm) > k^2 的向量 Vm 為不含信息的向量，即此種相異的事件 A、B，是不具因果關係。更何況目前尚未找到真正能傳遞信息的速率能大於光速。〝界定〞是屬一種「信認」，也**不必證明**的。

至於同時的相異事件 A、B，其 Vm 向量對應的速率是無限大，當然被界定為不具因果關係。這是不必證明的認定，吾人觀念對 A、B 是作〝不互含信息〞的解譯。

另外若 V > k ，則$(R^{\#})\equiv(V/k)>1$，故(12) 的分母$[1-(R^{\#})^2]^{1/2}$項乃成虛數，則 Tb1－Ta1 變成虛數。這就更荒唐了。

依平等性看，所謂具有信息，亦必有解譯者的特定意識結構形式與之對應，故具有或不具有信息，不是絕對的，這點是筆者闡述「靈魂向性」的主要關切重點。當然吾人當下的意識架構下，就對應到我們當下的因果秩序之認知，也由於這樣的認知下，導致有傳遞信息的速率不能大於光速的限制。

● 超光速時空向量之設計:

特殊相對論本身無法裁決超光速的行進波是不具信息的，但吾人的意識觀念卻有此權利。那麼有否可能用我們的速率測定法則，測得超光速的現象呢? 因為只不過是時空上的向量，我們當然認為可能。

(圖-C-19)

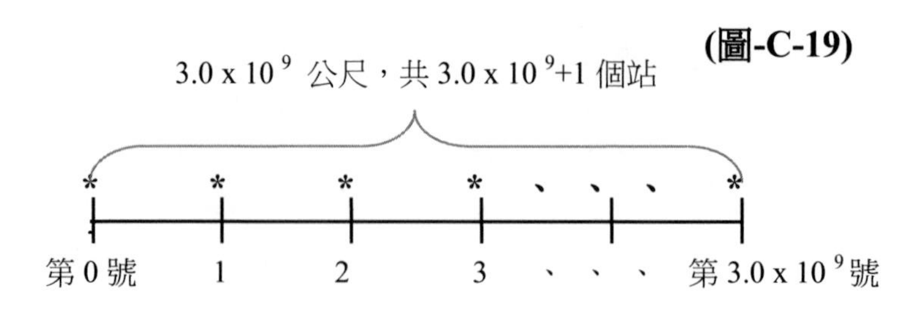

其設計如(圖-C-19)：我們安排一長為 3.0 x 10^9 公尺的直尺，即光 10 秒鐘所走的距離。沿著尺每隔 1 公尺設一個站，每站安排已校正好的鐘及未

亮的燈，總共可設立 $3.0 \times 10^{9}+1$ 個站。各站編號分別為 0，1，2，、、、，3.0×10^{9}。令各站的燈依其所在位置的鐘指示若為[(1 秒)/(3.0×10^{9})] × (各該站的編號) 時亮起該站的燈。依如此規則，則第 0 站鐘指示為 0 秒時第 0 站燈亮起，當第 1 站鐘指示為[1/(3.0×10^{9})]秒時，第 1 站燈亮起；當最後一站鐘指示為 1 秒時，最後一站燈亮起。因此這各站燈亮起就形成一種**燈亮**的**波**，此波的移動速率恰好為光速的 10 倍 (因為，此波祇需 1 秒的時間就完成此路程，但光卻需發掉 [(3.0×10^{9}公尺)÷(3.0×10^{8}公尺/秒)] = 10 秒，故這樣的安排使我們可以測得以速率為 [3.0×10^{9} 公尺 / 秒] 的燈亮的**移動波**。

此種燈亮的移動波雖速率大於光速，但吾人觀念認為這移動波不具傳遞**信息**的功能，因為亮燈不是根據前一站燈亮了才亮起，而是根據各站**當地**的鐘指示而亮起的。我們稱此移動波速為相速(表相的速率，沒有內含信息)。若依據前一站燈亮了才亮燈，是以光速把前一站的消息傳給下一站，其最快也只能以光速傳遞。

我們意識結構把 3.0×10^{8}公尺/秒，做為空間與時間刻度單位的比例係數。卻也成為我們當下這種**意識架構形式**下的信息傳遞的最快速率。其實若以再快的速率傳遞信息也可以，只是擾亂了吾人的因果之先後秩序的**觀念**，吾人因而不承認那是有影響力(信息)的傳遞。

有人以為：具有傳遞信息功能的載體速率若超光速，則會把過去被光所帶走的影像呈逆順序的追到，剛好與事件原本發生的順序相反，所以就是時光倒流。依筆者的拙見，以為如此只能像把電影帶倒放來看影像而已，不是時光倒流。因為縱然我們以大於光速的速率去追到過去被光所帶走的影像，但是永遠也追不回被先前此種以超光速的載體所帶走的信息。因為此種超光速的東西若具有傳遞信息功能，必然也會把過去發生的事件之"信息"帶走，就像搭乘以超音速前進的飛機，雖能追回過去發生事件的聲音信息，但永不能追回過去事件被光以光速帶走的影像信息一樣的道理。

超光速之載體，若不具有傳遞信息功能，則與它接觸到的外物不會做記號(自然不會記憶)於其上，因此即使它把過去的影像追到了，但此載體仍然會忘記(因為不能被做記號)它先前所追到的影像。故時間對它而言，為靜止不會流，或沒意義。事實上這種載體的世界線在時空圖上看，就是空性向量，空性向量不具有意義的信息。但它的時空性與吾人這種意識結構對調了。

以光速前進的意識結構之生靈物質，也是具有攜帶信息的功能，但卻僅「一個」意識單位的意識結構。一切發生在光子上面的事件，雖能記憶下來，但因都記錄在「同一個」意識單位上，因此，這些事件對祂而言，皆在「同一時」「同一地」發生。但以吾人的意識結構看來是在不同時空點發生。

※註： 所謂不會被做記號於其上，隱含著這樣的意義：其意識是無法認得有意義的信息存在於其上，因不發生事件。

結語：

超光速的現象是可設計存在的(如:無線台的調幅波裡含群速度與相速度，此兩者之乘積等於光速的平方，若其一小於光速，另一必大於光速)，但是，不管此種載體是否有攜帶信息的功能，都不能使時光倒流，唯一能使時光倒流的方式是：靈魂向性方向與我們所認為的正常方向相反的意識結構，從邏輯上言是互相時光倒流，但無法比較。而超光速的系統與我們的系統對時空的看法是：時性向量與空性向量互相對調的意識結構。

我們意識結構很奇怪，明明一直加速物件可使其速率趨近於光速，但卻辦不到，用假設的辦到了卻又成另一種不同的意識結構了。像反物質世界亦是另一種不同的意識結構形式，但與當下的意識結構形式是有相當的「區隔性」在。

附錄二： 彩色插圖對照

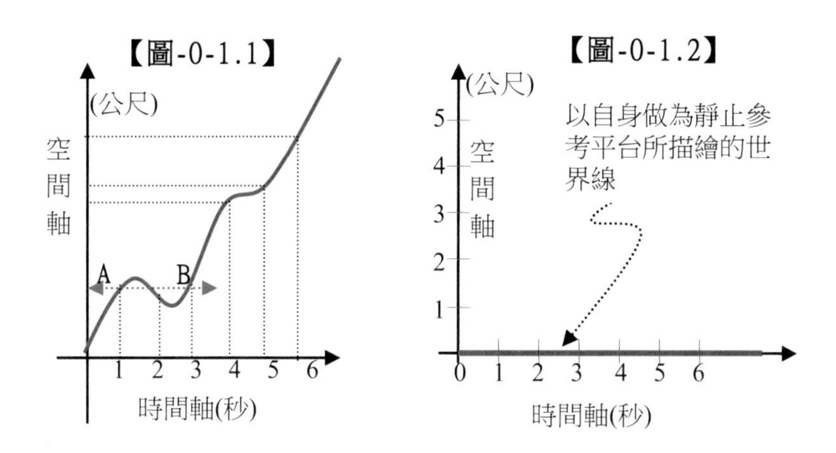

【圖-0-1.1】
(公尺)
空間軸
A
B
1 2 3 4 5 6
時間軸(秒)
【圖-0-1.2】
(公尺)
5
4
3
2
1
空間軸
以自身做為靜止參考平台所描繪的世界線
0 1 2 3 4 5 6
時間軸(秒)

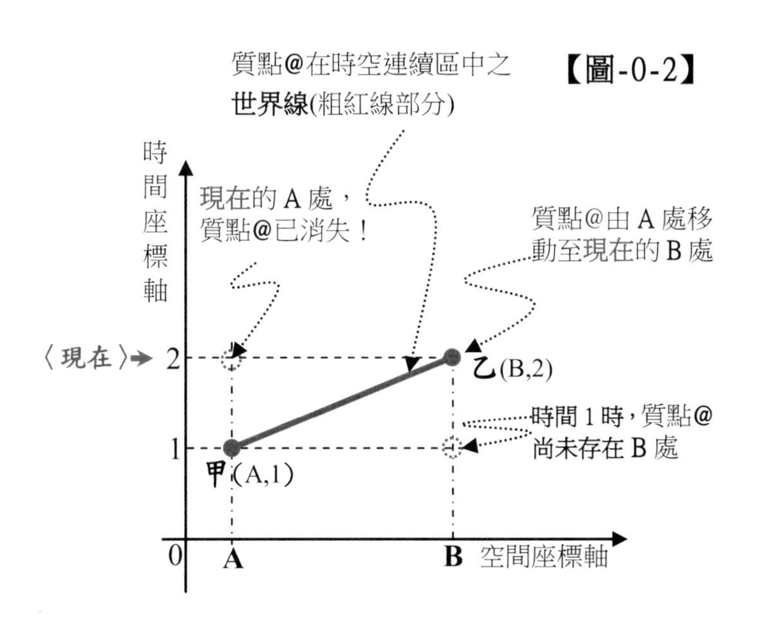

質點@在時空連續區中之
世界線(粗紅線部分)
【圖-0-2】
時間座標軸
現在的 A 處，
質點@已消失！
質點@由 A 處移
動至現在的 B 處
〈現在〉
2
乙(B,2)
時間 1 時，質點@
尚未存在 B 處
1
甲(A,1)
0
A
B
空間座標軸

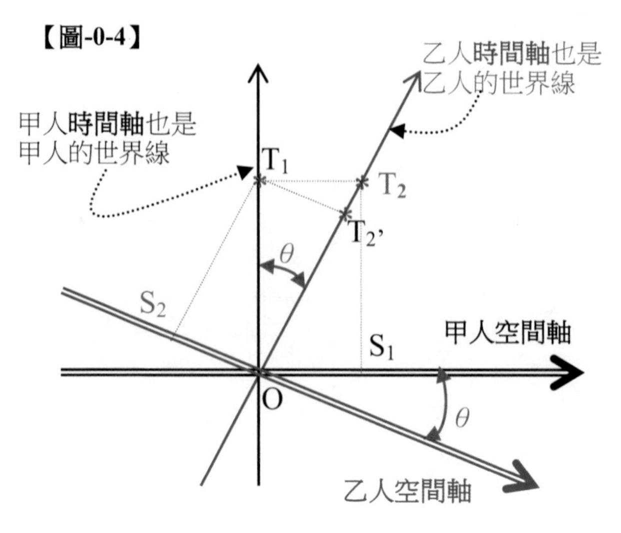
【圖-0-4】
乙人時間軸也是
乙人的世界線
甲人時間軸也是
甲人的世界線
T_1
T_2
T_2'
θ
S_2
S_1
甲人空間軸
O
θ
乙人空間軸

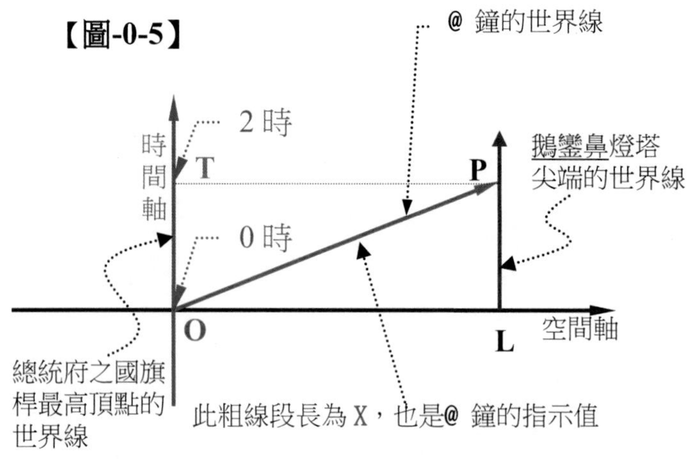
【圖-0-5】
@ 鐘的世界線
2 時
時
間
軸
T
P
鵝鑾鼻燈塔
尖端的世界線
0 時
O
L
空間軸
總統府之國旗
桿最高頂點的
世界線
此粗線段長為 X，也是@ 鐘的指示值

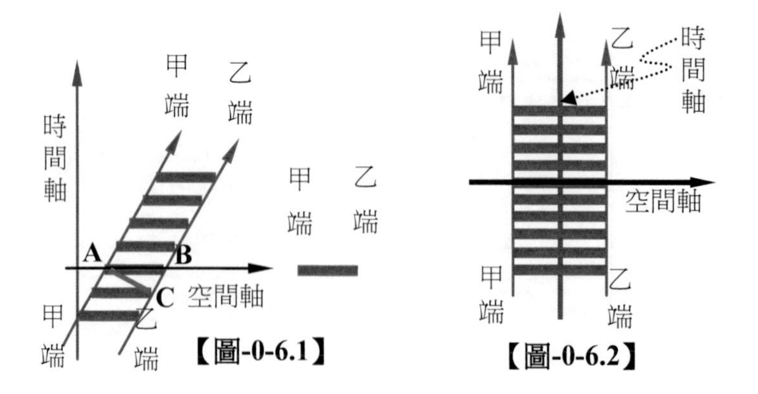
時
間
軸
甲
端
乙
端
A
B
C
空間軸
甲
端
乙
端
甲
端
乙
端
【圖-0-6.1】
甲
端
乙
端
時
間
軸
空間軸
甲
端
乙
端
【圖-0-6.2】

【圖-1-1.2】

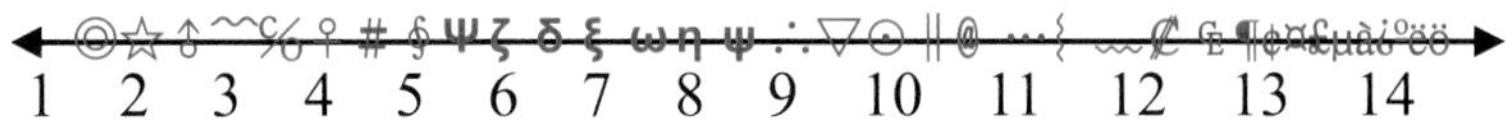

◎☆♁⁀℅♀＃§Ψζ δ ξ ω η ψ ∴▽⊙‖@ …⌇ ﹏ ₡ ₠ ¶¢¤£µàìºëö
1 2 3 4 5 6 7 8 9 10 11 12 13 14

【圖 1-1.5】〝現在〞**指標，指著意識線**做相對運動

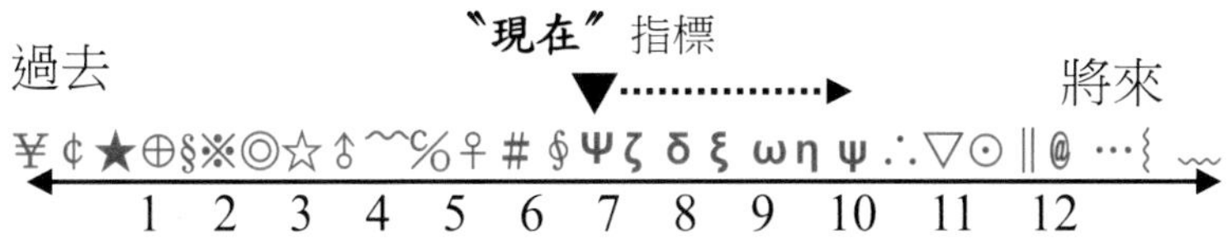

〝現在〞指標

過去 將來

¥ ¢ ★ ⊕ § ※ ◎ ☆ ♁ ⁀ ℅ ♀ ＃ § Ψ ζ δ ξ ω η ψ ∴ ▽ ⊙ ‖ @ … ⌇ ﹏
1 2 3 4 5 6 7 8 9 10 11 12

【圖 1-1.7】

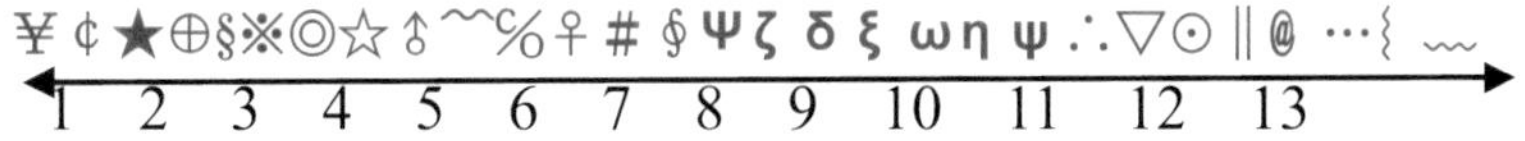

¥ ¢ ★ ⊕ § ※ ◎ ☆ ♁ ⁀ ℅ ♀ ＃ § Ψ ζ δ ξ ω η ψ ∴ ▽ ⊙ ‖ @ … ⌇ ﹏
1 2 3 4 5 6 7 8 9 10 11 12 13

【圖 1-2.1】

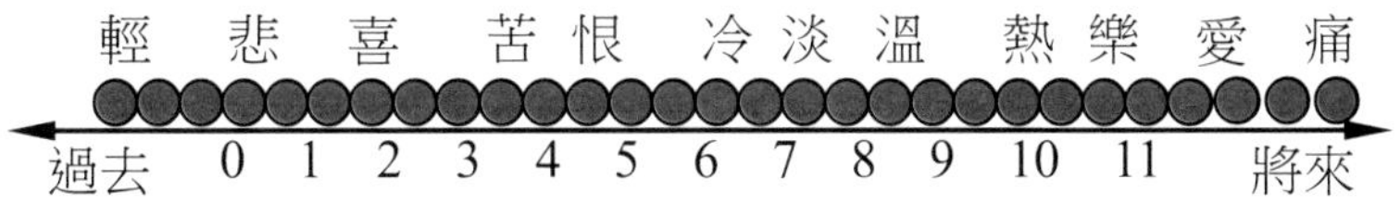

輕 悲 喜 苦 恨 冷 淡 溫 熱 樂 愛 痛

過去 0 1 2 3 4 5 6 7 8 9 10 11 將來

【圖 1-2.2】

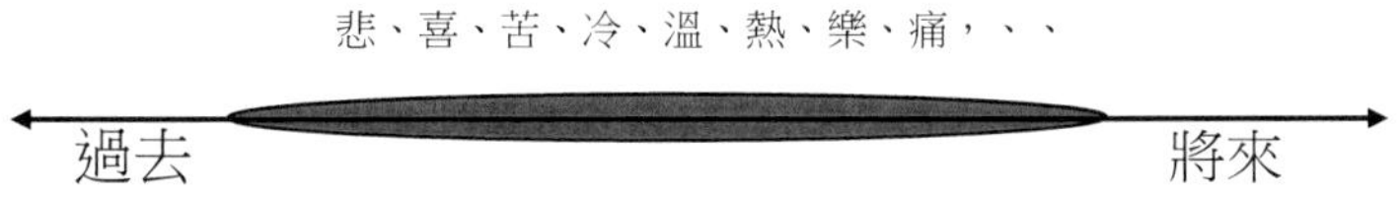

悲、喜、苦、冷、溫、熱、樂、痛，、、

過去 將來

【圖-1-3.1】

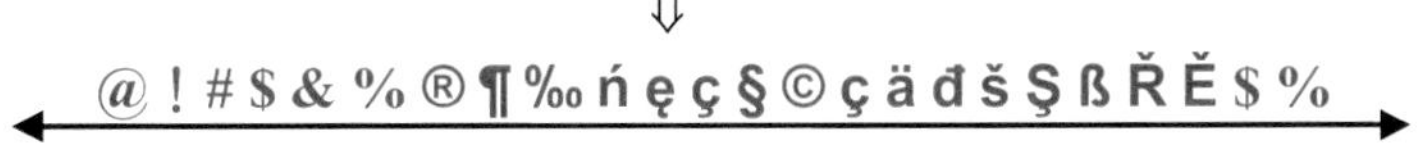

⇓

@ ! # $ & % ® ¶ ‰ ń ę ç § © ç ä đ š Ş ß Ř Ě $ %

【圖 1-2.2.1】

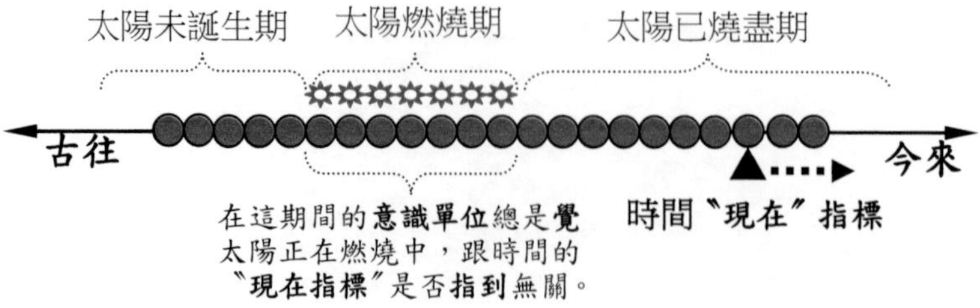

太陽未誕生期　太陽燃燒期　太陽已燒盡期

古往　今來

在這期間的**意識單位**總是**覺**
太陽正在燃燒中，跟時間的
〝**現在指標**〞是否**指到**無關。

時間〝現在〞指標

【圖-1-2.3】

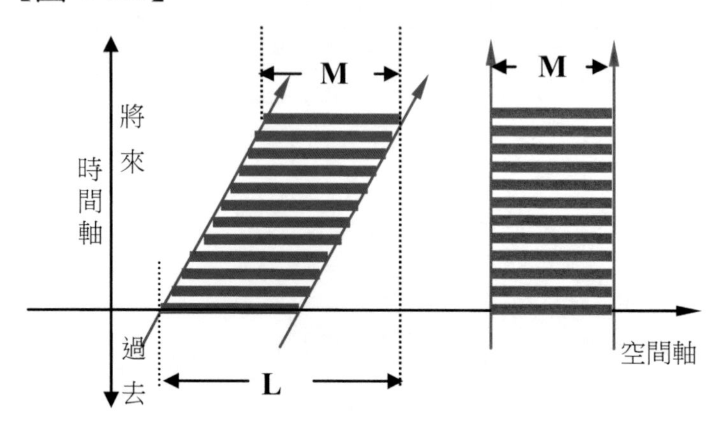

【圖-1-3.1.1】

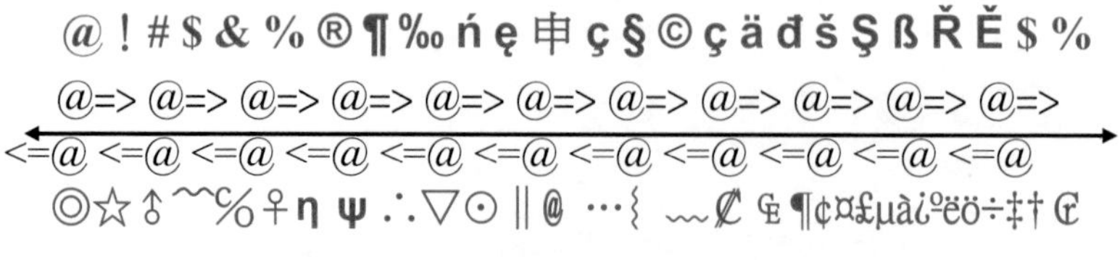

@ ! # $ & % ® ¶ ‰ ń ę 申 ç § © ç ä đ š Ş ß Ř Ě $ %
@=> @=> @=> @=> @=> @=> @=> @=> @=> @=> @=>
<=@ <=@ <=@ <=@ <=@ <=@ <=@ <=@ <=@ <=@ <=@
◎☆↕〰%♀η ψ ∴▽⊙ ‖ @ …⌇ ﹏₡ ₠¶¢¤£µà¿ºëö÷‡† ₢

【圖-1-3.2.2】

@ ! # $ & % ® ¶ ‰ ń ę 申 ç § © ç ä đ š Ş ß Ř Ě $ %
@=> @=> <=@ @=> <=@ <=@ @=> <=@ @=> < =@@=>@=>

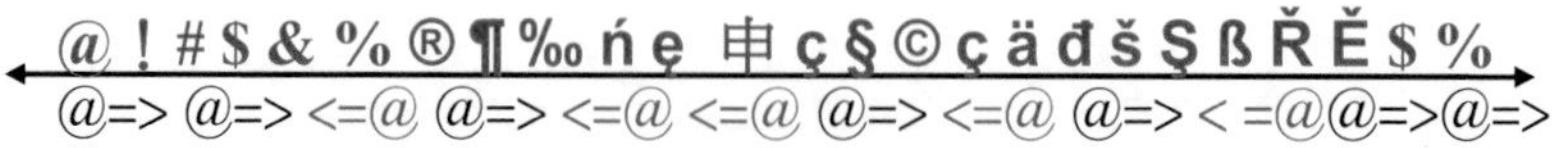

【圖-1-4.5】

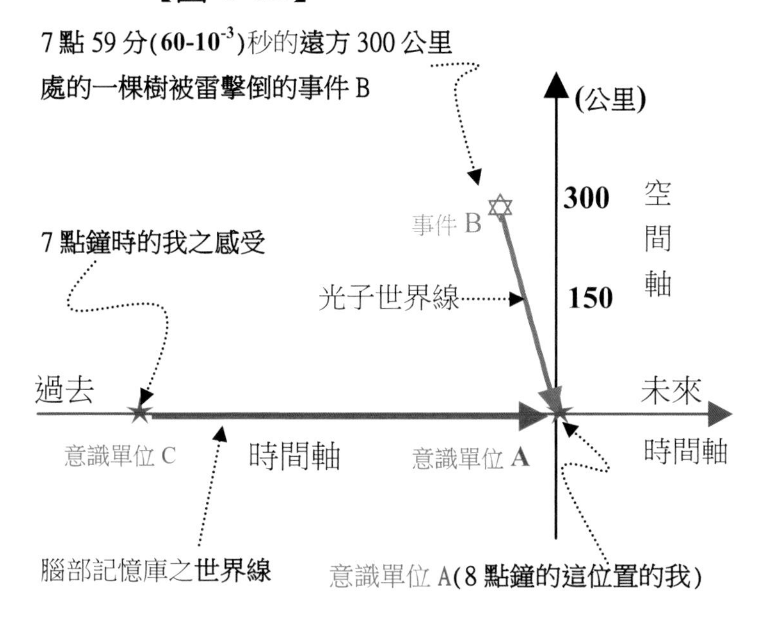

7 點 59 分(60-10^-3)秒的遠方 300 公里
處的一棵樹被雷擊倒的事件 B
(公里)
300
150
空
間
軸
事件 B
7 點鐘時的我之感受
光子世界線
過去
未來
意識單位 C
時間軸
意識單位 A
時間軸
腦部記憶庫之世界線
意識單位 A(8 點鐘的這位置的我)

【圖-1.4.7】

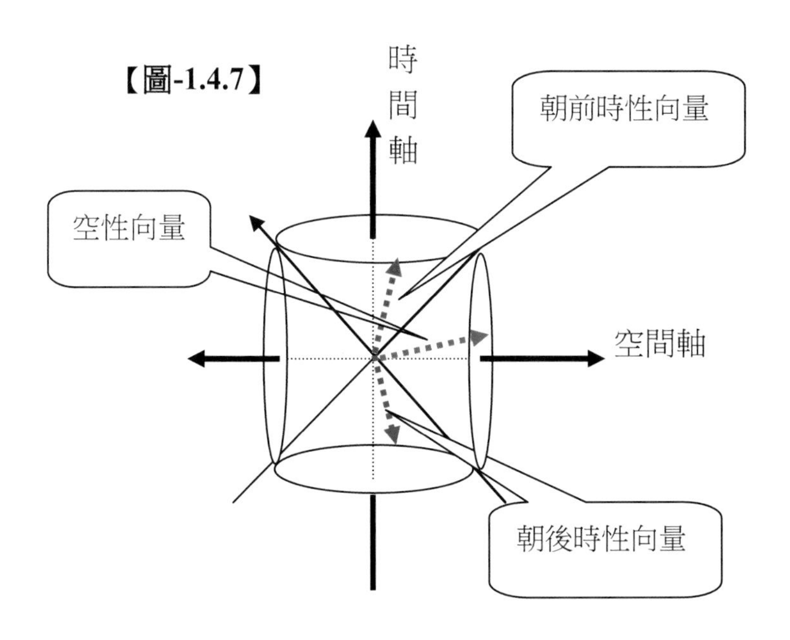

時
間
軸
朝前時性向量
空性向量
空間軸
朝後時性向量

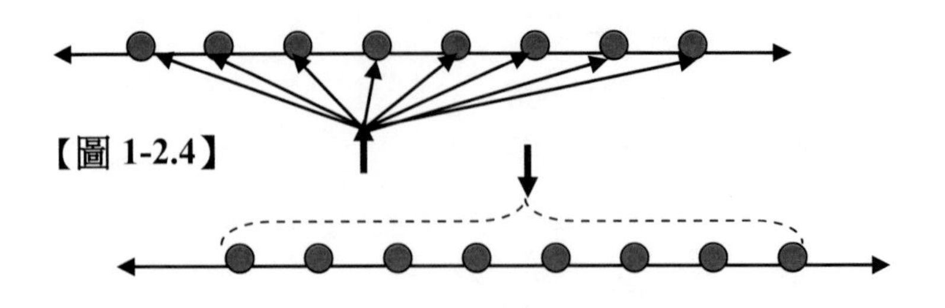

【圖 1-5.3】　　同樣不用耗時間，在 30 歲與在 10 歲時間位置的你，去回憶同一 5 歲時的你的時間**快慢**之比較

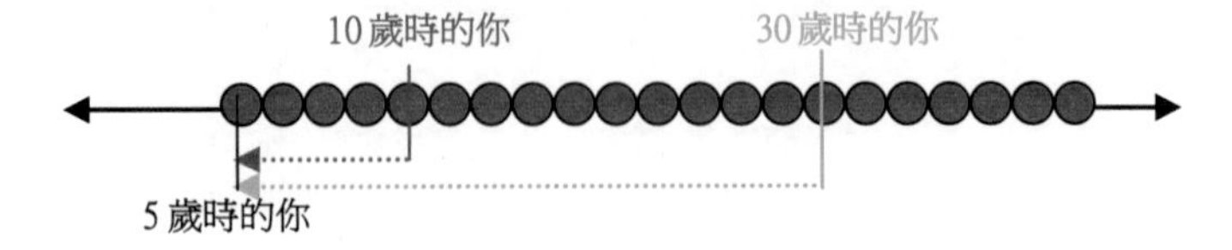

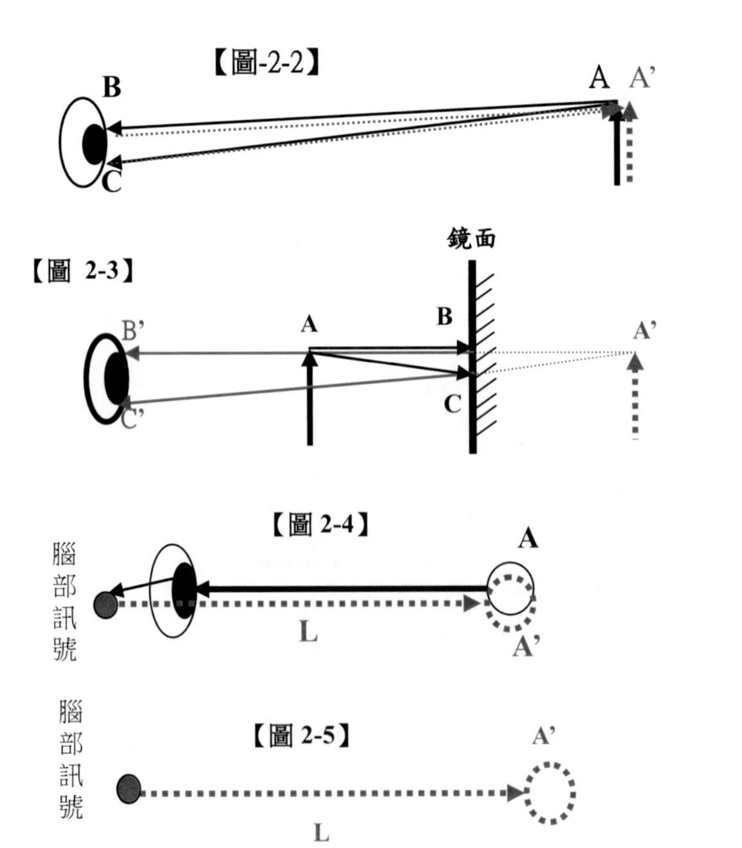

【圖-3-0.1】(2- 4i ,3+2i)座標點

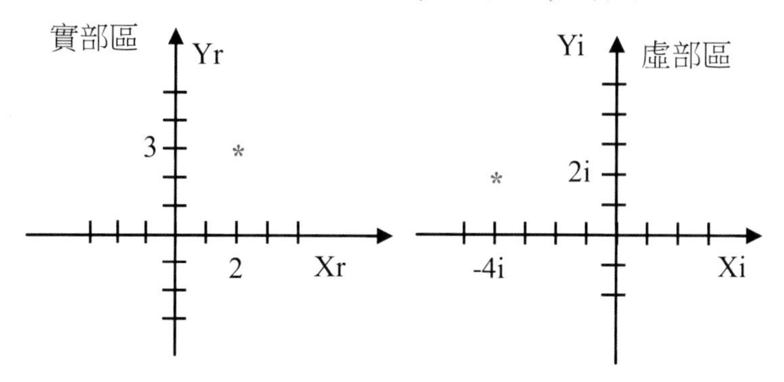

【圖-3-0.2】(3+0i ,2+0i)座標點

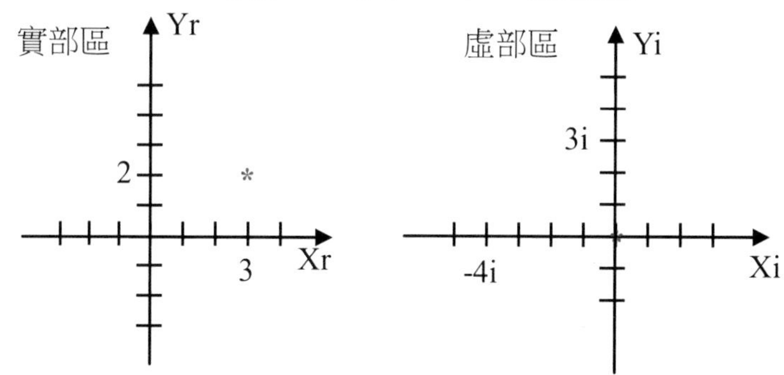

【圖-3-0.4】半徑為 i 的虛圓

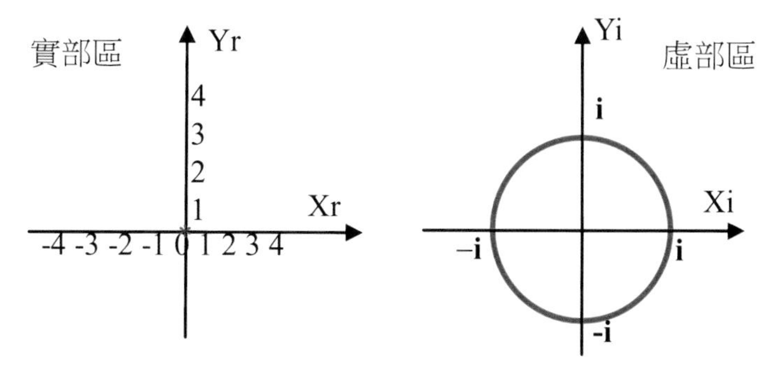

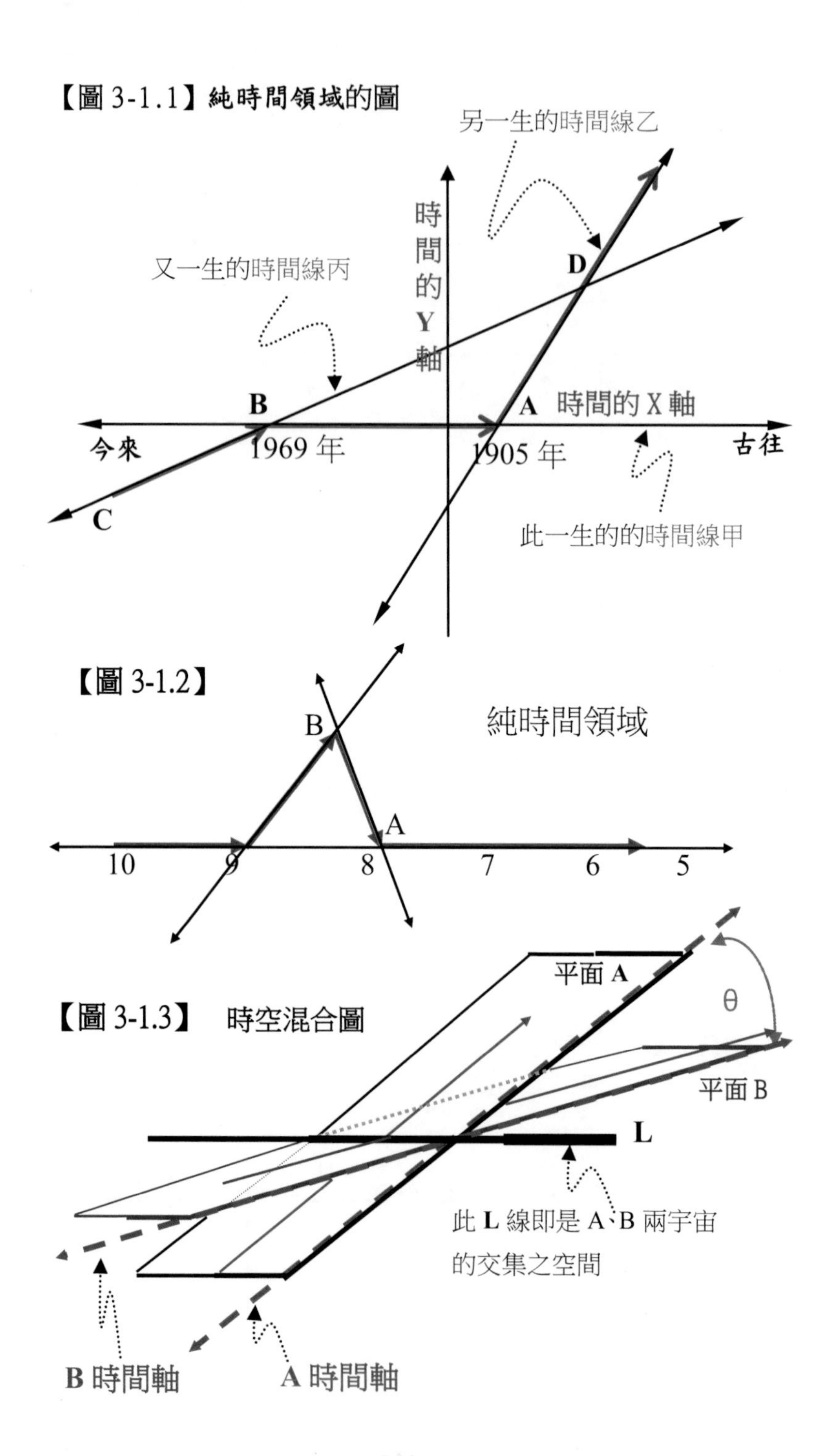

【圖 3-1.1】純時間領域的圖

【圖 3-1.2】

【圖 3-1.3】 時空混合圖

【圖 3.1.4】

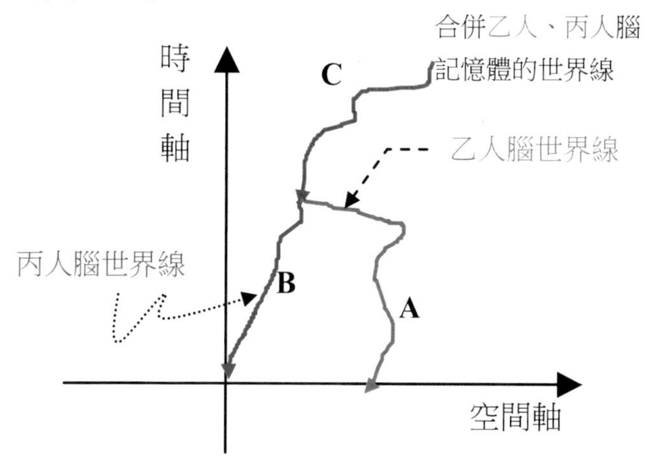

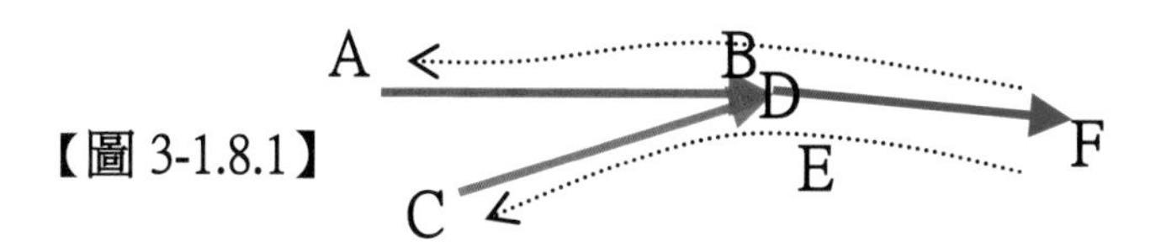

【圖 3-1.8.1】

【圖 3-1.9】

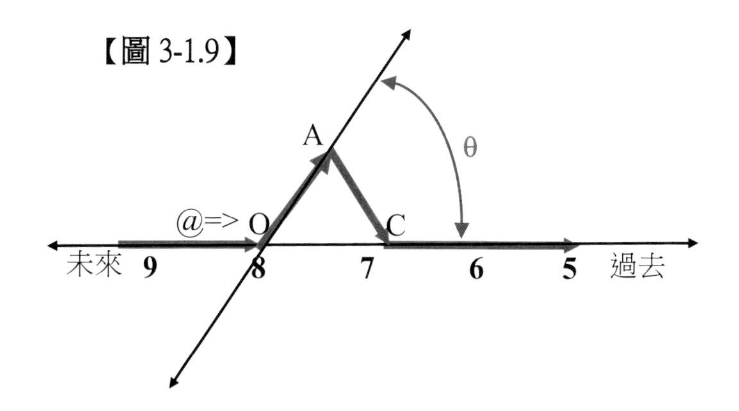

【圖 3-1.10】

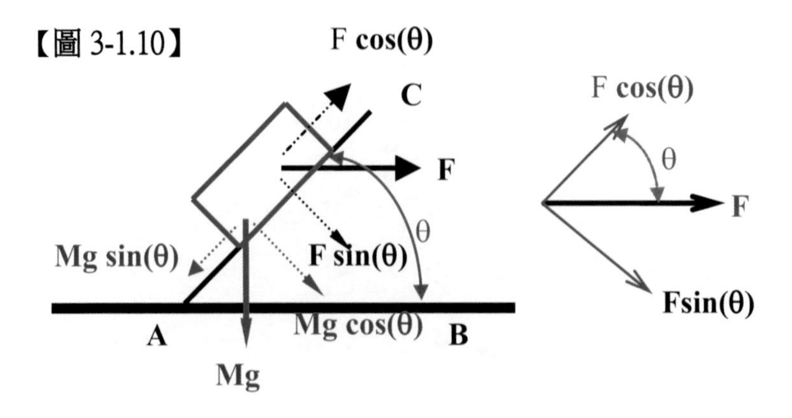

【圖 3-1.12】

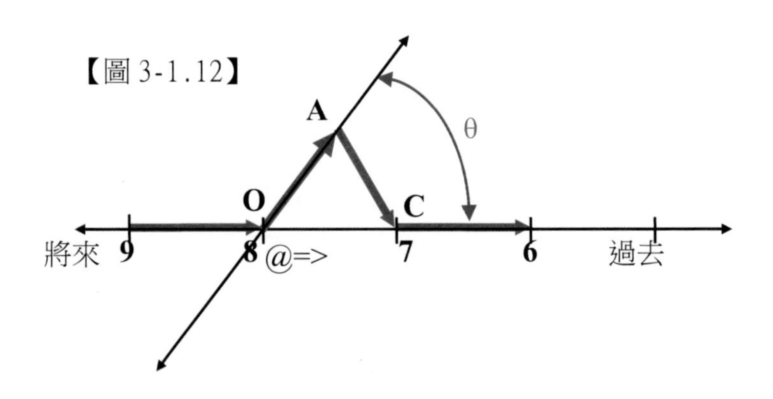

【圖 3-1.14】

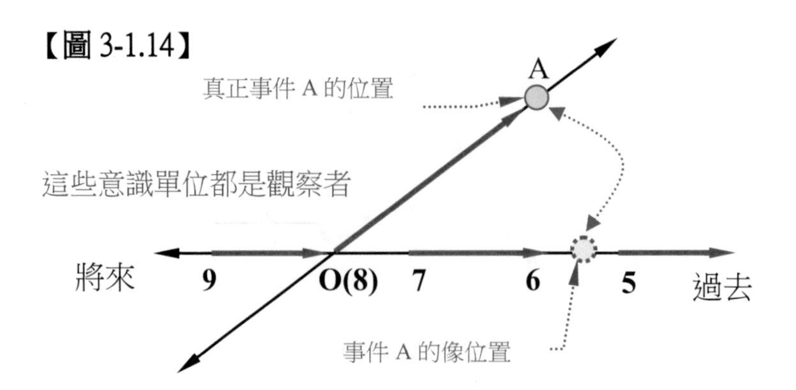

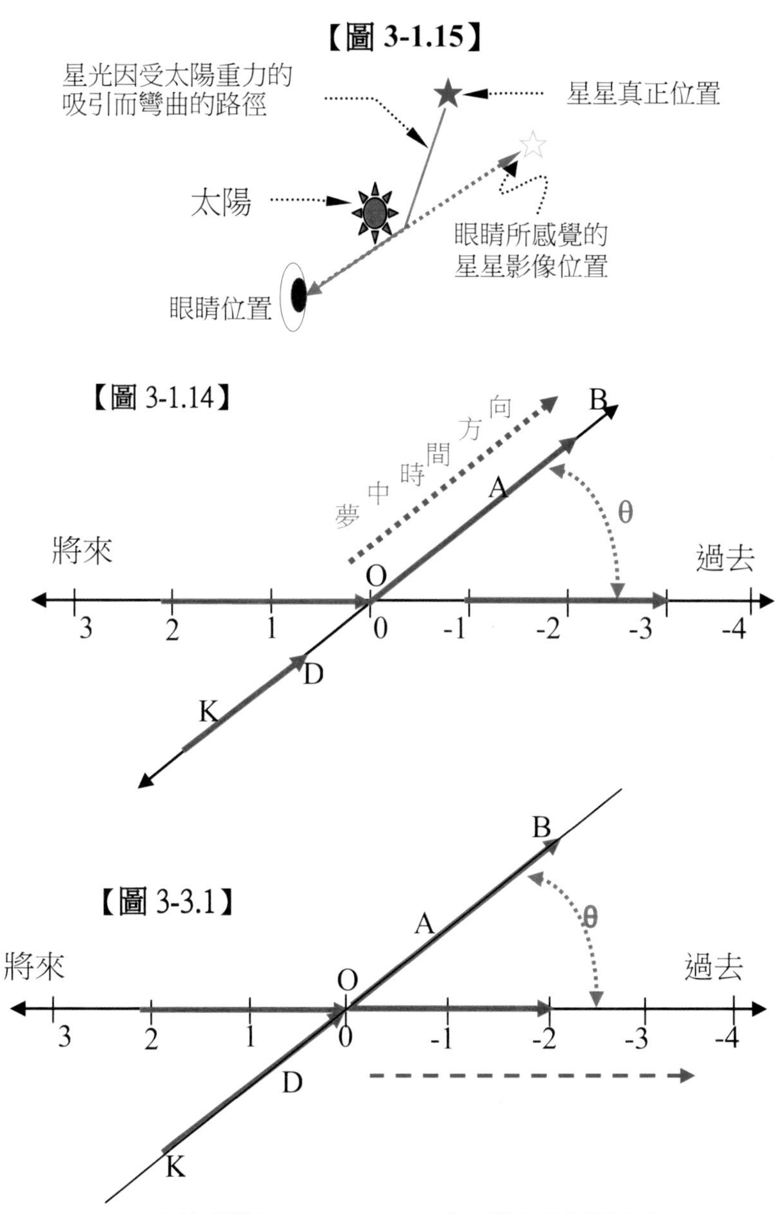

K→D→0 上的意識把 0→-1→-2 看成其夢中的時間方向

【圖 5-2】

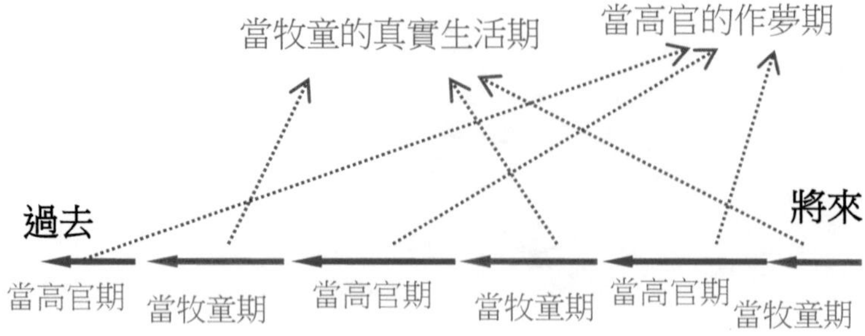

當牧童的真實生活期　當高官的作夢期

過去　將來

當高官期　當牧童期　當高官期　當牧童期　當高官期　當牧童期

【圖 5-4】

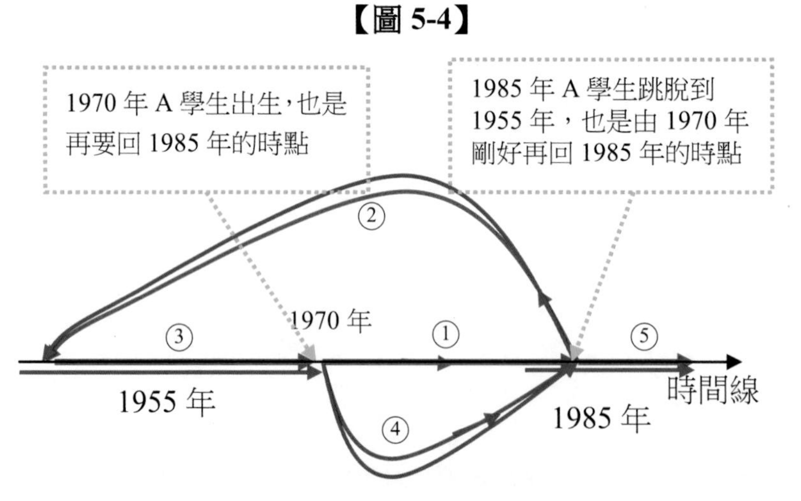

【※這圖中藍色線為時光機在時間領域中的分佈線，紅色線為 A 學生之時間領域的意識線，**黑線**是時間軸。整體圖為**合隱**空間，**開展**時間的開合方式之表示法】

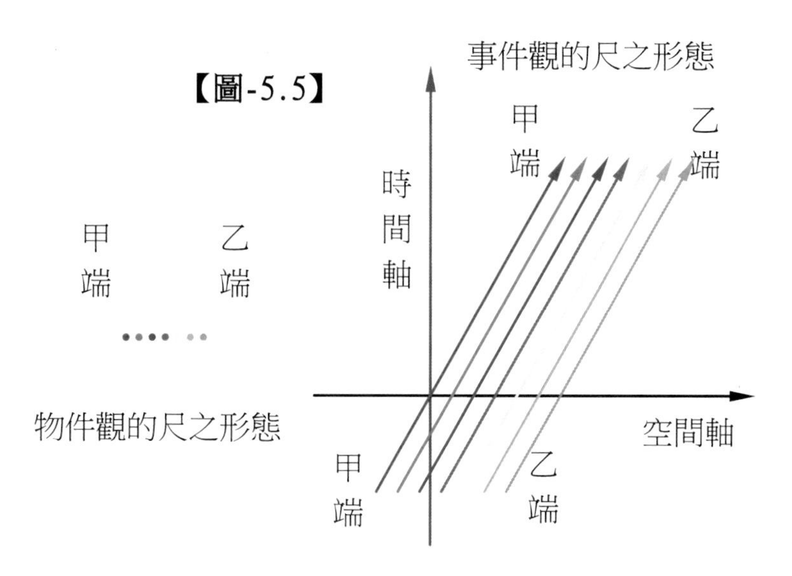

【圖-5.5】

<其三十五>　吹皺『因果影響』的一池春水附圖

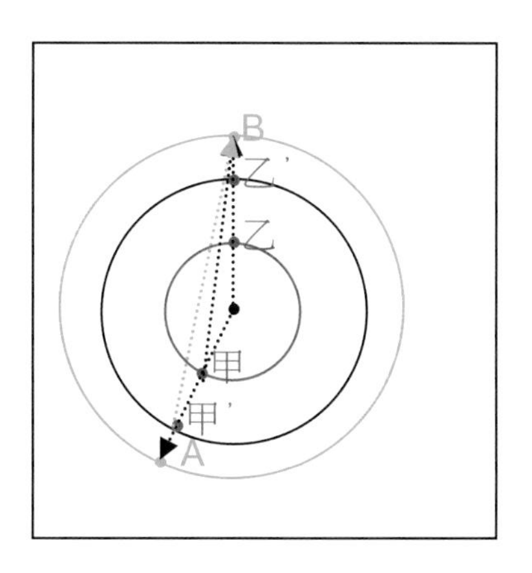

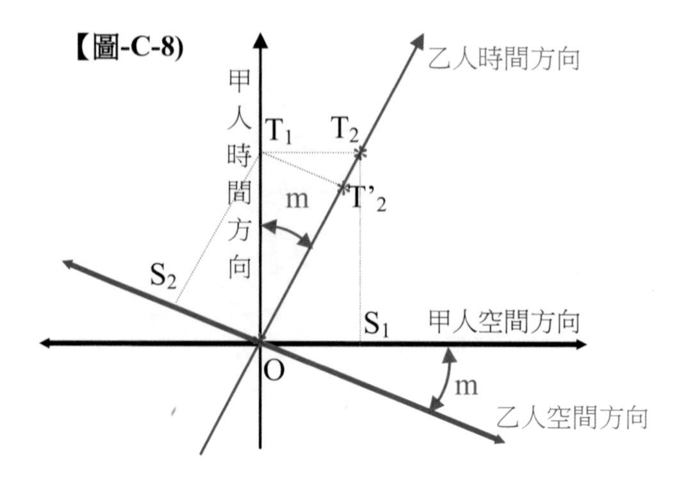
【圖-C-8)
乙人時間方向
甲人時間方向
T1
T2
T'2
m
S2
S1
甲人空間方向
O
m
乙人空間方向

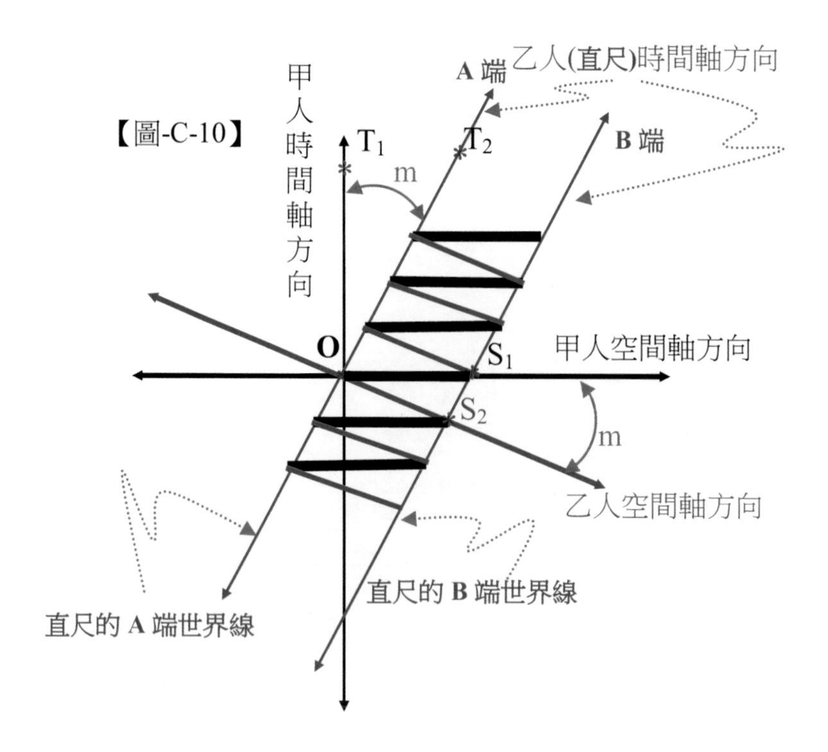
【圖-C-10】
甲人時間軸方向
A 端
乙人(直尺)時間軸方向
T1
T2
B 端
m
O
S1
甲人空間軸方向
S2
m
乙人空間軸方向
直尺的 B 端世界線
直尺的 A 端世界線

【圖-C-14】

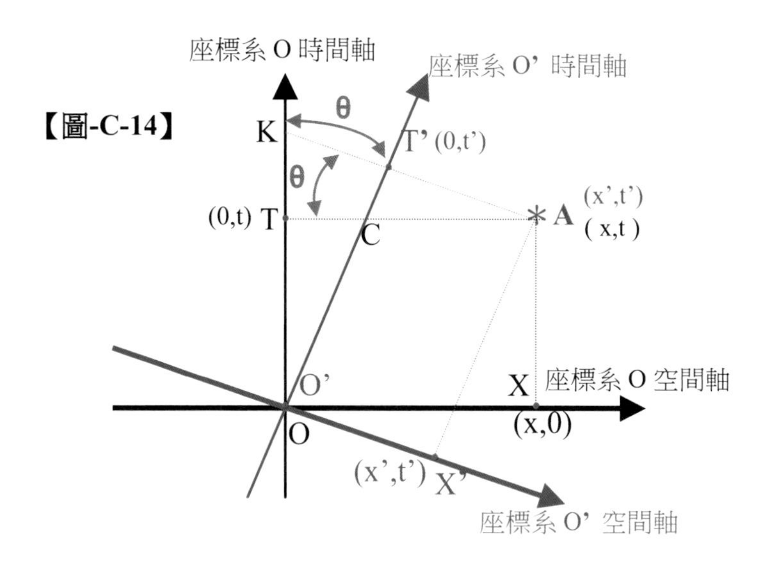
座標系 O 時間軸
座標系 O’ 時間軸
θ
K
T’
(0,t’)
θ
(0,t)
T
C
A
(x’,t’)
(x,t)
O’
X
座標系 O 空間軸
O
(x,0)
(x’,t’)
X’
座標系 O’ 空間軸

(圖-C-18)

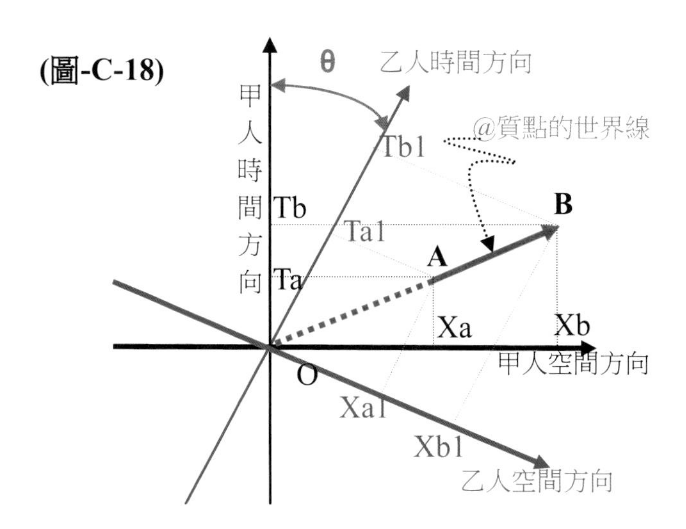
θ
乙人時間方向
甲人時間方向
@質點的世界線
Tb1
B
Tb
Ta1
A
Ta
Xa
Xb
甲人空間方向
O
Xa1
Xb1
乙人空間方向

國家圖書館出版品預行編目

時間的野史 / 曾如是作. -- 一版. --新北市 : 曾學智,
民 103.05
面； 公分
POD 版
ISBN 978-957-43-1483-6 (平裝)

1. 應用物理學 2. 時間

339.9 103008981

時間的野史

作　　者 / 曾如是
圖文排版 / 曾如是
封面設計 / 曾如是

出　　版 / 曾學智

印　　製 / 秀威資訊科技股份有限公司
114 台北市內湖區瑞光路 76 巷 65 號 1 樓
電話：+886-2-2796-3638　傳真：+886-2-2796-1377
http://www.showwe.com.tw

ISBN:978-957-43-1483-6
出版日期： 103 年 5 月 POD 一版
定價： 300 元

Printed in Taiwan